土力学 Soil Mechanics

U0181573

主　编　齐吉琳
副主编　彭丽云　姚晓亮　余　帆
主　审　姚仰平

中国教育出版传媒集团
高等教育出版社·北京

内容简介

全书共分 8 章,包括绪论、土的物理性质与工程分类、土中的应力、土的渗透性与渗流问题、土的压缩性与地基沉降、土的抗剪强度、土工稳定性分析,以及特殊土性质与工程设计。 本书可作为高等学校土木工程、水利工程、道路工程及相关专业的教材,也可以作为相关专业硕士研究生入学考试、高等学历继续教育和注册岩土工程师考试的参考用书。

图书在版编目(CIP)数据

土力学 / 齐吉琳主编. -- 北京:高等教育出版社,2023.8(2024.3重印)
ISBN 978-7-04-060479-5

Ⅰ.①土… Ⅱ.①齐… Ⅲ.①土力学-高等学校-教材 Ⅳ.①TU43

中国国家版本馆 CIP 数据核字(2023)第 079675 号

TULIXUE

| 策划编辑 | 陈 振 袁 畅 | 责任编辑 | 袁 畅 | 封面设计 | 易斯翔 | 版式设计 | 杜微言 |
| 责任绘图 | 邓 超 | 责任校对 | 高 歌 | 责任印制 | 沈心怡 | | |

出版发行	高等教育出版社	网　址	http://www.hep.edu.cn
社　址	北京市西城区德外大街 4 号		http://www.hep.com.cn
邮政编码	100120	网上订购	http://www.hepmall.com.cn
印　刷	涿州市星河印刷有限公司		http://www.hepmall.com
开　本	787mm×1092mm　1/16		http://www.hepmall.cn
印　张	15.5		
字　数	340 千字	版　次	2023 年 8 月第 1 版
购书热线	010-58581118	印　次	2024 年 3 月第 2 次印刷
咨询电话	400-810-0598	定　价	63.00 元

序

"万丈高楼平地起",大多数构筑物坐落在土层上,工程建设中不可避免要用到土力学知识。因此,土力学是土木工程、水利工程、道路与铁道工程等多个专业的必修课,在相关专业的知识结构体系中具有重要的地位。

然而,土力学这门课程具有极强的特殊性。首先,土力学的研究对象是具有碎散性、多相性和天然性的土介质材料,其力学性质表现出显著的摩擦性、压硬性和剪胀性,其工程性质与其他材料大不相同。其次,土力学成为一门独立学科还不到一百年的历史,与其他传统的土木工程分支学科相比还非常年轻,仍处于不断发展和完善过程中。再者,该课程内容呈现出知识点多、新概念新现象多的特点,既包含土的物理状态和土体中的应力传递等基础知识,又包含土的渗透、变形和强度三大主要土力学问题,还包含向各种特殊土力学问题的自然延伸以及与实际岩土工程问题的必要衔接。编写一本简明易懂的土力学教材,帮助初学者轻松又准确地理解土力学知识,特别难得且非常有意义。本书就是这样一本难得的优秀教材。

本书具有突出的新颖性,主要有如下几个特点。一是相较于传统的土力学教材,对知识结构体系作了适当调整,分成土力学的基础知识、三大问题和延伸内容三个部分,逻辑清晰,易于初学者学习和掌握;二是强调机理分析,将延伸阅读、知识衔接和思考辨析等元素适时地融入书中,深入浅出地解释复杂的现象和问题,方便阅读和理解;三是增加了特殊土力学与工程部分,将传统教材中关于特殊土的碎片化知识做了专门讲述;四是为土力学双语课教学提供了较好的材料,书中附录增加了常用土力学专业词汇索引,再配以恰当的课件,将方便双语课师生采用。加之,编者对每一章节的逻辑结构进行了认真梳理,并配以新颖的版式,极大地增强了易读性。

本书的主编齐吉琳教授长期从事寒区岩土工程教学和研究工作,致力于用经典土力学理论和方法解决冻土力学的科学问题,取得了诸多创新性成果。他在书中许多独具一格的叙述方式,既体现了深厚的土力学功底,又展现了出色的探索者风范。

我相信本书会对我国土力学教育起到积极的推动作用。

张建民

清华大学教授,中国工程院院士

2023 年 1 月

前　　言

　　土力学课程是高等学校土木工程及相关专业的一门重要的专业基础课。本书根据我国高等学校土木工程专业教学指导分委员会编制的《高等学校土木工程指导性专业规范》对土力学课程基本知识点和知识单元的要求,结合最新行业规范,在总结教学实践经验的基础上编写而成。

　　全书共 8 章,分别为绪论、土的物理性质与工程分类、土中的应力、土的渗透性与渗流问题、土的压缩性与地基沉降、土的抗剪强度、土工稳定性分析,以及特殊土性质与工程设计。本书提供课件在线浏览,请扫封面二维码。授课教师如需课件电子版,请联系本书主编齐吉琳教授。本书可作为高等学校土木工程、水利工程、道路工程等相关专业的教材,也可作为相关专业硕士研究生入学考试、高等学历继续教育和注册岩土工程师考试的参考用书。

　　本书由北京建筑大学齐吉琳任主编,北京建筑大学彭丽云、西安理工大学姚晓亮及中国科学院西北生态环境资源研究院余帆任副主编,北京建筑大学特殊土工程中心的老师协助做了许多编辑工作。本书编写过程中得到很多业界同行的鼓励、支持和帮助,在此致以诚挚的谢意。限于编者的时间和水平,难免有欠妥之处,敬请读者批评指正。

　　本书由北京航空航天大学姚仰平教授主审。

编者
2022 年 12 月

掬一抔泥土

有的人会想到民生

有的人会想到乡情

岩土工程师则会到实验室——

看看它的渗透、变形和强度

目　　录

第 1 章　绪论 ……………………………………………………………………………………… 1

§1.1　土和土力学 …………………………………………………………………………… 1

1.1.1　土 …………………………………………………………………………………… 2

1.1.2　土力学 ……………………………………………………………………………… 3

1.1.3　三类土工问题 ……………………………………………………………………… 3

§1.2　土力学的发展历程 …………………………………………………………………… 6

1.2.1　土力学的发展历史 ………………………………………………………………… 6

1.2.2　土力学的学术组织 ………………………………………………………………… 9

§1.3　土力学的内容和学习方法 …………………………………………………………… 9

1.3.1　本书的内容和结构 ………………………………………………………………… 9

1.3.2　土力学与其他学科的关系 ……………………………………………………… 10

1.3.3　土力学的学习方法 ……………………………………………………………… 10

思考和习题 …………………………………………………………………………………… 11

第 2 章　土的物理性质与工程分类 …………………………………………………………… 12

§2.1　土的三相组成 ………………………………………………………………………… 12

2.1.1　土中的颗粒 ……………………………………………………………………… 12

2.1.2　土中的水 ………………………………………………………………………… 18

2.1.3　土中的气体 ……………………………………………………………………… 19

2.1.4　土的结构和构造 ………………………………………………………………… 20

§2.2　土的物理特性指标 …………………………………………………………………… 21

2.2.1　基本指标 ………………………………………………………………………… 21

　　　　2.2.2　导出指标 ……………………………………………………………………………… 23

　　　　2.2.3　土的物理指标换算 ………………………………………………………………… 25

　　§2.3　无黏性土的密实度 ………………………………………………………………………… 27

　　§2.4　黏性土的稠度 ……………………………………………………………………………… 29

　　　　2.4.1　可塑性定量评价 …………………………………………………………………… 29

　　　　2.4.2　液塑限的测定 ……………………………………………………………………… 31

　　§2.5　土的击实特性 ……………………………………………………………………………… 34

　　　　2.5.1　击实试验 …………………………………………………………………………… 34

　　　　2.5.2　土的击实机理 ……………………………………………………………………… 37

　　§2.6　土的工程分类 ……………………………………………………………………………… 38

　　思考和习题 ………………………………………………………………………………………… 40

第3章　土中的应力 ………………………………………………………………………………… 42

　　§3.1　土的应力状态 ……………………………………………………………………………… 42

　　　　3.1.1　地基的典型应力状态 ……………………………………………………………… 42

　　　　3.1.2　土中应力的描述方法 ……………………………………………………………… 45

　　§3.2　有效应力和孔隙水压力 …………………………………………………………………… 45

　　　　3.2.1　有效应力原理 ……………………………………………………………………… 45

　　　　3.2.2　孔隙水压力与孔隙压力系数 ……………………………………………………… 46

　　§3.3　土的自重应力 ……………………………………………………………………………… 50

　　　　3.3.1　自重应力的计算通式 ……………………………………………………………… 51

　　　　3.3.2　考虑地下水的土体自重应力 ……………………………………………………… 52

　　§3.4　建筑物的基底压力 ………………………………………………………………………… 57

　　　　3.4.1　基底压力的分布规律 ……………………………………………………………… 57

　　　　3.4.2　基底压力的计算方法 ……………………………………………………………… 57

　　§3.5　地基中的附加应力 ………………………………………………………………………… 60

　　　　3.5.1　竖直集中力作用下的附加应力 …………………………………………………… 61

　　　　3.5.2　矩形面积竖直均布荷载作用下的附加应力 ……………………………………… 63

　　　　3.5.3　矩形面积三角形分布荷载作用下的附加应力 …………………………………… 66

　　　　3.5.4　圆形面积竖直均布荷载作用下的附加应力 ……………………………………… 68

    3.5.5　均布线性荷载作用下的附加应力 ·· 70

    3.5.6　条形面积竖直均布荷载作用下的附加应力 ······························· 70

    3.5.7　水平力作用下的附加应力 ·· 72

    3.5.8　影响土中应力分布的因素 ·· 74

  思考和习题 ··· 75

第 4 章　土的渗透性与渗流问题 ·· 78

  § 4.1　土中的渗流 ·· 78

    4.1.1　渗流速度 ··· 78

    4.1.2　能量差 ·· 80

    4.1.3　水力梯度 ··· 82

  § 4.2　土的渗透定律 ·· 83

    4.2.1　达西定律 ··· 83

    4.2.2　渗透系数的测定 ·· 86

    4.2.3　层状地基的等效渗透系数 ·· 89

    4.2.4　渗透系数的影响因素 ··· 91

  § 4.3　二维渗流和流网 ··· 92

    4.3.1　渗流控制方程 ··· 92

    4.3.2　流网的绘制及应用 ·· 94

  § 4.4　工程中的渗透变形 ·· 95

    4.4.1　渗透力 ·· 95

    4.4.2　临界水力梯度 ··· 97

    4.4.3　渗透变形与控制 ·· 97

  思考和习题 ··· 100

第 5 章　土的压缩性与地基沉降 ·· 101

  § 5.1　土的一维压缩特性 ·· 102

    5.1.1　一维压缩试验 ··· 102

    5.1.2　$e\text{-}p$ 曲线 ··· 104

    5.1.3　$e\text{-}\lg p$ 曲线 ·· 107

§5.2　地基的沉降计算 ·· 109

　　5.2.1　单一土层的一维压缩变形 ································ 110

　　5.2.2　地基沉降计算的分层总和法 ···························· 114

　　5.2.3　地基沉降计算的应力面积法 ···························· 118

§5.3　一维固结理论 ·· 122

　　5.3.1　一维固结理论的建立 ···································· 122

　　5.3.2　地基的固结度 ·· 126

　　5.3.3　固结系数确定方法 ······································ 129

思考和习题 ·· 130

第6章　土的抗剪强度 ·· 132

§6.1　土的抗剪强度理论 ·· 133

　　6.1.1　土强度的规律和机理 ···································· 133

　　6.1.2　莫尔-库仑强度理论 ····································· 135

§6.2　土的抗剪强度试验 ·· 141

　　6.2.1　直接剪切试验 ·· 141

　　6.2.2　三轴压缩试验 ·· 144

　　6.2.3　无侧限抗压强度试验 ···································· 147

　　6.2.4　十字板剪切试验 ·· 148

§6.3　土的抗剪强度指标和工程应用 ······································ 150

　　6.3.1　应力路径 ·· 151

　　6.3.2　三轴压缩试验的强度指标 ································ 153

　　6.3.3　强度指标的工程应用 ···································· 158

思考和习题 ·· 158

第7章　土工稳定性分析 ·· 160

§7.1　挡土墙上的土压力 ·· 160

　　7.1.1　概述 ·· 160

　　7.1.2　静止土压力 ·· 162

　　7.1.3　朗肯土压力理论 ·· 163

7.1.4 库仑土压力理论 ··· 171

7.1.5 朗肯土压力理论和库仑土压力理论的比较 ····················· 175

§7.2 地基承载力 ·· 175

7.2.1 概述 ·· 175

7.2.2 地基受力失稳过程 ··· 176

7.2.3 地基的破坏形式 ·· 177

7.2.4 地基的临塑荷载和临界荷载 ····································· 179

7.2.5 地基的极限承载力 ··· 183

7.2.6 地基承载力的确定 ··· 186

§7.3 土坡稳定性 ·· 191

7.3.1 概述 ·· 191

7.3.2 无黏性土坡的稳定性分析 ·· 192

7.3.3 黏性土坡的稳定性分析 ··· 194

思考和习题 ··· 201

第8章 特殊土性质与工程设计 ·· 203

§8.1 湿陷性黄土 ·· 203

8.1.1 概述 ·· 203

8.1.2 黄土的湿陷性评价 ··· 204

8.1.3 黄土湿陷的机理 ·· 206

8.1.4 湿陷性黄土地基处理 ·· 207

§8.2 膨胀土 ·· 207

8.2.1 概述 ·· 207

8.2.2 膨胀土的工程性质 ··· 208

8.2.3 膨胀土地区工程设计 ·· 210

§8.3 盐渍土 ·· 212

8.3.1 概述 ·· 212

8.3.2 盐渍土的三相组成 ··· 213

8.3.3 盐渍土的工程性质 ··· 215

8.3.4 盐渍土地区工程设计 ·· 217

§ 8.4　冻土 ·· 218

　8.4.1　概述 ·· 218

　8.4.2　冻土的物理性质 ··· 219

　8.4.3　冻土的工程性质 ··· 222

　8.4.4　冻土地区的工程设计 ·· 226

思考和习题 ·· 227

附录　本书涉及的常见土力学英文词汇 ··· 228

参考文献 ··· 232

第 1 章 绪论

导读:本章首先介绍土的成因、特点以及土力学的任务,列举典型的土工问题案例;其次简述土力学的发展史,强调每一阶段解决的问题和代表性人物;最后介绍土力学的课程内容及其与相近学科的关系,并给出推荐的学习方法。

§1.1 土和土力学

岩土工程是以工程地质、水文地质、岩石力学和土力学为理论基础,解决岩石和土的利用、处理、灾害防治和环境保护等相关问题的科学技术,属于土木工程的一个分支学科。土木工程中的"土"就是指岩土,其他相关分支学科则通过岩土工程开展改造和利用地球的工程活动。

人类赖以生存的地球平均半径约为 6 371 km,与我们关系最密切的地壳厚度在 0~100 km 之间,平均厚度约 17 km,主要由岩石组成;土在地壳的表层,其自然剖面最深超过400 m,如图 1-1 所示。虽然岩土工程所及深度只占地球内很小的范围,却是土木工程师的主战场。

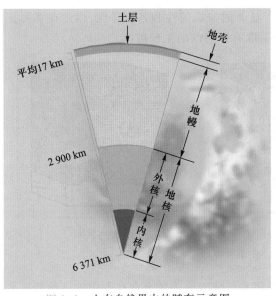

图 1-1 土在自然界中的赋存示意图

延伸阅读:(1) 迄今为止,人类活动所及地球最深处距地表约 15 km。苏联的科拉超深钻孔深 12 265 m,长期保持着世界上最深钻孔的纪录,后被陆续打破。最新纪录为阿布扎比在扎库姆区域的 UZ-688 油气井,2022 年 10 月钻至15 240 m深。钻探如此之深,更多已不是岩土工程问题,而是机械和材料等问题。(2) 对于土层来讲,科学严谨的说法是"最深超过 400 m",这是因为土这种材料的定义是模糊的。因此,确定土层剖面最大深度的精确数值并不现实。

1.1.1 土

土源自岩石,是岩石经风化、剥蚀、搬运和沉积而形成的颗粒状松散沉积物。从土的形成过程可以看出,其化学成分、物理性质以及力学特性必然是千差万别的。由于其特殊的形成过程,土作为材料具有以下 3 个典型特点。

1. 碎散性

土由许多颗粒松散地集合到一起,是一种多孔的松散介质,如图 1-2(a)所示。这样的材料必定是碎散和不连续的,受力以后容易发生变形。考虑到固体颗粒不易压缩,土的体积变化主要表现在孔隙的变化,而剪切变形则主要表现为颗粒之间的相对位移。固体颗粒本身不容易发生破坏,土的破坏是在剪应力作用下颗粒间发生错动所导致,因此土的强度通常较低。

2. 三相性

土的另一个基本特点表现在它通常由固体颗粒、水和空气三相组成,其中水和空气可以统称为孔隙流体。因此,土具有三相性,如图 1-2(b)所示。土受到的压力由土骨架和孔隙流体共同承担,三相之间存在着复杂的相互作用。随着土体的压缩和孔隙流体的流动和排出,各相所承担的力会发生变化,土的力学特性也会随之发生相应的变化,这是其他材料所不具备的。

3. 天然性

土的天然性,又叫自然变异性。我们通常所采用的建筑材料大多是可以定制的,如水泥具有强度等级,钢筋具有规格型号等。土是天然形成的,这种天然材料往往此处和彼处不同,过去、现在和将来不同,其工程性质具有显著的时空变化特性。图 1-2(c)显示土在空间展布上具有非均匀性,即同一地点不同深度会有不同的土层,在同一深度的不同方向上土层的力学特性也有变化。土的天然性导致其具有显著的非均匀性和各向异性,因此在实际工程中必须进行实地勘察和分析,对具体的土层采取有针对性的工程措施。

| (a) 碎散性 | (b) 三相性 | (c) 天然性 |

图 1-2　土的 3 个基本特点

综上所述,土是由固体颗粒构成骨架、由液体和气体等流体填充在孔隙中的一种特殊介质,是一种多孔、多相、松散介质。因此,土具有高压缩、低强度、易透水等基本工程特性,再加上显著的自然变异性,从而导致了土这种材料的特殊性和复杂性。

1.1.2 土力学

万丈高楼平地起,工程活动大多要从地基土层入手。为了工程的顺利建设和安全运营,对于多孔、多相、松散的土,需要专门的学科进行研究。研究土的材料特性是有效控制变形、防止工程破坏以及解决渗流问题的基础,土力学就是这样一门学科。土力学是研究土的变形、强度和渗透特性,以及与此相关的工程问题的学科。

> 延伸阅读:土力学研究土的变形、强度和渗流三个基本问题,这里包括两个层次,分别针对土的材料特性和与土相关的工程问题。本书将在相关章节专门强调,提醒初学者在学习过程中注意。

土力学在地表各处应用广泛。从高山开始,边坡面临稳定性问题;平原地区的河流和水库,其堤坝面临渗流问题;城市中大量的工业与民用建筑需要考虑工程变形和稳定性问题,同时地下管廊和人防设施的建设需要考虑地下工程施工技术问题;进入海洋则涉及海底勘探、油气资源开发以及海上供电工程等离岸海洋岩土工程问题,如图1-3所示。所有这些工程问题都需要应用土力学知识去解决。

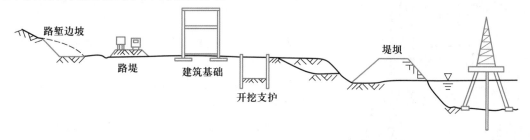

图1-3 土力学的广泛应用

1.1.3 三类土工问题

在长期的工程实践中,人们积累了丰富的经验;同时,由于土的复杂性,人们对其认识还很不充分,各种工程事故屡见不鲜,让人们得到了许多教训。下面针对土力学所要解决的三大土工问题,分别介绍历史上的典型案例。

1. 变形问题

土受力会发生变形。由于土具有自然变异性,差异变形非常普遍,一个典型的例子就是意大利的比萨斜塔,如图1-4所示。众所周知,斜塔并没有倒塌,不仅没有造成事故,反而因此成了著名的旅游景点。然而,其在实际工程的设计和建造中不可效仿。

关于比萨斜塔倾斜的原因,专家们经过了长期研究。曾经有一种观点是建筑师有意为之;但是随着科技的进步,人们对斜塔的测量越来越精确,对地基土层的勘察愈加深入,加上对历史档案的研究,人们发现最初设计的比萨斜塔是竖直的建筑,但在建造初期就偏离了正确位置。比萨斜塔之所以会倾斜,是由于地基土层特殊的时空变异性。斜塔下有多层工程性质不同的土——砂土、软质粉土和软黏土相间;历史上斜塔紧邻海岸线,海水入侵会对土层的工程性质造成不可预测的影响。综合来说,南侧土层总体相对较软,因此塔体向南倾斜。

需要指出的是,直到 19 世纪初,塔体倾斜度都比较小,人们也没有对斜塔进行特意维修,只是在建造期间曾经向地基中插入特定材料,以阻止或者减缓倾斜。然而,1838 年的一次从塔下地基中取土的工程活动导致其突然加速倾斜,塔顶中心水平偏移量增加了 20 cm,人们不得不采取紧急维护措施,此后倾斜又转入缓慢发展阶段。意大利政府于 1990 年起关闭斜塔进行修复,措施包括加固地基和抽取地下水,并以钢缆支撑塔身等。修复工程于 2001年完成,塔顶中心水平偏移量减少了 45 cm。

延伸阅读:比萨斜塔(Leaning Tower of Pisa)位于意大利比萨城北侧的奇迹广场,是比萨大教堂的钟楼,下面是相关历史。

— 1173 年:动工。

— 1178 年:建至 4 层高约 29 m,因向南倾斜停工。

— 1272 年:复工,经 6 年修建至 7 层,高 48 m,因倾斜再次停工。

— 1360 年:复工,1370 年竣工,全塔共 8 层,高 55 m。

— 1838 年:从塔基中取土的工程活动导致其突然加速倾斜。

— 1990 年:南北两端沉降差 1.8 m,塔顶偏离中心线已达 5.27 m,倾斜 5.5°。关闭,启动修复工程。

— 2001 年:完成修复,纠正至偏移 3.9 m,倾斜 3.99°,重新开放。

传说伽利略曾经在塔上进行自由落体试验,但没有发现相关文献记载。

图 1-4　比萨斜塔

比萨斜塔表现出显著的差异沉降,更多是因为明显斜而不倒受到关注,实际上它并不是建筑物倾斜的个案。由于土具有碎散性、三相性和天然性,几乎所有坐落在地基土上的工程都会发生一定的沉降,差异沉降也很普遍,只要变形在工程允许范围之内就不需要特别关注。关于土的压缩性和地基沉降,将在第 5 章讲述。

2. 强度问题

与其他材料相似,当土中受到的剪应力过大,超出了其承受能力时土就会发生破坏。1913 年的加拿大特兰斯科纳谷仓倾倒事件,就是一个地基承载力不足导致破坏的典型案例,如图 1-5 所示。

特兰斯科纳谷仓地基土的表层是 1.5 m 厚的软土,其下部是较厚的硬黏土层。限于当时对土力学的认识和技术水平,工程技术人员在施工前未对谷仓地基土层进行详细勘察,仅在 3.7 m 深处开展了载荷试验(也称荷载试验、载荷板试验、静载荷试验等,详见第 5 章和第 7 章),得到的地基承载力是 400 kPa,大于谷仓满载时的总压力 300 kPa。然而,后期研究发现,深度 6.7 m 以下有一层承载力很小的黏土。载荷试验的影响深度较小,仅限于上层的硬黏土层,未能反映该软弱黏土层的承载能力。因此,事故的发生可归因于前期勘察没有很好地反映地层的自然变异性。

延伸阅读:加拿大特兰斯科纳谷仓(Transcona Grain Elevator)于 1911 年开始建造,1913 年秋完工,谷仓自重 20 000 t。1913年 10 月,谷仓内装载量达 30 000 m³ 时发生急剧下沉,向西倾斜。1 小时内垂直沉降量达 30 cm,倾斜度达 26.88°,并在 24 小时后倾倒。最终西侧下陷 7.32 m,东侧抬高 1.52 m。

图 1-5　加拿大特兰斯科纳谷仓

所幸谷仓整体刚度较大,地基破坏导致建筑倾倒后筒仓仍保持完整,没有产生明显裂缝。为修复谷仓,人们在基础下部设置了 70 多个混凝土桩支承于深 16 m 的基岩上,使用了388 个 50 t 的千斤顶,逐渐将倾斜的筒仓纠正。经纠偏处理后,新的谷仓比初始设计标高沉降了 4 m,但仍可正常使用。

加拿大特兰斯科纳谷仓事故是地基应力超过承载力的破坏问题,常见的土工破坏还有挡土墙的压力和土坡稳定性等问题,相关内容将在第 7 章讲述。

3. 渗流问题

正如前述,土是一种多孔、多相、松散的介质,流体可以在土孔隙间运移流动。水在土中渗流的过程中,对土颗粒产生一定的渗透力,会影响工程的稳定性。发生在 20 世纪 70 年代的美国蒂顿大坝溃坝事故就是典型的案例,如图 1-6 所示。

延伸阅读:位于美国爱达荷州的蒂顿大坝(Teton Dam)于 1972 年 2 月动工兴建,1975 年建成。最大坝高 126.5 m,坝顶长945 m,为土质心墙坝。1976 年 6 月 3 日起,在坝下游与灰色基岩接缝处发现有清水流出;6 月 5 日上午 7 点,右侧坝趾发现有浑水流出,11 点 55 分,坝顶开始破坏,形成水库泄水沟槽,大坝溃堤。

图 1-6　美国爱达荷州蒂顿大坝

事故发生后,美国垦务局对大坝的工程地质条件和坝体结构进行了大量研究,发现导致溃坝的原因来自两个方面:一是特殊的地质条件。右坝肩的岩石具有显著的层状节理,裂隙发育,大量水由此渗入坝体内部。二是坝体心墙采用了当地的黄土。这种材料在较为密实的情况下,受力剪切会发生膨胀,导致渗透性增大。两种缺陷结合,使得大量水流进入渗透性较大的黄土心墙,在渗透力的作用下发生内部侵蚀形成管涌,最终导致大坝垮塌。

与渗流相关的还有渗流量的问题,比如基坑涌水量和水井取水量的计算和控制等,这些内容将在第 4 章讲述。

正是由于土在工程中用途广泛,再加上人们对土的变形、强度和渗流特性认识不足,导致类似以上的事故频频发生,给人们的生命财产造成巨大损失,因此土木工程师在实践中必须掌握土力学理论知识。

§1.2 土力学的发展历程

土被用来进行工程建设已有很长的历史,迄今为止仍然是用途最广泛的建筑材料之一,比如用作地基、建设水坝和路堤等。在与土打交道的漫长历史长河中,人们对土的工程性质认识越来越深入,逐渐形成了一门独立的学科。许多学者从不同角度出发对土力学的发展历史进行了阶段划分,都有其独特的视角;本书作者认为,从解决不同土工问题的角度来看,土力学的发展大致经历了三个阶段。

1.2.1 土力学的发展历史

1. 萌芽阶段(1925 年以前)

人类面临的首要问题是生存,包括保障生命安全和获取生存资源,土力学在萌芽阶段主要解决这类问题。从本学科内容来说,这包括土的强度和渗流问题。

当进行工程建设的时候,避免倒塌破坏以保障生命安全是第一要务。可想而知,人类早期对所居住洞穴的安全性和高处山坡稳定性的判断主要依靠经验。即便人们在 15 世纪已经对金属材料的破坏有了很深入的认识,但是对于土这种材料的强度以及土体的稳定性,始终没有科学合理的解释。直到 18 世纪后半叶,法国物理学家和工程师库仑(图 1-7)提出了土的抗剪强度公式,被认为是土力学的开始,库仑也因此被认为是土力学之祖。库仑还基于楔体的极限平衡,提出了挡土墙上土压力的理论公式,相关内容将在第 6、7 章讲述。

延伸阅读:库仑(Charles-Augustin de Coulomb,1736—1806 年),法国物理学家和工程师。他一生对力学、电磁学和工程技术做出了卓越贡献。库仑将牛顿力学与电磁学结合起来,提出了反映电荷间作用力的库仑定律;在力学方面,他对摩擦力有深入研究;在土力学方面,他提出的反映土强度的库仑公式是本学科开创性的研究成果,因此库仑被称为"土力学之祖"。

图 1-7　土力学之祖——库仑

水是人类赖以生存的必要资源,人们与水打交道也有悠久的历史。需要解决的问题主要有 3 个,分别是筑堤挡水提供安全的生存环境,打井取水获取必不可少的生命必需品,以及引水灌溉发展农业生产,为人类生存提供必需的能量。以上 3 个方面涉及的问题在本质上相同,都与水在土层中的渗流有关。19 世纪中期法国科学家达西(图 1-8)通过渗透试验,首次发现了水在土中渗流速度的控制因素,并提出了著名的达西定律。后来,人们进一步发现水在土中流动会形成渗透力。关于土的渗流特性以及渗流控制工程问题,将在第 4 章讲述。

延伸阅读:达西(Henri - Philibert - Gaspard Darcy,1803—1858 年),法国水利学家、渗流力学奠基人,他的试验成果开创了一门研究流体在多孔介质中流动的科学——渗流力学。达西负责过运河、铁路、桥梁、隧洞等多种土木工程的设计与建设工作。他研究了地下水的流动机理,于 1856 年通过砂土渗流试验首先提出,经过试样的水流量与试样横截面积及试样两端测压管水头差成正比,与试样的高度成反比,即达西定律,为后期相关研究奠定了基础。

图 1-8 法国水利学家——达西

2. 古典土力学阶段(1925—1960 年)

继库仑和达西之后,土力学的发展走出经验,走向理论化,先后涌现出大量具有里程碑意义的研究成果。1857 年,英国物理学家和力学家朗肯(William John Macquorn Rankine,1820—1872 年)基于库仑强度公式,提出了土压力的计算理论,将在第 7 章讲述;1885 年,法国力学家布辛奈斯克(JosephValentin Boussinesq,1842—1929 年)提出了半无限均质弹性材料中应力分布的理论解,为土中应力的计算提供了科学合理的途径,这个理论将在第 3 章讲述;1908 年前后,瑞典化学家和农学家阿特伯格(Albert Mauritz Atterberg,1846—1916 年)发现了黏粒含量对土可塑性的重要影响,之后定义了土的稠度界限含水率,用塑性指数来表征黏性土的可塑性,并一直沿用至今,这些知识将在第 2 章讲述;1923 年,美籍奥地利裔土力学家太沙基(图 1-9)提出了土的有效应力原理(第 3 章)。

以上研究成果表明,一方面,土力学作为一门独立的学科到了呼之欲出的阶段;另一方面,变形问题越来越受到人们的关注,准确合理地评估岩土体变形也到了刻不容缓的时候。继有效应力原理的提出,太沙基进一步建立了土的一维固结理论,并于 1925 年出版了第一部土力学专著《基于土物理性质的土力学》(原书为德语版,书名为"*Erdbaumechanik auf Bodenphysikalisher Grundlage*",英文书名为"*The Mechanics of Earth Construction Based on Soil Physics*")。这部著作具有划时代的意义,集前人研究成果之大成,继土强度的库仑公式、土渗流的达西定律之后,建立了合理的土体变形理论。至此,土力学作为一门学科正式诞生了,土力学也从此翻开了新的篇章。

图 1-9 土力学之父——太沙基

在随后的几十年里，土力学不断发展和完善。1941 年，比奥（Maurice Anthony Biot，1905—1985 年）提出土的三维固结理论；卡萨格兰德（Arthur Casagrande，1902—1981 年）对土力学的测试技术进行了全面的研究和改进；1948 年，斯开普敦（Sir Alec Westley Skempton，1914—2001 年）提出了土的孔隙水压力系数，使有效应力原理的应用更加方便可行；1957年，毕肖普（Alan Wilfred Bishop，1920—1988 年）和亨克尔（David John Henkel，1921—2006年）发明了土力学性质的三轴测试方法，对土工测试技术的发展做出卓越贡献。世界各国学者对土的抗剪强度及其机理、变形特性和应力应变关系以及渗透性理论进行了大量研究，并逐渐将土力学的基本理论应用于解决各种复杂条件下的工程问题。

3. 现代土力学阶段（1960 年至今）

前两个阶段的研究和实践使土力学形成了一门独立的学科，并且不断丰富和完善。然而，在以上工作中，作为土力学的两大核心任务，对土的强度和变形的研究一直是截然分开的。土的强度根据极限平衡原理进行分析，而变形则主要根据弹性理论进行计算，建立合理的本构模型需将变形和强度统一考虑。20 世纪 50 年代末，罗斯科（图 1-10）带领剑桥大学的研究小组陆续发表了土的临界状态特性相关研究成果，并于 1963 年提出了著名的剑桥模型；1968 年再由罗斯科和博兰德（John Boscawen Burland，1936—）对模型进行改进，提出了修正剑桥模型，通过临界状态线将变形与强度完美耦合考虑。因此，剑桥本构理论宣告了现代土力学的开始。

图 1-10 英国土力学家——罗斯科

现代土力学的一个重要任务是本构模型研究,即建立能够反映土力学特性的数学模型。长期研究表明,土的力学行为表现出 3 个方面的特殊性。首先,在剪切变形和破坏过程中,颗粒间发生相对错动,表现出明显的摩擦性;其次,随着压力的增大,土发生压缩变形,模量随之增大,表现出显著的压硬性;再者,土在剪切过程中会发生体积变形,表现出区别于金属材料的剪胀性。姚仰平等称其为土的三大基本力学特性,并在剑桥模型的基础上建立了"统一硬化模型",从真正意义上全面反映了土的摩擦性、压硬性以及剪胀性。随着人们对土这种多相介质的认识不断深入,对理论研究也不断提出新的和更高的要求。陈云敏院士指出:"未来岩土体本构模型研究的挑战是,如何考虑岩土体在受力过程中土骨架相变与多场耦合,以解决目前本构模型尚无法定量分析的能源、交通、环境和水利相关的重大岩土工程问题。"

伴随着工程建设事业的蓬勃发展,土力学在本构关系与强度理论、物理模拟与数值模拟、测试手段与监测技术等方面取得了长足进展。同时,计算机技术又为土力学注入了新的活力,实现了测试的自动化,提高了理论分析的速度和准确性。目前,土力学已衍生出理论土力学、试验土力学、计算土力学和应用土力学四大分支;此外,还涌现出一些新的生长点,如环境土力学、特殊土力学以及微观土力学等。

1.2.2   土力学的学术组织

国际土力学与岩土工程学会(International Society for Soil Mechanics and Geotechnical Engineering)是全世界土力学研究者的学术团体,经太沙基提议于 1936 年成立,学会由各成员方分会组成并按地理区域划分。学会的宗旨是促进工程师和科学家之间的国际合作,以提高土力学及地基基础设计和施工技术在土木工程中的应用水平;同年,在卡萨格兰德的协助下在美国马萨诸塞州坎布里奇举行了"第一届国际土力学及基础工程学术会议",迄今已历 20 届。

我国的土力学研究始于 1945 年黄文熙创立的第一个土工试验室,大规模的研究则是在中华人民共和国成立以后。70 多年来,各方面取得了长足的进展,为土力学的发展和完善做出了积极的贡献。中国于 1957 年加入了国际土力学及基础工程协会,设立了"中国土木工程学会土力学及岩土工程分会",由茅以升主持开展工作,并于 1978 年成立了土力学及基础工程学会;自 1962 年在天津召开"第一届土力学及基础工程学术会议"以来,已经成功召开了 13 届。国际土力学及基础工程学术会议在第十五届更名为"国际土力学与岩土工程学术会议"。相应地,我国的学术会议也从第八届开始更名为"土力学与岩土工程学术会议"。这些学术组织以及会议的定期召开极大促进了我国土力学学科的发展。

§1.3   土力学的内容和学习方法

1.3.1   本书的内容和结构

本书分 8 章,表 1-1 列出了全书的内容,从结构上包括 3 部分。第 1~3 章讲述土力学的相关背景、概念和基础知识,第4~7章讲述土力学的三大问题;第8章是知识扩展,也是本书新设内容。需要指出的是,对于渗流和变形问题,第4章、第5章分别按两个层次讲述,先是材料特性,随后是工程问题;对于破坏问题,由于内容繁多,本书在第6章讲述土材料的强度理论,在第7章集中讲述3类工程稳定性问题。

表1-1 本书的内容和结构

章节安排	主要内容	逻辑结构
第1章 绪论	土和土力学的概念,土力学的发展历史,土力学的内容和学习方法。	基础知识
第2章 土的物理性质与工程分类	土的组成、物理指标和物理状态,土的工程分类。	
第3章 土中的应力	土的应力状态,自重应力和附加应力计算。	
第4章 土的渗透性与渗流问题	土中水的流动和渗透定律,土体渗流问题和控制。	三大问题
第5章 土的压缩性与地基沉降	土的一维压缩特性,地基沉降计算,一维固结理论。	渗流
第6章 土的抗剪强度	土的抗剪强度理论,强度指标测试和应用。	变形
第7章 土工稳定性分析	挡土墙与土压力,地基承载力,土坡稳定性分析。	强度
第8章 特殊土性质与工程设计	湿陷性黄土、膨胀土、盐渍土以及冻土的分布、成因与物理化学性质、特殊工程性质以及工程设计。	学科扩展

1.3.2 土力学与其他学科的关系

作为一门学科,土力学与工程地质学、连续介质力学和基础工程等学科有着密切的关系。首先,土来自岩石,土力学与工程地质学有着天然的联系;其次,土力学充分考虑土的多孔、多相、松散特性,以连续介质力学为理论基础来解决土工问题;最后,土力学又为基础工程中许多问题的设计计算提供理论依据。可见,土力学既是理论学科,又明显具备实践学科的特点。土力学是土木工程、水利水电工程、海洋工程及工程地质等专业的重要基础课,为上述学科提供理论基础。

1.3.3 土力学的学习方法

土力学这门学科自身有很多特点,内容广泛,综合性、实践性强,学习过程中应采用有针对性的、科学有效的方法。下面就如何学习这门课程提出几点建议。

(1) 了解全书内容,熟稔逻辑结构。初学者不妨仔细阅读表1-1所展示的本书内容和逻辑结构,力使了然于心。这么做或许可以帮助读者跳出局部俯瞰全局,而不至于在繁杂琐碎的知识中,一叶障目不见森林。无论阅读到哪一部分,都能够清晰地了解其在整个学科中的地位和作用,这无疑对于课程的学习非常有帮助。

(2) 搞清基本概念,适时汇总辨析。土对人们来说司空见惯,但是土作为工程材料,对大多数人来说又是陌生的。土力学作为一门新学科,必然有许多新概念。实际上,每一个概念都不难理解,但是概念一多就容易混淆,尤其难以建立概念之间的联系。倘若在学习过程中能够时常回顾复习,把新内容与旧知识有机结合并进行对比分析,将有利于对知识进行准确和全面的掌握。为此,编者尽可能适时地对相似的知识点进行汇总和辨析,以期协助初学者把握前后内容间的内在联系,做到融会贯通。

(3)领会基本理论,注意适用条件。土力学中成体系的理论并不多,每一个理论在建立之时总是依赖于某些简化和假定。由于土木工程性质的复杂性,理解每一条简化和假定在理论建立中所起的作用,并清楚地认识与之对应的工程适用条件,对于土力学课程的学习以及解决实际工程问题尤为重要。

(4)重视动手试验,增加切身感受。本书非常重视试验,为了读者使用方便,作者将初等土力学经常涉及的试验包含在相关章节中。建议初学者亲自动手试验、整理数据,这种切身感受对于深入理解课程知识的作用是无可替代的。

总之,希望读者通过对本课程的学习,掌握土力学的基本概念、原理和方法,以期能够根据相关规范解决遇到的实际工程问题,并为后续相关专业课程的学习打下坚实的基础。

思考和习题

1-1　简述土的形成和特点。

1-2　简述土力学及其三个主要任务。

1-3　简述土力学的发展历史,每一阶段的主要任务、代表性人物及其贡献。

第 1 章习题答案

第2章 土的物理性质与工程分类

导读:本章首先介绍土的三相组成,随后讲述土的物理指标及物理状态,最后介绍土的工程分类。本章有大量新概念,提醒初学者准确把握其物理含义,并注意相近专业术语的辨析。

土的力学性质很大程度上取决于其物理性质,而土的物理性质又取决于其物质构成。前章述及,土是岩石经过风化、剥蚀、搬运和沉积而形成的松散沉积物,这一复杂的形成过程就决定了其复杂的物质构成。以上逻辑关系可用图2-1表示。本章从土的物质构成入手,介绍土的物理性质,为后续章节讲述土的力学性质奠定基础。

图2-1 土的力学性质决定因素溯源

土通常由三相组成。土的固相即土颗粒形成的骨架,对土的力学性质起到决定性的作用;液相充填在孔隙中,对土的力学性质具有重要影响;气相也是充填在孔隙中,起到相对次要的作用。考虑到三相性是土最本质的特征,下面首先介绍土的三相组成。

§2.1 土的三相组成

2.1.1 土中的颗粒

土中的颗粒主要是指各种矿物颗粒,可以从其大小、形状和矿物成分3个方面去认识。从本质上讲,矿物成分是具有决定性作用的内在因素。然而,后文中会提及,土颗粒的大小、形状以及矿物成分具有很强的相关性。考虑到颗粒的尺寸最容易描述,而且颗粒尺寸大小决定了孔隙的大小,也就决定了其他两相赋存和运移的可能性,因此作为重点内容首先介绍。

延伸阅读:土的颗粒间还有各种盐类作为化学胶结物,温度低于0℃时还可能会有冰。土中的这些特殊固体物质将在第8章介绍,本章主要讲述矿物颗粒。

1. 粒径分布曲线

在绝大多数情况下,土由尺寸不同的大量颗粒组成,颗粒尺寸通常跨度很大。实际上,一定尺寸范围内的颗粒具有相似的工程性质。因此,获得某一特定尺寸的颗粒数量或者质量不仅不现实,而且也没有必要;而分析颗粒尺寸涵盖的范围,并同时描述一定尺寸范围内的颗粒质量在土中所占的比例,在土力学中具有重要意义。为了达到这一目标,首先定义以下概念:

（1）粒度:指土粒的大小,通常以粒径表示。

（2）粒组:某一尺寸范围内的土颗粒归为一个粒组。

（3）界限粒径:划分粒组的分界尺寸。

（4）颗粒级配:土中各粒组的质量占总质量的百分比。

确定了界限粒径,根据尺寸大小可将颗粒划分为不同的粒组,即一定尺寸范围内的颗粒。我国《土的工程分类标准》(GB/T 50145—2007)用两个界限粒径 60 mm 和 0.075 mm,将颗粒分为巨粒组(巨粒土>60 mm)、粗粒组(0.075 mm<粗粒土≤60 mm)和细粒组(细粒土≤0.075 mm)3 大粒组。由于每一粒组的尺寸范围跨越几个数量级,又在每一粒组中间加一个界限粒径进行二级划分。于是,200 mm、60 mm、2 mm、0.075 mm 和 0.005 mm 5 个界限粒径就将土粒分成漂石、卵石、砾粒、砂粒、粉粒、黏粒 6 种颗粒。习惯上,将砾粒和砂粒两种粗颗粒再进一步划分为粗、中、细。以上粒组划分和颗粒名称如图 2-2 所示。

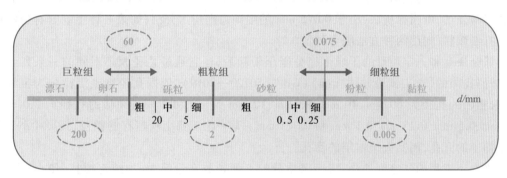

图 2-2 土的粒组划分图

延伸阅读:对于粒组的划分,不同的国家有不同的规定,同一国家不同的行业规定也不尽相同。由于行业和学科发展的传统,这些界限粒径在数值上有些微差异,但是总体相差不大,初学者不必过于纠结;在实际工程中则需要严格按照相应的规范进行划分。

如前所述,之所以要将土按照粒径分为不同的粒组,是因为一定粒径范围内的颗粒具有相似的物理力学特性。因此,对于岩土工程师来说,粒组的命名同时携带了简洁的工程性质信息,图 2-2 中的粒组划分及其所对应的一般工程性质如表 2-1 所示。

表 2-1 土的粒组划分及工程性质

粒组统称	颗粒名称	粒径范围 d/mm	工程性质
巨粒组	漂石（块石）	$d>200$	透水性很大,无毛细水,无黏性,压缩性很小,通常是较好的地基。
	卵石（碎石）	$60<d\leqslant200$	

粒组统称	颗粒名称		粒径范围 d/mm	工程性质
粗粒组	砾粒	粗砾	$20<d\leqslant 60$	透水性大,毛细水上升高度不大,无黏性,压缩性较小,通常是较好的地基。
		中砾	$5<d\leqslant 20$	
		细砾	$2<d\leqslant 5$	
	砂粒	粗砂	$0.5<d\leqslant 2$	易透水,具有一定的毛细水上升高度,无黏性。
		中砂	$0.25<d\leqslant 0.5$	
		细砂	$0.075<d\leqslant 0.25$	
细粒组	粉粒		$0.005<d\leqslant 0.075$	透水性小,毛细水上升高度较大且速度较快,有利于冻胀发育,有黏性。
	黏粒		$d\leqslant 0.005$	透水性很小,毛细水上升高度大但慢,遇水膨胀失水收缩,有黏性和可塑性。

注:巨粒组中的漂石和块石粒径范围相同,漂石磨圆度较高,块石磨圆度差,卵石和碎石的关系同理。

土中各粒组的相对含量,通常可用两种方法获得。粒径在 0.075 mm~60 mm 之间的粗颗粒用筛分法,也叫筛析法,小于 0.075 mm 的细颗粒则用水分法;如果一种土既含有粗颗粒又含有细颗粒,则用两种方法联合测定。

筛分法是将一定质量的干燥土充分碾压粉碎后,让它通过孔径大小不同的一系列土工筛,按照我国的《土工试验方法标准》(GB/T 50123—2019),依据孔径将土工筛分为粗筛与细筛,粗筛的孔径为 60 mm、40 mm、20 mm、10 mm、5 mm 和 2 mm;细筛的孔径为 2.0 mm、1.0 mm、0.5 mm、0.25 mm、0.1 mm 和 0.075 mm。某一土工筛上所留存的颗粒,其尺寸小于上一层筛子的开孔,而又大于本层的筛孔。

水分法常用的是密度计法,将一定质量的土颗粒放在量筒中,加纯水搅拌,使土颗粒在水中均匀分布,形成均匀的土悬液。静置悬液,让土粒沉降,大小不同的颗粒下沉速度也不同,形成分选,悬液密度随之发生变化。在此过程中,用密度计测出不同时间的悬液密度,根据密度计读数和土粒的下沉时间,可计算出小于某一粒径的颗粒占土样的百分比。

结合两种方法进行颗粒级配联合测定如图 2-3 所示。

延伸阅读:筛分时通常用一定的机械装置晃动筛子,以期分选充分;需要注意的是,我国土工筛的开孔为方形,所以这里的粒径是指大小,而不是颗粒的直径,英文建议用 size。粒径小于 0.075 mm 的颗粒用水分法,根据斯托克斯(Stocks)定律,球状的细颗粒在水中下沉的速度与颗粒直径的平方成正比,利用不同粒径的土在水中下沉速度不同的原理,将颗粒分组。这里用水分法求得的粒径并不是实际的土粒直径,而是与实际土粒在液体中具有相同沉降速度的理想球体的直径,可称为名义直径,所以英文仍然应当用 size。此外,还可用激光粒度仪,通过颗粒的衍射或散射光的空间分布来分析颗粒大小。

利用以上联合测定方法获得的数据,计算得到小于某一特定粒径的颗粒质量占总质量

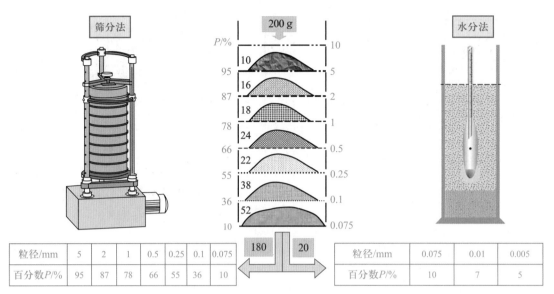

筛分法										水分法		
粒径/mm	5	2	1	0.5	0.25	0.1	0.075			粒径/mm	0.075	0.01	0.005
百分数P/%	95	87	78	66	55	36	10			百分数P/%	10	7	5

图 2-3　颗粒级配联合测定方法

的百分比,将其绘制到坐标系中,就得到土的颗粒粒径大小分布曲线,简称粒径分布曲线,或颗粒分布曲线,如图 2-4 所示。在我国,粒径分布曲线的横坐标通常采用对数坐标,习惯上从左往右逐渐减小。

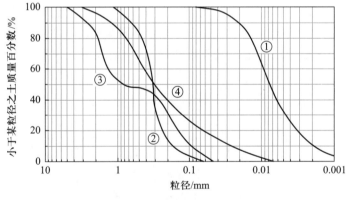

图 2-4　土的粒径分布曲线

延伸阅读:从土的粒径分布曲线上可以大致看出土颗粒的粒径范围和含量;如果粒径范围大致相似而曲线形态不同(如图 2-4 的②和③),说明颗粒的配置也不一样。对颗粒的级配定量描述,还需定义某些参数。

图 2-4 曲线上一点所对应的横坐标是粒径,纵坐标是小于该粒径的颗粒质量占总质量的百分比,习惯上记作粒径数值的下标,即如果粒径小于 d 的颗粒占总质量的 $x\%$,则记作 d_x。经常采用的特征粒径有 d_{60}、d_{50}、d_{30} 和 d_{10},如图 2-5 所示。平均粒径 d_{50} 表示土颗粒的整体大小;有效粒径 d_{10} 具有特殊的含义,即非均粒土级配曲线上累积含量 10% 所对应的粒径,大约等于与该土透水性相同的均粒土的颗粒直径;另外两个特征粒径 d_{60} 和 d_{30} 在土力学中仅有曲线的几何意义。

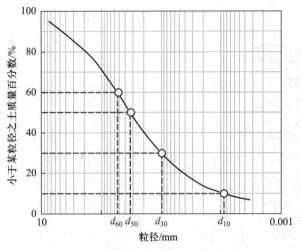

图 2-5 粒径分布曲线和特征粒径

延伸阅读：我国常用的特征粒径有

d_{60}：限制粒径

d_{50}：平均粒径

d_{30}：中值粒径

d_{10}：有效粒径

以上特征粒径多数国家都采用，有的国家某些行业还可能取其他粒径，如 d_{25} 和 d_{75}。

利用特征粒径定义不均匀系数

$$C_u = \frac{d_{60}}{d_{10}} \qquad (2-1)$$

不均匀系数表征颗粒的均匀性，C_u 越大，两个特征粒径 d_{60} 和 d_{10} 之间的跨度越大，这种情况下土颗粒大小差距大，颗粒是不均匀的。这种土的小颗粒可以填充到大颗粒之间的孔隙中，容易形成密实的土，通常是好的级配；反之，C_u 越小，土颗粒整体大小相差不大，即很均匀，不是好的级配。然而，C_u 只能表示颗粒分布的范围。图 2-6 显示不同颜色的 3 条曲线对应的土具有相同的不均匀系数，但是它们的级配形式又各不相同，这与曲线的光滑程度有关，需要另外一个参数曲率系数来反映。

$$C_c = \frac{d_{30}^2}{d_{60} \times d_{10}} \qquad (2-2)$$

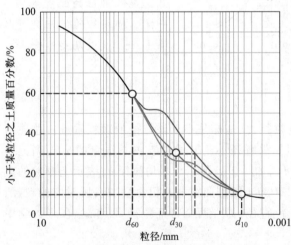

图 2-6 不同粒径分布曲线具有相同的 C_u

思考辨析：图 2-6 中紫色的线有一平缓段，代表颗粒在这一粒径范围含量较少，如果出现平台则说明这一粒径范围的颗粒缺失；黄色的线比较陡峭，说明这一粒径范围内颗粒比较集中，如果出现竖直段说明在某一粒径颗粒非常集中。请思考：有没有一种土，其粒径分布曲线平行于横轴、纵轴呢？

曲率系数实际上是在 d_{60} 和 d_{10} 之间找了一个大致中间的粒径 d_{30},用曲线上 3 个点进一步描述曲线形态。C_u 和 C_c 两个参数联合起来可以有效地反映土颗粒的级配,如表 2-2 所示。

级配良好的土经过击实,相对细小的颗粒充填到大孔隙中,容易形成密实度较大的土,强度较高,稳定性较好,透水性和压缩性较低,工程性质较好,适用于填方工程和地基土。

表 2-2　土的级配优劣判断

C_u 判定土颗粒的不均匀程度			C_c 判定土级配的连续程度		C_u 及 C_c 共同判定土级配的优劣	
$C_u < 5$	$5 \leqslant C_u \leqslant 10$	$C_u > 10$	$C_c = 1 \sim 3$	$C_c > 3$ 或 $C_c < 1$	$C_u \geqslant 5$ 且 $C_c = 1 \sim 3$	其他情况
均匀土级配不良	不均匀土	不均匀土级配常良好	级配连续	级配不连续	级配良好	级配不良

例题 2-1

根据某土样的粒径分布曲线可以得到 $d_{10} = 0.021$ mm,$d_{30} = 0.15$ mm,$d_{60} = 0.67$ mm。试利用 C_u 及 C_c 对其级配进行评价。

【解答】

$$C_u = \frac{d_{60}}{d_{10}} = \frac{0.67 \text{ mm}}{0.021 \text{ mm}} = 31.9$$

$$C_c = \frac{d_{30}^2}{d_{60} \times d_{10}} = \frac{(0.15 \text{ mm})^2}{0.67 \text{ mm} \times 0.021 \text{ mm}} = 1.6$$

因为 $C_u \geqslant 5$ 且 $C_c = 1 \sim 3$,所以该土级配良好。

---

2. 土颗粒的化学成分

土是岩石的碎屑经历了一定搬运过程后堆积而成的,其成分通常很复杂。土的化学成分主要是矿物质,包括原生矿物和次生矿物。原生矿物有石英、长石、云母等;次生矿物主要是黏土矿物(主要包括高岭石、伊利石、蒙脱石 3 类)。次生矿物具有高分散性,呈胶体形态,性质较不稳定的特点;有较强的吸附水的能力,易引起体积胀缩,具有可塑性,对工程有较大影响。此外,土中有时含有少量有机质,如腐殖质和泥炭等。

颗粒的化学成分与尺寸大小具有一定的相关性。土中的砾粒通常是石英、长石和其他矿物颗粒的碎片,砂粒主要是石英和长石,有时也可能存在其他矿物颗粒,粉粒是非常细的石英颗粒和一些片状颗粒(如云母矿物)的碎片,黏粒则多是云母、黏土矿物和其他矿物的片状显微和亚显微颗粒。土的颗粒大小可以用比表面积表征,定义为单位质量土颗粒的总表面积(cm^2/g),比表面积有专门的量测仪器。颗粒越细,比表面积越大,9 g 蒙脱土的表面积相当于一个足球场的面积。

黏土矿物具有一定的亲水性。亲水性即矿物颗粒表面与水相互作用的能力。高岭石亲水性最弱,胀缩性与可塑性小;伊利石亲水性、胀缩性和可塑性居中;蒙脱石亲水性最强,具有极大的胀缩性与可塑性,吸水膨胀、失水收缩性较强。土中黏土矿物越多,黏性、可塑性和胀缩性越大。

总体而言,粗粒主要是物理化学性质较稳定的原生矿物;细粒主要是次生矿物和有机质,如表 2-3 所示。可见,土颗粒的化学成分、大小和形状具有很强的相关性。

表 2-3　土的矿物成分与粒组的关系

单位:mm

矿物成分			土粒组直径					
			巨粒组、砾粒组	砂粒组	粉粒组	黏粒组		
						粗	中	细
			>2	0.05~2	0.005~0.05	0.001~0.005	0.000 1~0.001	<0.000 1
原生矿物		母岩碎屑(多矿物结构)						
	单矿物颗粒	石英						
		长石						
		云母						
次生矿物		次生二氧化硅(SiO_2)						
	黏土矿物	高岭石						
		伊利石						
		蒙脱石						
	倍半氧化物(Al_2O_3、Fe_2O_3)							
	难溶盐($CaCO_3$、$MgCO_3$)							
腐殖质								

2.1.2　土中的水

土中的水与颗粒有着复杂的相互作用,细粒含量越高,水对土物理性质影响越大。土中的水可能以 3 种形式存在,即固态、液态和气态。固态水是温度较低时由液态水结成的冰;气态水是水蒸气,可以看作土中的气相,通常不单独研究。近年来,有学者研究土中的气态水运移,提出了"锅盖效应"理论,在岩土工程实践中值得注意。液态水在土中普遍存在,对土的物理力学性质具有重要的作用,本节将重点介绍。

延伸阅读:姚仰平等研究发现,土孔隙未充满水的时候,会有水蒸气存在,在一定的温度梯度驱动下向土层上部运移。如果遇到机场跑道等大面积低温覆盖层,水蒸气就会在其下面凝结成水,这与锅盖下面形成大量水机理相同,因此形象地称作"锅盖效应"。在许多地区,尽管地下水位较低,但机场跑道下面还是会聚集大量水,冬天甚至发生冻害。

土中的液态水分为结合水和自由水。结合水是指受电分子吸引力 p 作用吸附于土粒表面的水。黏土颗粒的双电层和结合水如图 2-7 所示。结合水又可分为强结合水和弱结合水，紧靠土粒表面的结合水膜，为固定层中的水，称作强结合水。其性质接近于固体，不能自由流动，但可转化为水蒸气后移动。黏土仅含强结合水时呈固态。强结合水的外围形成的结合水膜，为扩散层中的水，称作弱结合水。它受土壤颗粒的吸引力减弱，能从薄膜较厚处向较薄处移动，这一点与液态水的性质相似。黏土含弱结合水时，具有可塑性，对黏土性质影响很大。无论是强结合水还是弱结合水，都不能传递静水压力，无溶解能力，冰点低于 0 ℃。

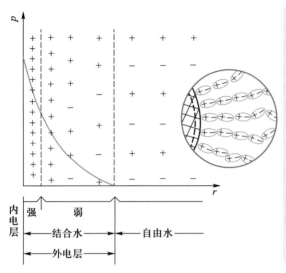

图 2-7 黏土颗粒的双电层和结合水

延伸阅读：颗粒的双电层和结合水是黏土的重要特点。黏土颗粒带有电荷，构成具有一定电位的微粒内层，称为电位离子层。电位离子在溶液中能够吸引相反电性的水合离子形成包围颗粒的反离子层，二者合称双电层。黏土颗粒跟水形成双电层时，靠近黏土颗粒的水分子很难移动，称为固定层；固定层之外的水合离子可以移动，称为扩散层。黏性越强的土，其弱结合水膜厚度变化范围越大。随着含水率增加，薄膜水越来越厚，直到颗粒丧失对其的吸引力，成为自由水。

土中的自由水是存在于土粒表面电场影响范围以外的水，性质和正常水一样，能传递静水压力，有溶解能力。自由水又分为两种：可在重力作用下自由流动的自由水称作重力水，存在于地下水位以下的透水层中，对土颗粒有浮力作用，其对基坑开挖及地下工程建设有不利影响；存在于地下水位以上的透水层中，受水与空气交界面处表面张力作用的自由水称作毛细水。工程中须注意毛细水的上升高度。粉土中的毛细水上升速度较快。毛细水上升能引起地下室过分潮湿，地基土浸湿、加剧冻胀等。

2.1.3 土中的气体

土中的气体又分为自由气体和封闭气体。自由气体与大气连通，在外力作用下，极易排出，对土的性质影响不大。封闭气体在外力作用下易溶于水；外力卸除后，溶解的气泡又重新释放出来，阻塞渗流通道，使土的弹性增加，透水性减小，对土的工程性质影响较大。此外，因为淤泥和泥炭中的有机质主要是动植物残骸，由于微生物的分解作用，土中会产生硫化氢、甲烷等可燃气体，使土层在自重作用下长期达不到密实状态，易形成高压缩性土层，所以应控制地基土的有机质含量。

2.1.4　土的结构和构造

土的结构是指土粒或土粒集合体的大小、形状、相互排列与联结关系等综合特征,分为如下 3 种典型结构。

（1）单粒结构:由粗大土粒组成,为碎石土和砂土的结构特征,如图 2-8(a)所示。呈紧密状态单粒结构的土,一般是良好的天然地基;但是,呈疏松状态单粒结构的土,未经处理一般不宜作为地基。

（2）蜂窝结构:当土粒间的分子引力大于土的重力时,土粒下沉受阻,逐渐形成链环状单元,多个链环连起来,便形成大孔隙的蜂窝结构,主要由粉粒或细砂粒组成,如图 2-8(b)所示。这种结构的土在较高水平荷载和动力荷载作用下,其结构将破坏,导致地基沉降。

（3）絮状结构:黏粒或胶粒重力很小,不因自重而下沉,长期悬浮在水中形成絮状结构,如图 2-8(c)所示(板状颗粒经过了放大)。土粒间联结强度(结构强度)随固结作用和胶结作用而增强,为黏粒的结构特征。

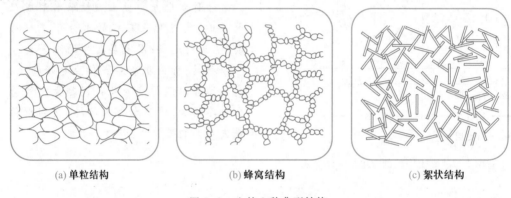

(a) 单粒结构　　　　　　　　(b) 蜂窝结构　　　　　　　　(c) 絮状结构

图 2-8　土的 3 种典型结构

天然黏性土的结构经扰动后破坏,这会导致土强度降低和压缩性增大,称作土的结构性。黏性土的结构性强弱通常用灵敏度评价,定义如下:

$$S_t = \frac{q_u}{q'_u} \tag{2-3}$$

式(2-3)中分子和分母分别为原状和重塑试样的无侧限抗压强度。S_t 越大,土的结构性越强,扰动后强度降低越多,因此在基础施工中应注意尽量减少对基坑底土的结构扰动。《软土地区岩土工程勘察规程》(JGJ 83—2011)对软土的灵敏度做出如表 2-4 的规定。

表 2-4　软土的灵敏度分类

低灵敏度	中灵敏度	高灵敏度
$1 < S_t \leq 2$	$2 < S_t \leq 4$	$S_t > 4$

土的构造是指土层在空间的赋存状态,即在土层剖面中,颗粒或颗粒集合体相互间的特征。野外经常见到的有成层性(层理构造)、裂隙性(裂隙构造)以及虫孔或者包裹物等,如图 2-9 所示。

(a) 层理构造

(b) 裂隙构造

(c) 包裹物

图 2-9　土体常见构造

思考辨析：土的结构是颗粒之间的关系，而构造是土层之间的关系。

上一节介绍了土的三相组成，即固体颗粒、水和气体。对于固体颗粒，着重描述了其大小和一定粒径范围内的颗粒所占的百分比，获得土的粒径分布曲线，据此确定土的级配优劣，这是土颗粒骨架的形态学描述；对于孔隙流体，分别讲述了水和气体的赋存状态和定性特征。如果对土的物理性质进行定量描述，则需要用物理特性指标来表征三相的多少。这些指标有的可以通过试验直接测出，叫作基本指标或者测出指标；其余的可以利用基本指标通过换算获得，称为导出指标。

2.2.1　基本指标

1. 土粒的相对密度

土粒的相对密度定义为土粒密度与 4 ℃时纯水密度的比值，表示为

$$d_s = \frac{\rho_s}{\rho_w^{4\,℃}} \tag{2-4}$$

式中

d_s——土颗粒的相对密度；

$\rho_w^{4\,℃}$——4 ℃时纯水的密度，取 1 g/cm³；

ρ_s——土粒的密度（g/cm³），$\rho_s = m_s/V_s$，m_s 和 V_s 分别为土粒的质量和体积。

因此，土粒的相对密度无量纲，又称为土粒的比重。

对粒径大于 5 mm 的土，可用浮称法或虹吸筒法测量其相对密度；对粒径小于 5 mm 的土，宜采用比重瓶法测量其相对密度，如图 2-10 所示。

土粒的相对密度 d_s 与土的密实程度和含水率的大小无关，其大小取决于土的矿物成分，变化幅度很小，工程上常可按经验值选用，如表 2-5 所示。

表 2-5　不同土类的土粒相对密度取值

土类	d_s
黏土	2.74～2.76
粉质黏土	2.72～2.73
粉土	2.70～2.71
砂土	2.65～2.69
有机质土	2.4～2.5
泥炭	1.5～1.8

延伸阅读:对于土粒这种不规则的固体,可以采用比重瓶法测量其相对密度。比重瓶法的原理是将一定质量的干土粒装入比重瓶,其排开水的体积就是颗粒的体积。根据土粒的质量和体积就可获得其密度,进而求得相对密度。

图 2-10　比重瓶法测土的相对密度

2. 土的密度

土的密度定义为单位体积土的质量,包含土中所有组分,又称土的天然密度,表达式为

$$\rho = \frac{m}{V} = \frac{m_s + m_w}{V_s + V_w + V_a} \tag{2-5}$$

式中

ρ——土的密度,或者天然密度;

m,V——土的总质量和总体积;

m_w——水的质量;

V_w,V_a——水和空气的体积。

细粒土的天然密度可用环刀法测定。首先,可以用环刀从土层中直接获取土样,利用天平称得土样总质量,在其基础上去除环刀质量即可得到土样的质量。又已知环刀体积,于是可以计算得到土样密度;砂土在野外取样困难,可以在环刀中灌砂获得。环刀和用环刀采集的土样如图 2-11 所示。

思考辨析:土的密度 ρ 能够反映单位体积土的轻重,与密实度有关,但是不能直接表示密实度,因为式(2-5)的分子中不仅包含颗粒的质量,还包含土样中水分的质量,而密实度只与一定体积里颗粒的多少有关。

(a) 环刀   (b) 环刀取土样

图 2-11　环刀和用环刀采集的土样

3. 土的含水率

土的含水率为土中水的质量与土粒质量之比,用百分数表示为

$$w = \frac{m_w}{m_s} \times 100\% = \frac{m - m_s}{m_s} \times 100\% \tag{2-6}$$

式中

w——土的含水率,也叫含水量;

m, m_s, m_w——土的总质量、干土(或颗粒)的质量以及水分的质量。

土的含水率是标志土含水程度(或湿度)的一个重要物理指标,其变化范围很大,实验室通常用烘干法测定。烘干法要按照《土工试验方法标准》(GB/T 50123—2019)中的规定温度(105~110 ℃),这样不会将强结合水烘干。野外现场可以用酒精烧干法,与烘干法测定的含水率略有差异。

> 延伸阅读:含水率采用百分比,但这是水分与土颗粒两相质量的比例,不是"分与总"的关系,英文中可见 water content, moisture content 和 moisture ratio 等多种表述方式。根据定义,含水率完全有可能超过 100%,比如软黏土和泥炭的天然含水率大于 100%。

对于特定土样,三相之间是此消彼长的关系。某一相占的体积或者质量多了,其他相就必然减少,土的物理性质就完全不同。因此,土的物理指标应当着重研究三相之间的比例。含水率就是两相之间的比例,后文中的孔隙比和饱和度与此相似。

2.2.2　导出指标

1. 密度类指标

(1) 干密度,ρ_d:土单位体积中固体颗粒的质量,定义为

$$\rho_d = \frac{m_s}{V} \tag{2-7}$$

相应地,干重度为 $\gamma_d = \dfrac{W_s}{V} = \dfrac{m_s g}{V} = \rho_d g$。

对于同一种土来说，ρ_d，γ_d 越大，土体孔隙越少，土越密实。在这种情况下，工程中可把 ρ_d 或 γ_d 作为土体密实程度的评价标准，以此控制填土工程的施工质量。

> 思考辨析：对于相同的土，是不是 ρ_d 越大，土一定越密实？不同的土呢？对于同一种土是的，不同的土则不然，原因请参考后文中无黏性土相对密度的概念。

（2）饱和密度，ρ_{sat}：土孔隙中充满水时单位体积的质量，定义为

$$\rho_{sat} = \frac{m_s + \rho_w V_v}{V} \qquad (2-8)$$

相应地，饱和重度为 $\gamma_{sat} = \dfrac{w_s + \gamma_w V_v}{V} = \rho_{sat} g$。

（3）浮密度，ρ'：地下水位以下的土粒受到水的浮力作用，扣除水浮力后，土单位体积的质量，定义为

$$\rho' = \frac{m_s - \rho_w V_s}{V} \qquad (2-9)$$

$$\rho' = \rho_{sat} - \rho_w \qquad (2-10)$$

相应地，浮重度为 $\gamma' = \dfrac{w_s - \gamma_w V_s}{V}$，或者 $\gamma' = \gamma_{sat} - \gamma_w$。

基本指标中的天然密度也是一个密度类指标，土的各种密度比较如表 2-6 所示。

表 2-6　土的各种密度比较

密度	物理意义	三相表达式	大小
饱和密度	土孔隙中充满水时单位体积的质量	$\rho_{sat} = \dfrac{m_s + \rho_w V_v}{V}$	↑
天然密度	单位体积天然土的质量	$\rho = \dfrac{m}{V}$	
干密度	土单位体积中固体颗粒的质量	$\rho_d = \dfrac{m_s}{V}$	
浮密度	地下水位以下，扣除水浮力后土单位体积的质量	$\rho' = \dfrac{m_s - \rho_w V_s}{V}$	

2. 孔隙类指标

（1）孔隙比，e：土中孔隙体积与固体颗粒体积之比，无量纲，定义为

$$e = \frac{V_v}{V_s} \qquad (2-11)$$

（2）孔隙率，n：土中孔隙体积与总体积之比，用百分数表示，定义为

$$n = \frac{V_v}{V} \times 100\% \qquad (2-12)$$

从定义可以推得 e、n 二者之间的关系

$$n = \frac{e}{1+e} \qquad\qquad (2-13)$$

或者

$$e = \frac{n}{1-n} \qquad\qquad (2-14)$$

思考辨析:有无可能两个土样的孔隙比相同而孔隙率不同?孔隙比表示孔隙和颗粒体积的相对大小;孔隙率是孔隙占土总体积的百分比。如式(2-13)和式(2-14)所示,二者之间具有一一对应关系。不管是否为同类土,如果两个土样的孔隙比相同,其孔隙率一定相同。

3. 含水类指标

饱和度,S_r:土中水的体积与孔隙体积的比值,定义为

$$S_r = \frac{V_w}{V_v} \qquad\qquad (2-15)$$

饱和度表示孔隙中充满水的程度和土体的潮湿状态,通常用表 2-7 判断。

表 2-7　土体潮湿状态

饱和度	土体潮湿状态
$S_r \leqslant 50\%$	稍湿
$50\% < S_r \leqslant 80\%$	很湿
$80\% < S_r < 100\%$	饱和
$S_r = 100\%$	完全饱和

实际上,基本指标中的含水率也是一个含水类的指标。饱和度与含水率均为描述土中含水程度的指标,含水率只能反映孔隙中水的含量多少,不能说明孔隙被水充满的程度;饱和度只能说明孔隙中被水充满的程度,并不说明孔隙中水的含量。

思考辨析:有无可能两个土样含水率相同而饱和度不同?含水率表示土中水的质量和颗粒质量的相对大小;饱和度表示土中水的体积占孔隙体积的百分比,是水分充满孔隙的程度。在下文中我们会看到,饱和度和含水率之间有这样的关系 $S_r = \frac{w d_s}{e}$。例如,一个很密实的土样,其孔隙比小,少量的水即可充满孔隙,此时土的饱和度是 100% 而含水率很小;如果密度发生变化,二者之间的关系就要发生变化,不是一一对应的。因此,两种土的含水率相同,其饱和度可能不同,这与土的孔隙比有关。

2.2.3　土的物理指标换算

土中通常包含均匀分布的颗粒、水和空气三相,现在假定将土中各相都集中起来,土的

三相指标换算如图 2-12 所示。如果已知 3 个基本试验指标 ρ、w、d_s，令 $V_s = 1$，

根据定义,在数值上 $\qquad m_s = \rho_s = d_s \rho_w$

则有

$$V_v = e, V = 1+e, V_w = wd_s, V_a = e - wd_s$$
$$m_s = d_s \rho_w, m_w = wd_s \rho_w, m = d_s(1+w)\rho_w$$

将以上物理量分别标注到图 2-12 相应的位置,根据定义就可以进行指标换算。

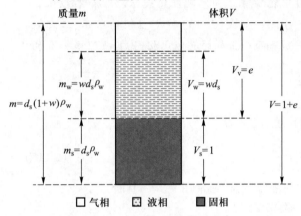

图 2-12 土的三相指标换算图

思考辨析:三相的集中是假想的,颗粒的体积是 V_s,颗粒均匀分布在土的体积 V 中。本节的指标中,凡是下标带"s"的,都是特指颗粒,其体积为 V_s。密度指标中,只要不是专门提到颗粒,"土"的各种密度都是考虑总体积 V。特别要注意干密度,其分子是土颗粒的质量,而分母是总体积。

1. 密度类指标

$$\rho = \frac{m}{V} = \frac{d_s(1+w)\rho_w}{1+e} = \rho_d(1+w) = \frac{(d_s + S_r e)\rho_w}{1+e} \qquad (2-16)$$

$$\rho_d = \frac{m_s}{V} = \frac{d_s \rho_w}{1+e} = \frac{\rho}{1+w} \qquad (2-17)$$

$$\rho' = \frac{m_s - V_s \rho_w}{V} = \frac{(d_s - 1)\rho_w}{1+e} = \rho_{sat} - \rho_w \qquad (2-18)$$

$$\rho_{sat} = \frac{m_s + V_v \rho_w}{V} = \frac{d_s + e}{1+e}\rho_w \qquad (2-19)$$

2. 孔隙类指标

$$e = \frac{d_s(1+w)\rho_w}{\rho} - 1 = \frac{d_s \rho_w}{\rho_d} - 1 = \frac{wd_s}{S_r} = \frac{n}{1-n} \qquad (2-20)$$

$$n = \frac{V_v}{V} = \frac{e}{1+e} \qquad (2-21)$$

3. 含水类指标

$$w = \frac{S_r e}{d_s} = \frac{\rho}{\rho_d} - 1 \qquad (2-22)$$

$$S_r = \frac{V_w}{V_v} = \frac{wd_s}{e} \qquad (2-23)$$

推导以上指标的关键步骤:绘出三相草图—假定孔隙体积为 1—根据定义将各相的质量

和体积标注到相应位置。指标间的换算就会非常容易。

例题 2-2

某土样经试验测得重度 $\gamma = 17$ kN/m^3、相对密度 $d_s = 2.7$，含水率 $w = 32\%$。求孔隙比 e、饱和度 S_r、饱和重度 γ_{sat}、干重度 γ_d、浮重度 γ'。

【解答】

$$e = \frac{d_s(1+w)\gamma_w}{\gamma} - 1 = \frac{2.7 \times (1+0.32) \times 10}{17} - 1 = 1.096$$

$$S_r = \frac{wd_s}{e} = \frac{0.32 \times 2.7}{1.096} \times 100\% = 78.8\%$$

$$\gamma_{sat} = \frac{d_s + e}{1+e}\gamma_w = \frac{2.7 + 1.096}{1 + 1.096} \times 10 \text{ kN/m}^3 = 18.1 \text{ kN/m}^3$$

$$\gamma_d = \frac{d_s\gamma_w}{1+e} = \frac{2.7 \times 10}{1 + 1.096} \text{ kN/m}^3 = 12.9 \text{ kN/m}^3$$

$$\gamma' = \gamma_{sat} - \gamma_w = (18.1 - 10) \text{ kN/m}^3 = 8.1 \text{ kN/m}^3$$

§2.3 无黏性土的密实度

无黏性土是指砾石和砂土，无黏性土的密实度对其工程性质来说非常重要。无黏性土呈密实状态时，土压缩性低，强度大，是良好的天然地基。

密实度是指单位体积内的固体颗粒含量，与此相关的物理指标有孔隙比 e 或孔隙率 n，以及干密度 ρ_d。然而，这些参数只能用来对同一种土进行评价，不能在不同的土之间相互比较。图 2-13 所示的两种土，左侧已是最密实状态，其孔隙比只有 0.35；而右侧孔隙比达到 0.25，仍然未达到其最密实状态。可见，要比较不同土的密实度，需要寻求其他途径。

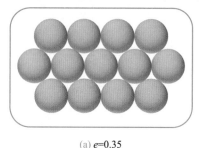 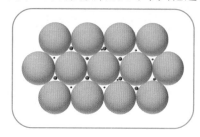

(a) $e = 0.35$ (b) $e = 0.25$

图 2-13 不同土的孔隙比和密实度

为了对不同的土进行密实度的比较，定义无黏性土的相对密度如下式

$$D_r = \frac{e_{max} - e}{e_{max} - e_{min}} \tag{2-24}$$

式中

D_r——相对密度,通常用百分比表示;

e——土在某一特定密实度状态下的孔隙比;

e_{max}——土的最大孔隙比,或者土在最疏松状态下的孔隙比,将松散的风干土样通过长颈漏斗轻轻地倒入容器,避免重力冲击,求得土的最小干密度后经换算得到;

e_{min}——土的最小孔隙比,或者土在最密实状态下的孔隙比,将松散的风干土样装入金属容器内,按规定方法振动和锤击,直至密度不再提高,求得土的最大干密度后经换算得。

可以看出,这实际上是首先计算得到某种土的最密实和最疏松状态的孔隙比范围,然后确定当前密实度状态所对应的孔隙比在该范围的什么位置。

> 延伸阅读:采用相对密度来表征土的密实状态考虑了土粒形状、级配、结构的影响,这种方法在理论上比较完善,但测定 e_{max} 和 e_{min} 时人为误差较大,且原状砂样不易获取,所以对天然状态的砂土难以应用。实验室里可以用来评价重塑土,对原状土则需要在现场采用标准贯入击数来评价,请读者查阅相关资料。

根据相对密度的定义,可以用其他参数表示,考虑到

$$e_{max} = \frac{n_{max}}{1-n_{max}}, e_{min} = \frac{n_{min}}{1-n_{min}} \text{以及} e = \frac{n}{1-n}$$

代入式(2-24),可得

$$D_r = \frac{(1-n_{min})(n_{max}-n)}{(n_{max}-n_{min})(1-n)} \tag{2-25}$$

另,根据干密度和孔隙比的关系,式(2-25)还可以写成如下形式

$$D_r = \left[\frac{\rho_d - \rho_{d(min)}}{\rho_{d(max)} - \rho_{d(min)}}\right]\frac{\rho_{d(max)}}{\rho_d} \tag{2-26}$$

不同的行业,根据相对密度,对砂类土的密实度具有不同的规定,比如《铁路桥涵地基和基础设计规范》(TB 10093-2017)(以下简称《铁规》)给出了4个区间,如表2-8。

表2-8 砂类土密实度划分

密实度	D_r
松散	$D_r \leq 0.33$
稍密	$0.33 < D_r \leq 0.40$
中密	$0.40 < D_r \leq 0.67$
密实	$D_r > 0.67$

> 例题2-3
>
> 某砂土孔隙比为0.988,其最大孔隙比和最小孔隙比分别为0.995和0.658,试判断该砂土的密实状态。
>
> 【解答】
>
> 该砂土的孔隙比 $e = 0.988$,因此其相对密度为

$$D_r = \frac{e_{max} - e}{e_{max} - e_{min}} = \frac{0.995 - 0.988}{0.995 - 0.658} = 0.02$$

因为 $D_r < 0.33$，所以该砂土为松散状态。

§2.4 黏性土的稠度

对于黏性土来讲，其在含水率很低的干燥状态下通常是固态或半固态的坚硬土块；随着含水率增大，进入可塑状态；如果含水率进一步增大，则会呈现可流动的状态。可见，黏性土的含水率对其力学性质起到决定性作用。黏性土的所谓黏性，除与颗粒的矿物成分有关，还与含水率有关。由于黏性，在一定含水率范围内，黏性土表现出可塑的性质。黏性土的以上特性定义如下：

（1）稠度：是指黏性土在一定含水率时的软硬程度。

（2）黏性：是指颗粒间相互黏附的性质。

（3）可塑性：在某含水率范围内，黏性土在外力作用下能被塑造成任何形状而不开裂，当外力取消后仍能保持既得形状的特性。

有了以上概念，下面定量描述黏性土的物理状态。

2.4.1 可塑性定量评价

大量实践发现，黏性土从一种状态转入另一种状态对应于一定的分界含水率，如图 2-14 所示。两种状态之间的含水率，称作界限含水率，通常有下面 3 种：

（1）缩限 w_S：黏性土由半固态转为固态的界限含水率。

（2）塑限 w_P：黏性土由可塑态转为半固态的界限含水率。

（3）液限 w_L：黏性土由可塑态转到液态的界限含水率。

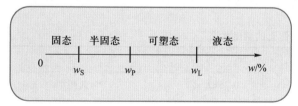

延伸阅读：界限含水率最早由瑞典农学家阿特伯格（Albert Mauritz Atterberg）于 1911 年提出，后经太沙基和卡萨格兰德对其进行改进，应用于土力学，英文中称作 Atterberg Limits。

图 2-14　黏性土的稠度状态与界限含水率

表 2-9 列出了黏性土的稠度状态与含水率的关系，塑限是强结合水和弱结合水的界限含水率；当含水率继续增大到液限时，自由水开始出现。

表 2-9　黏性土的稠度状态与含水率的关系

比较项			
稠度状态	固态或半固态	可塑态	液态
水的形态	强结合水	弱结合水	自由水
界限含水率	塑限		液限
含水率大小			

由表 2-9 还可以看出,一种黏性土只有含水率在塑限与液限之间的时候,土体才会表现出可塑性。可见,这两个含水率之间的范围很重要,为此定义塑性指数

$$I_P = w_L - w_P \qquad (2-27)$$

塑性指数 I_P 能够反映黏性土颗粒吸引结合水的能力以及黏性的强弱,I_P 大的土其可塑状态的范围就大;反之,其可塑范围就小。塑性指数大致可以反映黏性土颗粒含量,因此用来进行黏性土的分类。

一种黏性土的稠度与其含水率有关。对于不同黏性土的稠度,由于它们的塑性指数不同,相同含水率对应的稠度状态不同。为了考察不同黏性土的稠度,定义液性指数

$$I_L = \frac{w - w_P}{w_L - w_P} \qquad (2-28)$$

定义黏性土的液性指数与定义无黏性土的相对密度思路相似,即确定一种黏性土的可塑含水率范围,考察当前含水率在这个范围的什么位置,因此液性指数表示的是一种黏性土的相对稠度。根据定义,含水率可以低于塑限含水率,这时黏性土处于坚硬状态;也可以大于液限含水率,这时黏性土处于流塑状态;而 I_L 在 0~1 之间时,土处于可塑的范围。因此,《建筑地基基础设计规范》(GB 50007—2011)(后简称《建规》)根据液性指数可以将黏性土的稠度状态进行分类,如表 2-10 所示。

表 2-10　黏性土的稠度状态

I_L	状态	I_L	状态
$I_L \leqslant 0$	坚硬	$0.75 < I_L \leqslant 1$	软塑
$0 < I_L \leqslant 0.25$	硬塑	$I_L > 1$	流塑
$0.25 < I_L \leqslant 0.75$	可塑		

思考辨析:定义黏性土的液性指数与定义无黏性土的相对密度思路相似,但也有明显的不同。无黏性土的密度状态只能在最松散和最密实之间,根据定义相对密度必然介于0~1之间;黏性土的含水率可以低于塑限,也可以高于液限,因此液性指数可以小于0、也

可以大于 1。这里会有疑问,一种黏性土的含水率可以高于其液限含水率吗? 答案是可以的。液限含水率取决于该土的黏土矿物颗粒含率,并没有规定其必须处于最松散的密度状态。当一种黏性土在密度很小的时候,饱和含水率完全有可能超过其液限含水量。

2.4.2 液塑限的测定

1. 试验原理

《土工试验方法标准》(GB/T 50123—2019)规定用液塑限联合测定仪确定黏性土的液塑限,其理论依据是圆锥仪入土深度与相应含水率在双对数坐标系具有线性关系。对于 76 g 圆锥仪质量的联合测定仪,圆锥仪下沉深度为 17 mm 时所对应的含水率为液限,圆锥仪下沉深度为 2 mm 时所对应的含水率为塑限。

2. 测试仪器

(1)土的液塑限联合测定仪如图 2-15 所示:包括带标尺的圆锥仪、升降台、屏幕、控制开关、电磁装置等。圆锥仪质量为 76 g,锥角为 30°;试样杯内径 40~50 mm,高 30~40 mm。

(2)天平:称量 200 g,分度值 0.01 g。

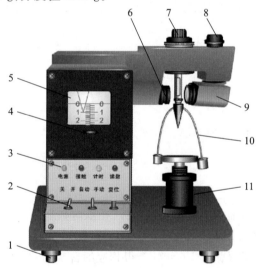

1—水平调节螺丝; 2—控制开关; 3—指示灯; 4—零线调节螺丝;
5—屏幕; 6—物镜调节螺丝; 7—电磁装置; 8—光源调节螺丝;
9—光源; 10—圆锥仪; 11—升降台

图 2-15 土的液塑限联合测定仪

(3)其他:烘箱,干燥缸,调土刀,凡士林,称量盒,孔径 0.5 mm 的筛等。

3. 操作步骤

(1)宜采用天然含水率土样,也可以采用风干土样。当试样中含有粒径大于 0.5 mm 的土粒和杂物时,应过 0.5 mm 筛。

(2)采用天然含水率土样时,取代表性土样 250 g;采用风干土样时,取 0.5 mm 筛下的代表性土样 200 g。将土样分为 3 份加入不同量纯水,使其含水率分别达到接近液限、塑限及二者中间状态,调成均匀膏状后,放置在调土皿内,在密封的保湿缸内静置 24 h。为了配置含水率使土接近液限和塑限状态,需要一边加水充分混合,一边观察土的稠度状态,根据液塑限的定义,确定加水的量。

(3)将制备好的土样用调土刀充分调拌均匀,密实地填入试样杯内,不应留有空隙,当试样含水率较高时,应将杯底在桌面上轻轻撞击使空气逸出。填满后刮平表面,使土样与杯口齐平。

(4)将试样杯放在联合测定仪的升降座上,在锥体上薄涂一层凡士林,调节仪器支撑处螺旋钮使仪器水平泡居中,接通电源,使电磁铁吸住圆锥。

(5)调节屏幕准线,使标尺在零位。调节升降座,使圆锥锥尖接触试样表面,指示灯亮。圆锥在自重作用下沉入试样内,经 5 s 后测读圆锥下沉深度 h_1。

(6)改变锥尖与土样接触位置(两次锥入位置距离不应小于 1 cm),重复步骤(4)~(5),得到下沉深度 h_2,两次下沉深度允许误差为 0.5 mm,否则应重新测量。取 h_1、h_2 的平均值作为该点下沉深度 h。

(7)取出试样杯,挖去锥尖入土处凡士林,取锥体附近 10 g 以上的土样 2 个,分别放入称量盒内,称取质量(精确至 0.01 g)并测定含水率 w_1、w_2,计算平均含水率 w。

(8)按照(3)~(7)的步骤,测试其余 2 个试样的圆锥下沉深度和含水率。

4. 数据处理

(1)计算含水率

$$w = \left(\frac{m_0}{m_d} - 1 \right) \times 100\% \qquad (2-29)$$

式中

w——含水率(%),精确至 0.1%;

m_0——湿土质量(g);

m_d——干土质量(g)。

(2)确定液限与塑限

以含水率为横坐标,圆锥下沉深度为纵坐标,在双对数坐标纸上绘制关系曲线。过 3 点连一条直线(图 2-16 中的 A 线)。当 3 点不能共线时,通过最高含水率的一点与其余两点连成 2 条直线,在圆锥下沉深度为 2 mm 处查得相应的含水率,当两个含水率的差值小于 2% 时,应以该 2 点含水率的平均值与高含水率的点连成一线(图 2-16 中的 B 线)。当 2 个含水率的差值不小于 2% 时,应补做试验。

通过圆锥下沉深度与含水率关系图,查得下沉深度为 17 mm 所对应的含水率为液限(如果以下沉深度为 10 mm 所对应的含水率为液限,称为 10 mm 液限),下沉深度为 2 mm 所对应的含水率为塑限,以百分数表示,准确至 0.1%。

(3)塑性指数与液性指数计算

根据式(2-30)和式(2-31)分别计算,即

$$I_p = w_L - w_p \qquad (2-30)$$

$$I_L = \frac{w_0 - w_p}{I_p} = \frac{w_0 - w_p}{w_L - w_p} \qquad (2-31)$$

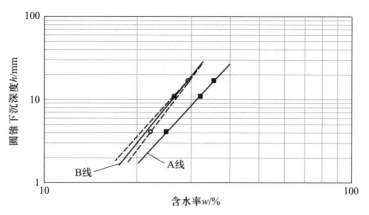

图 2-16 圆锥下沉深度与含水率关系图

式中

I_p——塑性指数,精确至 0.1,通常习惯上用不带"%"的数表示;

I_L——液性指数,精确至 0.01;

w_L——液限(%);

w_p——塑限(%);

w_0——天然含水率(%)。

通过试验获得的细粒土的液塑限和塑性指数,可用以对土进行分类定名,并利用液性指数来判断土的物理状态。

延伸阅读:塑限最初采用搓条法确定,对应于能够将黏土搓成直径为 3 mm 的细条而刚好不发生断裂时所对应的含水量即为土的塑限含水率。液限含水率用碟式液限仪(图 2-17)测定。将土膏置于碟中,在土膏中划开一道槽,开动马达驱动土碟起落,使槽缝两侧土膏合拢,当合拢长度为 13 mm 且下落 25 次时所对应的含水率为土样的液限。

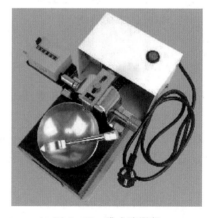

图 2-17 碟式液限仪

例题 2-4

某饱和黏性土试样,含水率为 19.8%,液限为 27.6%,塑限为 12.4%,请计算其塑性指数和液性指数,并确定其物理状态。

【解答】

塑性指数：$I_P = w_L - w_P = 27.6 - 12.4 = 15.2$

液性指数：$I_L = \dfrac{w_0 - w_P}{I_P} = \dfrac{w_0 - w_P}{w_L - w_P} = \dfrac{19.8 - 12.4}{27.6 - 12.4} = 0.49$

因为

$$0.25 < I_L = 0.49 < 0.75$$

所以，该土处于可塑状态。

§2.5　土的击实特性

工程中遇到的土通常不能直接作为地基，尤其是涉及填土的时候，如修筑道路、水库堤坝、机场和地基回填等。这时候需要对土进行击实（或者压实），使土体在反复冲击荷载作用下，颗粒克服粒间阻力产生位移，土的孔隙减小，密度增加，进而达到减小透水性和降低压缩性的目的。在工程进行现场击实之前，需要采用室内击实试验，揭示击实功与土的干密度、含水率三者之间的关系，从而确定适合工程需要的填土干密度与相应的含水率，以及为达到相应密实度标准所需要的最小击实功等。

延伸阅读：击实与压实在手段上有一定的区别，但是对土做功，对增加土的密实度的效应是一样的，都叫作压实作用。

2.5.1　击实试验

击实试验分轻型击实试验和重型击实试验，以下以轻型击实试验为例。

1. 试验方法

取一定含水率的土样，分多层放入击实桶内，用击锤按照规定落距对土锤击一定的击数，测定击实后的含水率和密度，计算干密度，绘制含水率与干密度的关系曲线。

2. 仪器设备

（1）击实仪：轻型击实仪（图 2–18），锤质量 2.5 kg，落距 305 mm，击实筒容积947.7 cm³。

（2）天平：称量 200 g，分度值 0.01 g。

（3）台秤：称量 10 kg，分度值 1 g。

（4）标准筛：孔径为 5 mm，20 mm。

（5）其他：喷水设备、盛土容器、修土刀及碎土设备等。

3. 试验步骤

（1）取代表性土样 20 kg，风干碾碎后按要求过 5 mm 筛，将筛下土样拌匀，并测定土样的风干含水率。

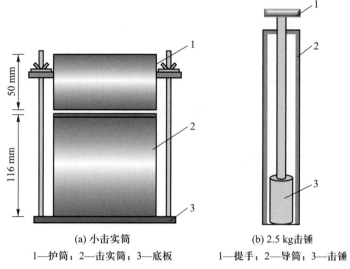

(a) 小击实筒   (b) 2.5 kg击锤
1—护筒；2—击实筒；3—底板   1—提手；2—导筒；3—击锤

图 2-18　土的击实试验示意图

（2）根据土样塑限预估最优含水率,加水制备 5 个不同含水率的试样,其中 2 个含水率大于塑限,2 个含水率小于塑限,1 个含水率接近塑限。相邻试样含水率宜相差 2%。且按照下式计算制备试样所需的加水量

$$m_{w}=\frac{m_{0}}{(1+0.01w_{0})}\times(w-w_{0})\times0.01 \qquad (2-32)$$

式中

　　m_{w}——所需加水量(g)；

　　w_{0}——风干含水率(%)；

　　m_{0}——风干含水率为 w_{0} 时土样的质量(g)；

　　w——要求达到的含水率(%)。

（3）按照预定含水率配置试样,将 2.5 kg 左右试样平铺在不吸水的盛土盘内,用喷水设备均匀喷洒预定的水量,并同时进行搅拌,拌匀后装入塑料袋内密封静置 24 h。

（4）将击实仪平稳地置于刚性基础上,对击实筒进行称重(不含底座和护筒),准确至 1.0 g。之后将击实筒与底座连接好,安装好护筒,在击实筒内壁均匀地涂一层润滑油。将制备好的试样分三层倒入击实筒内击实,每层土的质量为 600~800 g。每层击数为 25 次,应保证击锤自由垂直下落,且捶击点均匀地分布于土面上,每层击完后应用土刀进行刨毛处理。全部击实完成后,超出击实筒顶的试样高度应小于 6 mm。

（5）用修土刀沿护筒内壁削挖后,扭动并取下护筒,沿击实筒顶修平试样,拆除底板,试样底面若超出筒外,也应修平。擦净击实筒外壁,称击实筒与试样的总质量,精确至 1.0 g,并通过计算得到试样的湿密度。

（6）用推土器将试样从击实筒中推出,从试样中心处取 2 个代表性试样(各约 30 g),测定含水率,2 个含水率的差值应不大于 1%。

（7）重复以上步骤对其他含水率的试样进行击实试验。

4. 数据处理

（1）干密度计算

$$\rho_d = \frac{\rho}{1+0.01w}$$ (2-33)

式中
ρ_d——击实试样的干密度（g/cm³），精确至 0.01 g/cm³；
ρ——击实试样的湿密度（g/cm³）；
w——击实试样的含水率（%）。

（2）饱和含水率计算

$$w_{sat} = \left(\frac{\rho_w}{\rho_d} - \frac{1}{d_s}\right) \times 100$$ (2-34)

式中
w_{sat}——试样的饱和含水率（%）；
ρ_w——4 ℃时纯水的密度（g/cm³）；
d_s——土粒相对密度。

（3）击实曲线绘制

将试验获得的所有数据点在含水率-干密度坐标系上标出，并绘出拟合曲线；当关系曲线不能绘制峰值点时，应进行补点试验。同时，根据饱和含水率计算值绘制饱和曲线。

图 2-19 是某土样通过击实试验得到的击实曲线，其形状近似为一条开口向下的抛物线。峰值处的纵坐标是最大干密度，横坐标是达到该最大干密度时所对应的含水率，称为最优含水率。可以看出，在一定的击实功作用下，只有当土的含水率为最优含水率时，土样才能达到最大干密度。

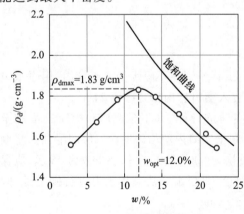

图 2-19 土的击实曲线

延伸阅读：在相同的干密度下，饱和曲线的含水率大于击实曲线，这容易理解。在相同的含水率下，饱和曲线上的干密度大，因为 $\rho_d = \dfrac{G_s \rho_w}{1 + G_s w / S_r}$；饱和状态下 $S_r = 1$，$\rho_{d,sat} = \dfrac{G_s \rho_w}{1 + G_s w}$，大于击实土。

此外需要指出的是，最大干密度是在一定的击实功的基础上取得的，因此它会随击实功的变化而变化，并非"土体能达到的最大干密度"。大量试验表明，细粒土的最优含水率大约在塑限附近。

饱和曲线是一条随含水率增大干密度下降的曲线，实际的击实曲线在饱和曲线的左侧，两条曲线不会相交,因为击实试验很难排出试样中所有的气体,即土样很难通过击实达到真正意义上的饱和。实践证明,土被击实到最佳状态时,饱和度一般在80%左右。

2.5.2 土的击实机理

土能够被压实的机理可以从如下几个方面解释:首先是气体被挤出或被压缩;其次是土的团粒破碎,粒间联结被破坏导致孔隙体积减小;再次是颗粒被击碎,土粒定向排列。影响击实效果的因素包括内因和外因,内因与土本身的特性有关,包括以下两个方面。

1. 土的级配

级配越好的土,压实性能越好,ρ_{dmax}越大。含细粒越多的土,其最大干密度值越小,而最优含水率越大。土料中含有一定的粗颗粒(砾、砂等),土能在较小的最优含水率下得到较大的干密度。

2. 土的含水率

当土中含水率较小时,土中水以强结合水为主,土粒周围的结合水膜很薄,颗粒移动要克服较大的粒间阻力,因此击实效果较差;当含水率增大时,土中水包括强结合水和弱结合水,结合水膜变厚,颗粒之间的联结力减弱,土粒易于移动,击实效果逐渐变好;当含水率过大时,土中出现了自由水,且空气在土中多处于封闭状态,击实时这些水分会阻止土粒的靠拢,气泡难以逸出,所以很难达到较高的密实度。当含水率接近最优含水率时,水膜润滑作用效果最佳,且尚没有形成封闭气泡,气体易于排出,因此易于在击实功的作用下达到最大干密度。

外因即压实功。前述试验是《土工试验方法标准》(GB/T 50123—2019)给出的一种标准击实试验,采用的击实功是592.2 kJ/m³。研究表明,如果击实功增大,所获得的密度更大,其所对应的最优含水率减小。对同一种土,最优含水率和最大干密度随压实功而变化;含水率超过最优含水率以后,压实功的影响随含水率的增加而逐渐减小,如图2-20所示,图中 N 为击实次数。

为了评价压实的效果,工程上常用压实系数来定量反映压实度:

$$\lambda_c = \frac{\rho_d}{\rho_{dmax}} \tag{2-35}$$

式中

ρ_d——工地碾压时要求达到的干密度;

ρ_{dmax}——室内试验得到的最大干密度;

λ_c——压实系数,其值越接近于1,压实质量就越高。

工程上常采用压实系数作为细粒土填方密度控制标准,一般要求大于0.94。重要工程、高等级公路路基上层或建筑物、构筑物的主要持力层,其值应高一些,一般可取0.96~0.98(如机场跑道);路基下层或次要工程,可稍小一些,一般可取0.90~0.95。

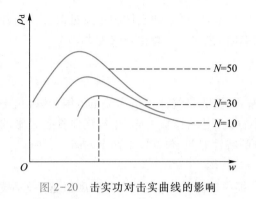

图 2-20 击实功对击实曲线的影响

延伸阅读:在一定击实功下,黏性土的击实曲线一般左段比右段的坡度陡些。这说明当土含水率偏低时,增加击实功对干密度的影响较大,含水率偏高时则收效不大,会出现"橡皮土"现象。

§2.6 土的工程分类

为了便于研究和工程应用,需要根据土的物理指标以及与此相关的工程性质对土进行分类定名。分类系统提供了一种通用语言,通过定名,能简明扼要地给出土的基本特征。目前有很多分类系统,不同国家、地区以及行业都有特定的分类方法,因此土的分类与地域和行业传统有关。从工程应用的角度看,一般基于最简单的指标属性,例如粒径分布和可塑性进行分类。《建规》的分类系统就是遵循这样的原则,下面主要介绍该规范的分类法。

该分类系统对岩土的分类相对比较简洁,所有岩土材料统一分为如下(图 2-21)几类:

图 2-21 岩土的分类

岩石需着重考察其坚硬程度和风化节理特点,不做详细介绍。碎石土需考虑其级配和颗粒形状,砂土主要考察其级配,粉土和黏土根据塑性指数进行分类,分布在一定区域具有特殊工程性质的土归结为特殊土,下面分别进行介绍。

延伸阅读:土的工程分类基本原则简单总结为,粗粒土按级配(碎石土同时考虑颗粒形状),细粒土按塑性指数(粉土要同时考虑级配),此外还有人工填土和特殊土。

1. 碎石土

碎石土是指粒径大于 2 mm 的颗粒含量超过全质量 50% 的土,如表 2-11 所示。

表 2-11　碎石土的工程分类

土的名称	颗粒形状	粒组含量
漂石	圆形及亚圆形为主	粒径大于 200 mm 的颗粒超过全质量 50%
块石	棱角形为主	
卵石	圆形及亚圆形为主	粒径大于 20 mm 的颗粒超过全质量 50%
碎石	棱角形为主	
圆砾	圆形及亚圆形为主	粒径大于 2 mm 的颗粒超过全质量 50%
角砾	棱角形为主	

注:分类时应根据粒组含量栏从上到下,以最先符合者确定。

碎石土的密实度采用重型圆锥动力触探锤击数 $N_{63.5}$ 来分类,分为松散、稍密、中密和密实 4 个等级。

2. 砂土

砂土是指粒径大于 2 mm 的颗粒占全质量不超过 50%,且粒径大于 0.075 mm 的颗粒含量超过 50% 的土,如表 2-12 所示。

表 2-12　砂土的工程分类

土的名称	粒组含量
砾砂	粒径大于 2 mm 的颗粒占全质量 25% ~ 50%
粗砂	粒径大于 0.5 mm 的颗粒超过全质量 50%
中砂	粒径大于 0.25 mm 的颗粒超过全质量 50%
细砂	粒径大于 0.075 mm 的颗粒超过全质量 85%
粉砂	粒径大于 0.075 mm 的颗粒超过全质量 50%

注:分类时应根据粒组含量栏从上到下,以最先符合者确定。

3. 粉土

粉土是介于砂土和黏性土之间,粒径大于 0.075 mm 的颗粒含量小于全质量 50% 而塑性指数 $I_p \leqslant 10$ 的土。

4. 黏性土

黏性土是指塑性指数 $I_p > 10$ 的土,又分为两类:

> 粉质黏土:$10 < I_p \leqslant 17$
> 黏土:$I_p > 17$

黏性土的稠度状态根据液性指数又可以分为坚硬、硬塑、可塑、软塑以及流塑 5 个级别,如表 2-9 所示。当用静力触探探头阻力判定黏性土的状态时,可根据当地经验确定。

延伸阅读:《建规》规定,塑性指数确定由相应于 76 g 圆锥体沉入土样中深度为 10 mm 时测定的液限计算得到;而《土的工程分类标准》(GB/T 50145—2007)中规定下沉深度为 17 mm。

5. 人工填土

人工填土根据其组成和成因,可分为素填土、压实填土、杂填土和冲填土。素填土为由碎石土、砂土、粉土、黏性土等组成的填土,经过压实或夯实的素填土为压实填土,杂填土为含有建筑垃圾、工业废料、生活垃圾等杂物的填土,冲填土为由水力冲填泥沙形成的填土。

此外,《建规》还列出了若干种特殊土,本书将在第 8 章介绍 4 种在一定地域范围内分布、具有特殊工程性质的特殊土。

思考和习题

2-1 土中水有哪几种存在状态? 说明不同状态的水的特征并评价这些特征对土的工程性质的影响?

2-2 假如 A 土样的孔隙比小于 B 土样,那么 A 土样一定比 B 土样密实吗? 为什么?

2-3 在某地下水位以上的土层中,用体积为 100 cm³ 的环刀取得土样 180 g,烘干后土质量为 165 g,土粒比重为 2.70,求该土的含水率、天然重度、饱和重度、浮重度和干重度各为多少?

2-4 现测得天然状态下的某土样质量为 2290 g,体积为 1150 cm³,烘干后质量为 2035 g,已知土粒比重为 2.68。求该土的孔隙比、孔隙率和饱和度。

2-5 已知某土颗粒比重为 2.7,含水率为 23.4%,天然重度为 18.9 kN/m³,试绘制出三相示意图,并假设土体体积为 1 cm³,求土的饱和度、干密度和孔隙比。

2-6 已知土样 A 和 B 的粒径分布曲线如图 2-22 所示,计算两种土的不均匀系数和曲率系数,并评价两个土样的级配情况。

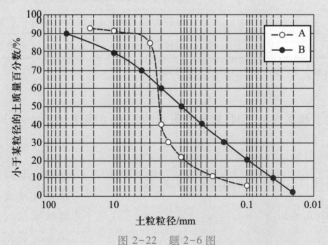

图 2-22 题 2-6 图

2-7 已知某土体天然密度为 1.95 g/m³，干密度为 1.64 g/m³，液限和塑限分别为 36.8%、16.5%，求该土的塑性指数和液性指数，并判断土的分类名称和软硬状态。

2-8 某科研试验需要配置含水率 62% 的饱和软土 1 m³，现有含水率为 15%，比重为 2.70 的湿土，问需要的湿土质量和加水的质量。

2-9 某工程要求砂土压实到相对密度 $D_r = 0.75$ 以上，现有某砂土，其最大干密度和最小干密度分别为 1.96 g/cm³ 和 1.45 g/cm³，则该砂土需要压实到多大干密度才能保证工程需求？

第 2 章习题答案

第 3 章 | 土中的应力

导读:本章首先介绍地基土的应力状态和土中应力的分担;其次讲述不同条件下土中的自重应力和基础的基底压力计算;最后以集中力在弹性介质中分布的解析解为基础,介绍在不同基底压力分布条件下地基中的竖向附加应力计算。

地基土层在自身重力的作用下会产生自重应力,通常认为天然地基在自重应力的作用下,经历漫长的地质时期已经完成了压缩变形。如果在地基上建造构筑物,将会产生超出地基原有自重的附加应力。附加应力是建筑物发生沉降变形,乃至失稳破坏的主要原因。随后两章我们会看到,自重应力和附加应力的对比关系对于沉降分析至关重要,即计算确定地基土从多大应力(自重应力)开始,增加多少应力(附加应力),才能判断土层是否会发生不可忽视的变形;同样地,破坏问题也经常从自重应力开始,考察新的应力状态是否安全。作为土力学的基础,本章首先讲述地基土的自重应力和外荷载作用下的附加应力计算。

§3.1 土的应力状态

3.1.1 地基的典型应力状态

从土木工程师的观点来看,不管多么宏伟的建筑,都包括上部结构、基础和地基 3 个部分,如图 3-1 所示,它们之间是应力传递的关系。上部结构的重力及其承担的各种荷载传递到基础顶面,并传递到基础底面,形成基底压力;基底压力作用于地基土表面,并传递到土层中形成附加应力;地基在附加应力的作用下产生变形,甚至在新的应力状态下失稳。

材料力学曾经讲述过,应力是一个二阶张量,有 9 个分量,其中 6 个分量是独立的。所谓一般应力状态指的是一点的所有应力分量都随着三维坐标变化而变化,这种情况下单元立方体 3 个面上都会有应变,因此就必须从三维去考量,将所有应力分量表征出来(图 3-2)。

这是地基中一种最普遍的应力状态,其应力矩阵表达式如式(3-1),即应力状态的通式,任何应力状态都可以表示成这种形式。特殊应力状态是指应力的某些分量不随坐标变化,下面介绍地基中常见的 3 种情况。

$$\sigma_{ij} = \begin{bmatrix} \sigma_x & \tau_{xy} & \tau_{xz} \\ \tau_{yx} & \sigma_y & \tau_{yz} \\ \tau_{zx} & \tau_{zy} & \sigma_z \end{bmatrix} \qquad (3-1)$$

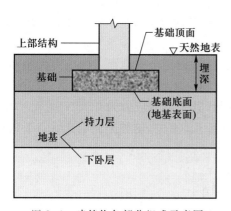

图 3-1 建筑物各部分组成示意图

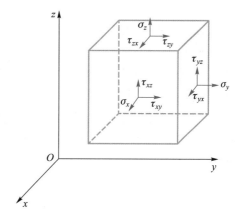

图 3-2 三维应力状态

1. 轴对称应力状态

试想一个大型圆形水塔坐落在地基上,建立三维坐标系,取竖直方向为 z 轴,x 和 y 方向任意,如图 3-3(a)所示。在水塔中轴线下地基中取单元体,其应力状态可以表示成图 3-3(b)。这种情况下的应变条件为

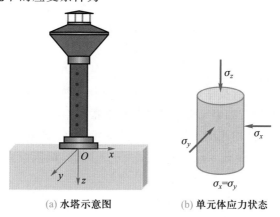

(a) 水塔示意图   (b) 单元体应力状态

图 3-3 轴对称应力状态

$$\varepsilon_x = \varepsilon_y$$
$$\gamma_{xy} = \gamma_{yz} = \gamma_{zx} = 0 \qquad (3-2)$$

单元体的 3 个面都是主平面,应力条件为

$$\sigma_x = \sigma_y = \sigma_c$$
$$\tau_{xy} = \tau_{yz} = \tau_{zx} = 0 \qquad (3-3)$$

应力矩阵可以写成

$$\sigma_{ij} = \begin{bmatrix} \sigma_c & 0 & 0 \\ 0 & \sigma_c & 0 \\ 0 & 0 & \sigma_z \end{bmatrix} \qquad (3-4)$$

可见,这是一种轴对称应力状态,土力学中的三轴压缩试验就是模拟这种应力状态。

2. 平面应变状态

有的建筑物基础在 2 个方向的尺寸相差较大,且基础每个横截面上的应力大小和分布形式均相同,如路基或堤坝。这种情况下取单元体,其应变状态如图 3-4 所示,假设路基长度方向为 y,与 y 轴垂直的任一 xOz 截面都是对称面,其上的剪应力为 0,即 $\tau_{yx} = \tau_{yz} = 0$;沿 y 方向的应变 $\varepsilon_y = 0$,$\gamma_{yx} = \gamma_{yz} = 0$。故此时应力分量只与 x、z 有关,这种平面应变状态下的应力可表示为

$$\sigma_{ij} = \begin{bmatrix} \sigma_x & 0 & \tau_{xz} \\ 0 & \sigma_y & 0 \\ \tau_{zx} & 0 & \sigma_z \end{bmatrix} \qquad (3-5)$$

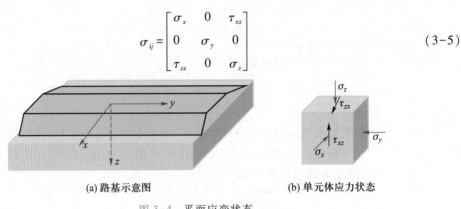

(a) 路基示意图   (b) 单元体应力状态

图 3-4　平面应变状态

3. 侧限应力状态

地基在大面积均匀分布荷载作用下,土体不发生侧向变形,只可能发生竖向变形,这种应力状态称为侧限应力状态,如半无限水平地基在自重作用下的应力状态。这种情况下,同一深度处土单元的受力条件均相同。任何竖直面都可认为是对称面,在任何竖直面和水平面上的剪应力均为 0,即 $\tau_{yx} = \tau_{yz} = \tau_{xz} = 0$,且 $\sigma_x = \sigma_y$。因此,侧限应力状态的应力矩阵表达如下

$$\sigma_{ij} = \begin{bmatrix} \sigma_x & 0 & 0 \\ 0 & \sigma_y & 0 \\ 0 & 0 & \sigma_z \end{bmatrix} \qquad (3-6)$$

侧限应力状态是一种特殊的轴对称状态,除 z 面上具有正应变,单元体的各面上没有任何其他应变(轴对称应力状态在 x、y 面上都有正应变)。

3.1.2 土中应力的描述方法

黏性土颗粒之间存在黏聚力,无黏性土在非饱和的情况下,由于毛细吸力作用,颗粒之间也有一定相互吸引的假黏聚力。从理论上说,土体中某些区域可以承受一定的拉应力。但是,作为一种散粒体,实际工程中不期望土能够承受拉应力,绝大多数情况下只考虑土在压应力下的力学特性。材料力学中将拉应力定义为正,压应力定义为负;剪应力以顺时针为正,逆时针为负。如果土力学中沿用这种符号定义规则,把经常考虑的压应力定义为负,将造成不必要的麻烦。因此,土力学中对应力的正负符号做出了与材料力学相反的规定,即压为正,拉为负;剪应力以顺时针为负,逆时针为正,如图 3-5 所示。

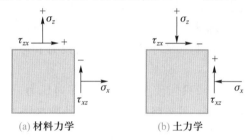

图 3-5 应力符号规定

§3.2 有效应力和孔隙水压力

3.2.1 有效应力原理

土通常是由固体颗粒、孔隙水和孔隙气所组成的三相体,其承受的外荷载也必然由三相共同承担。下面考虑简单的情况,分析饱和土中骨架和水这两相是如何分担外荷载的。

1. 有效应力原理的表达式

有效应力原理由太沙基于 1923 年提出,该原理认为饱和土任一截面上的总应力 σ 由两部分组成:一部分在水中和固体颗粒上都存在且各向均等,称为中性应力或孔隙水压力,表示为 u;另一部分为 $(\sigma-u)$,是总应力扣除孔隙水压力的部分,存在于土的骨架中,称为有效应力,表示为 σ'。这就是有效应力原理,表达式为

$$\sigma' = \sigma - u \tag{3-7}$$

式(3-7)根据总应力 σ 和孔隙水压力 u 定义了饱和土的有效应力 σ',σ 和 u 都是可由

外部施加或控制的。该方程本身并没有提供颗粒间力传递方式的描述,也没有做出任何假定。实际上,力在土颗粒间的传递机制非常复杂。在砾石和砂土等粗颗粒土中,有效应力主要通过矿物颗粒的接触点传递,粒间水容易被挤出。由$(\sigma-u)$所产生的粒间力作用在非常小的接触面积上,接触应力非常高,导致颗粒间接触面积的增加,进而又改变了接触应力;细粒土含有大量黏土矿物,板状颗粒之间接触面积大,每个颗粒承担由$(\sigma-u)$所产生的粒间力很小,增加的有效应力最多可能会使分子级的水被挤出,导致颗粒间距减小和引力增大;在非常细粒的黏性土中,板状颗粒定向排列,有效应力可通过吸附水在颗粒间传递。不管哪种接触方式,随着有效应力传递过程中颗粒接触关系的改变,粒间作用力会发生进一步变化。

另外,在$(\sigma-u)$保持不再变化,即有效应力停止变化时,颗粒间内部力可能尚未达到平衡,粒间力的重新调整会持续很长时间,并导致孔隙体积的进一步变化,引起二次压缩或有效应力降低后的二次膨胀。

尽管式(3-7)对于有效应力的复杂传递机制没有给出理论解释,然而大量研究和工程实践表明了其合理性。有效应力原理是土力学中许多理论的基础,因而是本学科重要的基石。

2. 有效应力与土的变形和强度

根据以上定义和推导,土的有效应力存在于颗粒骨架,因此土的变形与强度都只取决于有效应力σ'。变形主要表现为颗粒间相对滑移、滚动,以及接触点处应力过大发生颗粒破碎等,这些必然由σ'决定;土体强度来源于颗粒间的黏聚力和摩擦力,因此也是由σ'所决定的。

孔隙水压力在各个方向相等,只能使土颗粒受到等向压力,而土颗粒本身压缩模量很大,在这种孔隙水压力下变形极小,可忽略不计。因此,孔隙水压力对变形没有直接影响,土体不会因为受到水压力的作用而变密实。另外,孔隙水对土颗粒间的摩擦、黏聚力没有直接贡献,水本身也不能承受或者施加剪应力,因而孔隙水压力对土的强度也没有直接的影响。但值得注意的是,当总应力保持不变时,孔隙水压力发生变化将引起有效应力变化,从而导致土体的变形和强度变化。

3.2.2 孔隙水压力与孔隙压力系数

1. 孔隙水压力

孔隙水压力是土中由孔隙水所承担或传递的压力,分为静孔隙水压力和超静孔隙水压力。静孔隙水压力是指在静止条件或稳定渗流条件下土中水的压力,其特性和作用已在上节讲述。超静孔隙水压力是饱和土体内一点的孔隙水压力中超过静水压力的那部分压力。它由作用于土体荷载的变化而产生,随着排水固结而消散。超静孔隙水压力本身也不对土骨架产生影响,但是其产生和消散会引起土中有效应力的变化,从而改变土的变形和强度;超静孔隙水压力的消散伴随着孔隙水的排出,也就同时伴随着土体体积的变化。

2. 孔隙压力系数

在实际工程中进行土体变形和稳定问题分析时,需要用到有效应力。前面的分析表明,有效应力无法直接测量,需要通过总应力和孔隙水压力间接获得。总应力通常是已知的,孔隙水压力可以直接测量,也可以通过孔隙压力系数计算得到。孔隙压力系数是指在土样封闭条件下,由外荷载引起的孔隙压力与总应力增量的比值,即孔隙压力对总应力变化的反应。对于饱和土,孔隙压力是孔隙水的压力;对于非饱和土,则是孔隙水和气体共同作用产生的孔隙压力。下面根据三轴应力状态分析孔隙压力系数。

（1）三轴应力状态下的孔隙压力

三轴应力状态即 3.1.1 节中所介绍的轴对称应力状态,可看作等向压缩应力状态和偏差应力状态的组合（图 3-6）。假设在等向压缩应力状态下,外荷载增量 $\Delta\sigma_3$ 引起封闭土样内的孔隙压力增量为 Δu_B;在偏差应力状态下,外荷载增量 $\Delta(\sigma_1-\sigma_3)$ 引起封闭土样内的孔隙压力增量为 Δu_A。那么在完整的三轴应力状态下,外荷载增量引起封闭土样内产生的孔隙压力增量为 $\Delta u = \Delta u_A + \Delta u_B$。

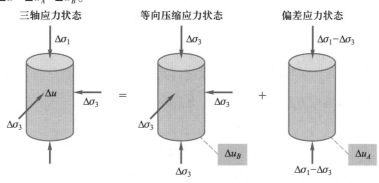

图 3-6　三轴应力状态

土是由土颗粒骨架和充填在其中的孔隙流体（包括孔隙水和孔隙气）组成的。在外荷载作用下,土会发生体积变化,由于土颗粒在外界荷载作用下自身体积的变化很小,可忽略不计。因此,"土体的体积变化"即"土骨架的体积变化"。

土骨架要发生体积变化只可能来自两个方面:一是骨架中的孔隙流体被挤压流出,孔隙减小;二是孔隙流体自身被压缩,孔隙减小。对于封闭土体,孔隙流体不能流出,这部分只能来自孔隙流体本身的压缩。因此,土体体积的变化等于土骨架的体积变化,也等于孔隙流体的体积压缩量,即

土体的体积变化 ≈ 土骨架的体积变化 ≈ 孔隙流体的体积压缩量

下面将按照这个思路进行孔隙压力系数的推导。

（2）等向压缩应力状态下的孔隙压力系数

在等向压缩应力作用下,孔隙流体内产生的孔隙压力增量为 Δu_B,则作用于土骨架上的有效附加应力增量为

$$\Delta\sigma_1' = \Delta\sigma_2' = \Delta\sigma_3' = \Delta\sigma_3 - \Delta u_B \tag{3-8}$$

上述孔隙压力增量 Δu_B 引起孔隙流体体积的变化,为

$$\Delta V_1 = C_f \Delta u_B V_v = C_f \Delta u_B nV \tag{3-9}$$

式中

C_f——孔隙流体的体积压缩系数,即单位孔隙压力作用引起的孔隙体应变;

n——孔隙率;

V_v——孔隙的体积;

V——土样的体积。

假定土骨架为线弹性体,在上述有效附加应力增量下土骨架的体积变化为

$$\Delta V_2 = C_s \Delta \sigma_3' V = C_s (\Delta \sigma_3 - \Delta u_B) V \quad (3-10)$$

式中,C_s 为土骨架的体积压缩系数,即单位有效附加应力作用引起的土骨架的体积应变,根据弹性理论,$C_s = 3(1-2\nu)/E$,E、ν 分别为土骨架的弹性模量和泊松比;其他参数物理意义同前。

忽略土颗粒本身压缩量,则土骨架的体积变化等于孔隙流体的体积变化,即

$$\Delta V_1 = \Delta V_2 \quad (3-11)$$

$$C_f \cdot \Delta u_B \cdot nV = C_s (\Delta \sigma_3 - \Delta u_B) V \quad (3-12)$$

整理得

$$\Delta u_B = \frac{1}{1 + n \cdot C_f / C_s} \Delta \sigma_3 = B \Delta \sigma_3 \quad (3-13)$$

定义 B 为等向压缩应力状态下的孔隙压力系数,计算公式为

$$B = \frac{1}{1 + n \cdot C_f / C_s} \quad (3-14)$$

干土:饱和度 $S_r = 0$,孔隙内全部是气体,其压缩系数 $C_f = \infty$。因此,$B = 0$。

非饱和土:饱和度 $0 < S_r < 1$,孔隙中的流体包括液体和气体,其 $0 < C_f / C_s < 1$。因此,$0 < B < 1$。

饱和土:饱和度 $S_r = 1$,孔隙中全部都是不可压缩的水,其 $C_f = 0$。因此,$B = 1$。

由此可见,B 可反映土的饱和程度。

延伸阅读:饱和土在封闭条件下,不允许水分排出,增加的围压将全部由孔隙水压力承担,转化为超静孔隙水压力。

(3)偏差应力状态下的孔隙压力系数

如果在偏差应力作用下,孔隙流体内的超静孔隙压力增量为 Δu_A,则作用于土骨架上的轴向和侧向有效附加应力增量分别为

$$\Delta \sigma_1' = (\Delta \sigma_1 - \Delta \sigma_3) - \Delta u_A \quad (3-15)$$

$$\Delta \sigma_2' = \Delta \sigma_3' = -\Delta u_A \quad (3-16)$$

$$B = \frac{1}{1 + n \cdot C_f / C_s} \quad (3-17)$$

孔隙压力增量 Δu_A 引起孔隙流体的体积变化为

$$\Delta V_1 = C_f \Delta u_A V_v = C_f \Delta u_A nV \quad (3-18)$$

式中参数与式(3-9)相同。

假定土骨架为线弹性体,则土骨架上的有效附加应力引起的土骨架的体积变化为

$$\Delta V_2 = \Delta \varepsilon_V \cdot V = (\Delta \varepsilon_1 + \Delta \varepsilon_2 + \Delta \varepsilon_3) V \quad (3-19)$$

其中,由轴向有效附加应力增量引起的轴向应变为

$$\Delta \varepsilon_1 = [((\Delta \sigma_1 - \Delta \sigma_3) - \Delta u_A) - 2\nu(-\Delta u_A)]/E \quad (3-20)$$

由侧向有效附加应力增量引起的侧向应变为

$$\Delta\varepsilon_2 = \Delta\varepsilon_3 = \left[-\Delta u_A - \nu((\Delta\sigma_1 - \Delta\sigma_3) - \Delta u_A) - \mu(-\Delta u_A) \right]/E \tag{3-21}$$

将 $\Delta\varepsilon_1$，$\Delta\varepsilon_2$ 和 $\Delta\varepsilon_3$ 代入式（3-20），可得

$$\Delta V_2 = \frac{1-2\nu}{E}(\Delta\sigma_1 - \Delta\sigma_3 - 3\Delta u_A) \cdot V = \frac{1}{3}C_s\left[(\Delta\sigma_1 - \Delta\sigma_3) - 3\Delta u_A \right]V \tag{3-22}$$

式中，C_s 为土骨架的体积压缩系数。

忽略土颗粒本身压缩量，土骨架的体积变化等于孔隙流体的体积变化，即

$$\Delta V_1 = \Delta V_2 \tag{3-23}$$

$$C_f \Delta u_A V_v = \frac{1}{3}C_s\left[(\Delta\sigma_1 - \Delta\sigma_3) - 3\Delta u_A \right]V \tag{3-24}$$

根据式（3-24）可得

$$\Delta u_A = \frac{1}{1+nC_f/C_s}\left[\frac{1}{3}(\Delta\sigma_1 - \Delta\sigma_3) \right] \tag{3-25}$$

已知 $B = \dfrac{1}{1+nC_f/C_s}$，代入式（3-25），则

$$\Delta u_A = B\frac{1}{3}(\Delta\sigma_1 - \Delta\sigma_3) \tag{3-26}$$

对线弹性饱和土 $B=1$，因此 $\Delta u_A = A(\Delta\sigma_1 - \Delta\sigma_3)$，则有

$$A = \frac{\Delta u_A}{\Delta\sigma_1 - \Delta\sigma_3} = \frac{1}{3} \tag{3-27}$$

式中，A 即偏差应力下的孔隙压力系数。

以上是在线弹性假定下的推导，此时偏差应力不会引起土体积发生变化，得到 $A=1/3$。然而，密砂在剪应力作用下，接触面处土颗粒出现翻转，导致体积膨胀，如图 3-7(a) 所示，或者在水平剪应力作用下，在剪切面上土颗粒出现了滑移，导致体积膨胀，如图 3-7(b) 所示。松砂在剪应力作用下会发生剪缩，如图 3-7(c) 所示。可见土在剪应力作用下发生剪切变形，同时发生体积变形，会影响孔隙压力。如果发生剪胀，会降低孔隙压力，$A<1/3$；反之，剪缩导致孔隙压力增大，$A>1/3$。即

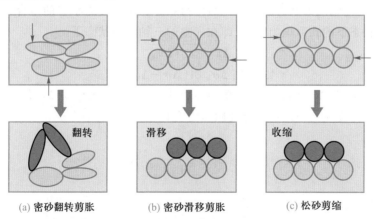

(a) 密砂翻转剪胀　　　　(b) 密砂滑移剪胀　　　　(c) 松砂剪缩

图 3-7　土颗粒剪胀剪缩示意图

$$线弹性:A = 1/3$$
$$剪胀体:A < 1/3$$
$$剪缩体:A > 1/3$$
由此可见,A 可反映土的剪胀性。

延伸阅读:偏差应力增量引起球应力增量 $p = (\Delta\sigma_1 + \Delta\sigma_2 + \Delta\sigma_3)/3 = (\Delta\sigma_1 - \Delta\sigma_3)/3$。对于线弹性体,由于没有体积变化,球应力增量将全部由孔隙水承担,转化为超静孔隙水压力,所以 $A = 1/3$。只要有剪胀或者剪缩(以后统称剪胀),A 就一定不是 $1/3$,反之亦然。剪胀性是土区别于其他材料的一个重要基本力学特性。

对同一种土,孔隙压力系数 A 也并不是常数,它还与应力历史、应变及应力路径等因素有关。通常,正常固结土 A 为 $0.5 \sim 1.0$;高度超固结土,在偏差应力作用下将发生体积膨胀而产生负的孔隙水压力时,A 为负值,可达 -0.5;对高灵敏度软黏土,A 值常大于 1.0。不同情况下的孔隙压力系数 A 也可参考表 3-1。

表 3-1　孔隙压力系数 A 参考值

土样(饱和)	A(用于验算土体破坏)	土样(饱和)	A(用于计算地基沉降)
很松的细砂	$2 \sim 3$	很灵敏的软黏土	≥ 1
灵敏黏土	$1.5 \sim 2.5$	正常固结黏土	$0.5 \sim 1$
正常固结黏土	$0.7 \sim 1.3$	超固结黏土	$0.25 \sim 0.5$
轻度超固结黏土	$0.3 \sim 0.7$	严重超固结黏土	$0 \sim 0.25$
严重超固结黏土	$-0.5 \sim 1$		

由上述分析,三轴应力状态为等向压缩应力状态和偏差应力状态的组合,据此可以获得完整三轴应力状态下的孔隙压力系数,即在完整的三轴应力状态下

$$\Delta u = \Delta u_B + \Delta u_A \tag{3-28}$$

$$\Delta u = B[\Delta\sigma_3 + A(\Delta\sigma_1 - \Delta\sigma_3)] \tag{3-29}$$

在实际工程中,若能准确确定孔隙压力系数 A、B,就可以用式(3-29)估算土体在三轴应力状态下由于应力变化而引起的超静孔隙压力变化。

§3.3　土的自重应力

地基中由土体本身重力而产生的应力叫自重应力,研究自重应力的目的往往是确定土

体的初始应力状态。将地基视为半无限弹性体,土体属于侧限应力状态。下面将在该应力状态下计算地基中土的自重应力。

3.3.1 自重应力的计算通式

1. 单层与多层土竖向自重应力

在侧限应力状态下,土中所有竖直和水平面上的剪应力均为 0,地基中任意深度 z 处的竖直向自重应力就等于单位面积上的土柱重力 W,单层土中竖向自重应力计算如图 3-8 所示。

若深度 z 内土的天然重度为 γ,则深度 z 处土的自重应力为

$$\sigma_{sz} = \frac{W}{A} = \frac{\gamma z A}{A} = \gamma z \tag{3-30}$$

式中

σ_{sz}——深度 z 处土的自重应力(kPa);

γ——土的重度(kN/m^3);

A——土柱截面面积(m^2)。

由式(3-30)可见,均质土地基中自重应力呈线性分布。

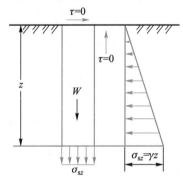

图 3-8 单层土中竖向自重应力计算

知识衔接:在第 2 章讲述土的密度时,同时给出了土的重度,二者的区别仅在于相差了重力加速度倍数。在本章中,重度乘以深度就得到自重应力。

地基土通常有多层,设各土层的厚度为 h_i,重度为 γ_i,则在深度 z 处多层土的自重应力计算公式为

$$\sigma_{sz} = \gamma_1 h_1 + \gamma_2 h_2 + \gamma_3 h_3 + \cdots + \gamma_n h_n = \sum_{i=1}^{n} \gamma_i h_i \tag{3-31}$$

式中,n 为深度 z 范围内土层的层数。

2. 土水平向自重应力计算

通过式(3-31)获得了地基土的竖向自重应力,下面计算水平向自重应力。根据广义胡克定律

$$\Delta \varepsilon_{sx} = \frac{\Delta \sigma'_{sx}}{E} - \frac{\nu}{E} (\Delta \sigma'_{sy} + \Delta \sigma'_{sz}) \tag{3-32}$$

式中

$\Delta \varepsilon_{sx}$——横向应变;

$\Delta \sigma'_{sx}, \Delta \sigma'_{sy}, \Delta \sigma'_{sz}$——3个方向的有效自重应力;

E, ν——土的弹性模量和泊松比。

在侧限应力状态下,$\Delta \varepsilon_{sx} = \Delta \varepsilon_{sy} = 0$,代入式(3-32),可得

$$\Delta \varepsilon_{sx} = \frac{\Delta \sigma'_{sx}}{E} - \frac{\nu}{E} (\Delta \sigma'_{sy} + \Delta \sigma'_{sz}) = 0 \tag{3-33}$$

由于 $\Delta \sigma'_{sx} = \Delta \sigma'_{sy}$,则土体水平向自重应力 $\Delta \sigma'_{sx}$ 和 $\Delta \sigma'_{sy}$ 为

$$\Delta \sigma'_{sx} = \Delta \sigma'_{sy} = \frac{\nu}{1-\nu} \Delta \sigma'_{sz} \tag{3-34}$$

令

$$K_0 = \frac{\nu}{1-\nu} \tag{3-35}$$

$$\Delta \sigma'_{sx} = \Delta \sigma'_{sy} = K_0 \Delta \sigma'_{sz} \tag{3-36}$$

式(3-35)和式(3-36)中,K_0 为土侧压力系数,是侧限条件下土中水平向有效应力与竖直向有效应力的比值,侧限状态又称为 K_0 状态;ν 是土的泊松比。K_0 和 ν 与土的种类和密度有关,可由试验确定,也可以用经验公式获得:

$$K_0 = 1 - \sin \varphi' \tag{3-37}$$

式中,φ' 为土的有效内摩擦角,将在第6章讲述。

将式(3-36)和式(3-37)代入式(3-30),则单层土中水平向自重应力计算公式为

$$\sigma'_{sx} = \sigma'_{sy} = K_0 \gamma z \tag{3-38}$$

多层土中水平向自重应力计算公式为

$$\sigma'_{sx} = \sigma'_{sy} = K_0 \sum_{i=1}^{n} \gamma_i h_i \tag{3-39}$$

延伸阅读:因为 K_0 是用有效应力定义的,因此水平向应力的计算仅适用于有效自重应力。不同层的土 K_0 不一样,计算时须用目标土层的 K_0。

3. 自重应力的分布规律

从自重应力计算的通式分析可以看出,有效自重应力分布规律如图3-9所示。自重应力在等重度地基中随深度呈直线分布,分布线斜率为重度的倒数;在层状地基中一般呈折线分布,在土层分界面处和地下水位处会发生转折。

3.3.2　考虑地下水的土体自重应力

1. 土层中有地下水位

当土层中有地下水位存在时,水位以下土的自重应力,应根据土的性质确定是否需考虑

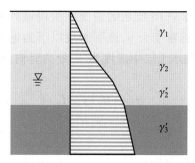

图 3-9　有效自重应力分布规律

水的浮力,可分为以下几种情况。

对于砂性土和液性指数 $I_L \geqslant 1$ 的黏性土,土颗粒间存在大量自由水,因此认为土颗粒受水浮力作用。水上部分土的重度仍然取天然重度 γ;水下部分土的重度取有效重度 γ';地下水位以下的水压力根据水的深度 h_w,按 $\gamma_w h_w$ 计算。土体自重应力的计算方法与多层土相似,总应力为有效应力加上静水压力。这种方法叫作土水分算。

对于 $I_L \leqslant 0$ 的黏性土,土体处于固体或半固体状态,土中缺少传递静水压力的自由水,因此认为土颗粒不受水浮力作用。不透水层顶面及以下土体的自重应力应按上覆土层的水土总重,取饱和重度 γ_{sat} 进行计算。此外,若地下水位以下有不透水岩层,岩层也不受水浮力作用,也应按照上述方法进行计算。这种方法叫作土水合算。

当黏性土的液性指数 $0 < I_L < 1$ 时,土体处于塑性状态,此时很难确定土颗粒是否受到水的浮力作用,在实践中一般按不利状态来考虑。

> 延伸阅读:根据土层性质,地下水位以下的自重应力计算有以下两种方法。
>
> (1) 土水分算:分别计算水压力和土的有效自重应力,以两者之和为总自重应力。计算水压力时按全水头的水压力考虑,计算土的有效自重应力时用土的有效重度。这一方法适用于渗透性较好的粗粒土或孔隙中存在自由水的细粒土。工程实践表明,按土水分算方法,对于大多数土层来说,得到的水压力都偏大。
>
> (2) 土水合算:认为土孔隙中的水都是结合水,没有自由水,不形成水压力,也不对固体颗粒产生浮力。土颗粒与孔隙中的结合水是一个整体,用土的饱和重度计算土体的自重应力。很显然,这一方法在理论上仅适用于渗透系数为零的不透水层。然而,完全不透水的土层是不存在的,因此土水合算仍然是岩土工程界的一个争论问题。

> 知识衔接:根据式(2-31),黏性土的液性指数
>
> $$I_L = \frac{w_0 - w_P}{w_L - w_P}$$
>
> 如果 $I_L \geqslant 1$,则当前含水率大于或等于液限含水率,$w_0 \geqslant w_L$。根据液限含水率的定义,此时土中含有自由水,就可以对土骨架形成浮力,因此可以用土水分算方法来计算土的自重应力。

根据以上原则,现在考虑图 3-10 所示的情况。假设该砂土地层均质,地下水位在地面下深度 H_1 处,H_1 深度内土的天然重度为 γ,地下水位以下为饱和重度 γ_{sat}。下面按土水分算方法,分别计算地下水位以下饱水土层中深度为 H_2 处的竖向总应力 σ_1、孔隙水压力 u_1 和有效应力 σ'_1。

$$\sigma_1 = \gamma H_1 + \gamma_{sat} H_2 \tag{3-40}$$

$$u_1 = \gamma_w H_2 \tag{3-41}$$

根据有效应力原理

$$\sigma'_1 = \sigma_1 - u_1 = \gamma H_1 + (\gamma_{sat} - \gamma_w) H_2 = \gamma H_1 + \gamma' H_2 \tag{3-42}$$

如果地下水位下降至深度 H_2 底部处稳定下来,整个深度 $H(H = H_1 + H_2)$ 以内土的重度都变成了 γ。现在再次计算该地层剖面上深度 H 处的竖向总应力 σ_2、孔隙水压力 u_2 和有效应力 σ'_2。

$$\sigma_2 = \gamma H_1 + \gamma H_2 \tag{3-43}$$

$$u_2 = 0 \tag{3-44}$$

$$\sigma'_2 = \sigma_2 - u_2 = \gamma H_1 + \gamma H_2 \tag{3-45}$$

与地下水位下降前相比,原地下水位以下饱水土层中深度为 H 处平面上某点的有效应力增量如下:

$$\Delta \sigma = \sigma'_2 - \sigma'_1 = (\gamma - \gamma') H_2 \tag{3-46}$$

可见,地下水位下降会引起有效应力 σ' 增大,这会导致土体产生沉降变形,这是抽水引起地面沉降的重要原因。

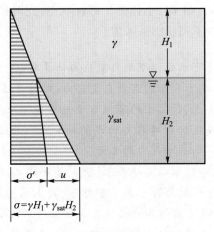

图 3-10　地下水位下土中的应力

2. 静水下的土层

湖底土层通常位于静止水下。假设土层距水面为 H_w,水下土层厚度为 H_1,地下水位以下土的饱和重度为 γ_{sat}。下面计算土层中底部处(水面算起深度为 $H_w + H_1$)的竖向总应力 σ、孔隙水压力 u 和有效应力 σ'。

$$\sigma = \gamma_w H_w + \gamma_{sat} H_1 \tag{3-47}$$

$$u = \gamma_w (H_w + H_1) \tag{3-48}$$

$$\sigma' = \sigma - u = \gamma_w H_w + \gamma_{\text{sat}} H_1 - \gamma_w H_w - \gamma_w H_1 = \gamma' H_1 \tag{3-49}$$

当水面下降到土层顶面时,根据前述计算方法,同理可计算得到原饱和土层中深度为 H_2 处的竖向总应力 σ、孔隙水压力 u 和有效应力 σ'。

$$\sigma = \gamma_{\text{sat}} H_1 \tag{3-50}$$

$$u = \gamma_w H_1 \tag{3-51}$$

$$\sigma' = \sigma - u = \gamma_{\text{sat}} H_1 - \gamma_w H_1 = \gamma' H_1 \tag{3-52}$$

对比式(3-49)和式(3-52),可见在水位下降至土样顶面后,土中的有效应力不变。

思考辨析:上述对有效应力的分析在土水分算的条件下成立。在土水合算的条件下,地下水位的变化将直接影响土层中的有效应力,请读者思考。

3. 土层中有稳定渗流

(1)向上渗流的情况

假设有一厚度 H 的饱和黏土层,地下水位在黏土层顶面,黏土层下有承压水,如图 3-11 所示。在黏土层底部设置测压管,测压管水头高出地下水面的距离为 Δh,水发生向上渗流。现在计算黏土层底部竖向总应力 σ、孔隙水压力 u 和有效应力 σ'。

$$\sigma = \gamma_{\text{sat}} H \tag{3-53}$$

$$u = \gamma_w (H + \Delta h) \tag{3-54}$$

$$\sigma' = \sigma - u = \gamma_{\text{sat}} H - \gamma_w (H + \Delta h) = \gamma' H - \gamma_w \Delta h \tag{3-55}$$

从式(3-55)可以看出,存在向上渗流时,由有效重度产生的有效应力减少了 $\gamma_w \Delta h$。可想而知,如果 Δh 大到一定程度,A 点的有效应力可能减小到 0,甚至为负值,则有可能发生渗透破坏,将在第 4 章讲述。

(2)向下渗流的情况

假设有一厚度为 H 的饱和砂土层,地下水位在砂土层顶面,向下至另一砂层渗流,这是一个排水过程,如图 3-12 所示。在两个砂土层的界面处 A 点设置测压管,测压管水头距地下水位线的距离为 Δh,水发生向下渗流,可以得到

$$\sigma = \gamma_{\text{sat}} H \tag{3-56}$$

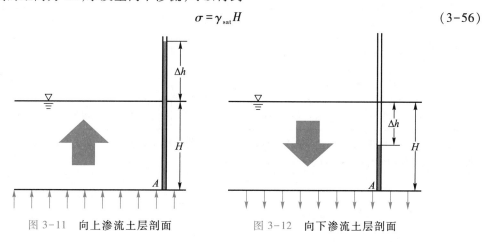

图 3-11　向上渗流土层剖面　　　图 3-12　向下渗流土层剖面

$$u = \gamma_w (H - \Delta h) \tag{3-57}$$

$$\sigma' = \sigma - u = \gamma_{sat} H - \gamma_w (H - \Delta h) = \gamma' H + \gamma_w \Delta h \tag{3-58}$$

从式(3-58)可以看出,存在向下渗流时,有效应力增加了 $\gamma_w \Delta h$。这将会使得土体发生压密变形,称作渗流压密。

> 思考辨析:在 3.2 节曾经交代,水压力不会使土压密,这里出现水的渗流压密,二者并不矛盾。3.2 节是说各向均等的孔隙水压力不会使得土层压密;而这里是向下渗流造成的渗透力,它会增加有效应力,因而会使得土层压密。渗透力将在第 4 章介绍,本章只是将其与孔隙水压力区分开来。

例题 3-1

某黏性土场地,地下水位位于地面下 2 m(图 3-13),若点 1 和点 2 存在 0.5 m 的水头差,分别计算水向下渗流和向上渗流时土中各点的总应力、孔隙水压力和有效应力。

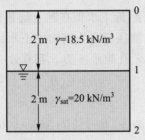

图 3-13　土层情况

【解答】解答结果见表 3-2。

表 3-2　例题 3-1 解答结果

渗流方向	层面	总应力/kPa	总水头 h/m	位置水头 z/m	压力水头 $\dfrac{u}{\gamma_w}$/m	孔隙水压力/kPa	有效应力/kPa
向下	点 1	$18.5 \times 2 = 37$	2	2	0	0	$37 - 0 = 37$
	点 2	$37 + 20 \times 2 = 77$	$2 - 0.5 = 1.5$	0	1.5	$1.5 \times 10 = 15$	$77 - 15 = 62$
向上	点 1	$18.5 \times 2 = 37$	2	2	0	0	$37 - 0 = 37$
	点 2	$37 + 20 \times 2 = 77$	$2 + 0.5 = 2.5$	0	2.5	$2.5 \times 10 = 25$	$77 - 25 = 52$

注意:题中只给出点 1、点 2 存在 0.5 m 的水头差,并没有给出相对大小,无法准确判定渗流方向,因此需就向下和向上渗流两种情况分别进行计算。

§3.4　建筑物的基底压力

建筑物上部结构的荷载通过基础底面施加到地基表面,这个压力称为基底压力,地基中超出自重应力的附加应力就源于此。在基础设计中,首先要确定基底压力。

> **思考辨析**:土力学中将由基底传递到地基表面的力叫作基底压力而不是基底应力,它有两个方面的含义。一方面区别于拉伸作用,说明这是"压"力;另一方面,这是来自基础底面上的力,不是材料内力,尽管表示为单位面积上的力,但它不是应力。

3.4.1　基底压力的分布规律

基底压力的影响因素众多,主要有荷载条件(如荷载的大小、方向、分布等),基础条件(如基础的刚度、形状、尺寸、埋深等),以及地基条件(如土类、土性、土层结构等)。

如果是绝对刚性基础坐落在弹性地基上,理论分析表明其基底压力的分布为中间小、两端无穷大;如果是完全柔性基础坐落在弹性地基上,由于完全柔性材料的抗弯刚度为0,不能承受弯矩,因此这种基础变形能完全适应地基表面的弹性变形,基础上下压力分布必须完全相同。

实际上,地基土不是完全弹性,而是弹塑性;基础多为钢筋混凝土材料,其刚度也不是无穷大,而是有限刚度材料,可以稍弯曲。当基底两端的压力达到一定程度,地基中就会出现塑性区而不能承受更大的应力,多余的应力将自行调整并向中间转移。应力重分布的结果使基底压力分布非常复杂。

地基土质对基底压力分布也具有重要影响。当刚性基础位于砂性土地基时,由于砂土颗粒间无黏聚力,其典型基底压力分布为图 3-14(a)所示的抛物线形;而在黏性土地基中,基底压力分布更为复杂,如图 3-14(b)所示。

如前所述,当地基中某一点的应力过大时就会自行调整,因此荷载大小也会对基底压力的分布起重要作用。以黏性土地基为例,如图 3-14(b)所示,当荷载较小时,基底压力分布如图中深蓝色线条,接近弹性理论解;荷载增大后,逐渐发展为马鞍形;荷载再继续增大,基底边缘塑性破坏区逐渐扩大,所增加的荷载要通过基底中部力的增大来平衡,致使基底压力分布向中间转移,发展为抛物线形乃至倒钟形的分布。

3.4.2　基底压力的计算方法

以上分析表明,实际工程中基底压力的分布十分复杂,很难给出精确解。根据圣维南原理,基底压力的具体分布形式对地基附加应力的影响仅局限于一定范围内;超出此范围以后,地基附加应力的分布与基底压力分布形式关系不大,而只取决于基底压力的合力。因此,考虑到基础相对于地基来说尺寸较小,且所受荷载有限,在实际工程中通常忽略基底压力的复杂分布形式,将基底压力简化为线性分布,进而按照静力平衡原则计算基底压力值。

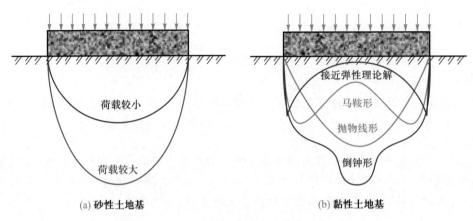

(a) 砂性土地基	(b) 黏性土地基

图 3-14　基底压力的实际分布形式

延伸阅读:圣维南原理是弹性力学的基础性原理,指出分布于弹性体上一小块面积(或体积)内的荷载所引起的物体中的应力,在离荷载作用区稍远的地方,只与荷载的合力和合力矩有关,即荷载的具体分布只影响其作用区附近的应力分布。

1. 中心荷载作用下的基底压力

荷载作用于矩形基础形心时,为中心荷载;否则为偏心荷载。在中心荷载的情况下,基底压力均匀分布,如图 3-15 所示,按下式计算。

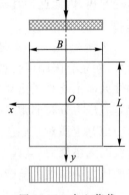

$$p = P/A \tag{3-59}$$

式中

p——基底压力(kPa);

P——作用于基底的竖直荷载(kN);

A——基底面积(m^2),$A = BL$,B、L 分别为矩形基底的宽度和长度。

图 3-15　中心荷载

对条形基础,取单位长度($L=1$)进行计算

$$p = P/BL = P/B \tag{3-60}$$

P——沿长度方向 1 m 内作用于基础上的总荷载。

2. 偏心荷载作用下基底压力的计算

(1) 矩形基础、双向偏心荷载

矩形基础在双向偏心荷载作用下,基底压力分布如图 3-16 所示,按下式计算

$$p(x,y) = \frac{P}{A} \pm \frac{M_x y}{I_x} \pm \frac{M_y x}{I_y} \tag{3-61}$$

$$\begin{aligned} M_x &= P \cdot e_y \\ M_y &= P \cdot e_x \end{aligned} \tag{3-62}$$

式中

$p(x,y)$——基底任意点(x,y)的基底压力(kPa);

M_x、M_y——竖直偏心荷载P对基础底面x轴和y轴的力矩(kN·m);

I_x、I_y——基础底面对x轴和y轴的惯性矩(m^4);

e_x、e_y——竖直荷载对y轴和x轴的偏心距(m)。

（2）矩形基础、单向偏心荷载

矩形基础受沿x轴单向偏心荷载作用时，$e_y=0$，$e_x=e$，则基底两端的压力为

$$p_{\substack{\max \\ \min}} = \frac{P}{A}\left(1 \pm \frac{6e}{B}\right) \tag{3-63}$$

根据偏心距大小分别计算如下：

$e<B/6$：$p_{\max}$和$p_{\min}$均大于0，基底压力为梯形分布，如图3-17(a)所示。

$e=B/6$：$p_{\max}>0$，$p_{\min}=0$，基底压力为三角形分布，如图3-17(b)所示。

$e>B/6$：基底出现拉应力区，如图3-17(c)所示，由于土与基础间不存在拉力，在这种情况下，基础底面下的压力将重新分布。根据基底压力合力与总荷载P相等、最小值等于零的原则，计算得到基底边缘最大压力$p_{\max}$，最小值$p_{\min}=0$，应力调整后基底压力为三角形分布。设三角形高为$3K$，则合力的作用点在三角形的重心，即距偏心侧基础边的距离为$K=B/2-e$。$p_{\max}$如下式所示：

$$p_{\max} = \frac{2P}{3KL} = \frac{2P}{3(B/2-e)L} \tag{3-64}$$

式中，$K=B/2-e$，其他符号意义同前。

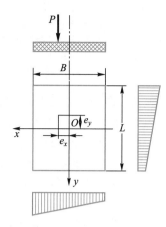

图3-16 矩形基础、双向偏心荷载

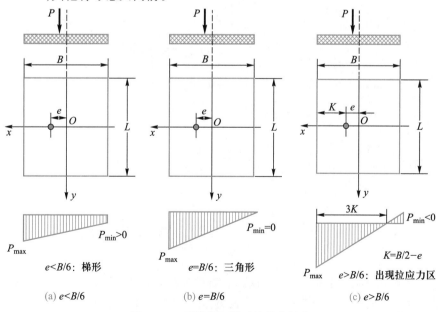

(a) $e<B/6$ (b) $e=B/6$ (c) $e>B/6$

图3-17 不同偏心距下的基底压力

（3）条形基础、偏心荷载

条形基础受偏心荷载作用时，取单位长度进行计算，得到基底宽度方向两端的压力为

$$p_{\substack{\max \\ \min}} = \frac{P}{B}\left(1 \pm \frac{6e}{B}\right) \tag{3-65}$$

式中，P 为沿长度方向 1 m 内作用于基础上的总荷载。

（4）倾斜偏心荷载

建筑物的特殊功能需求，或运行过程中受到其他外力作用，致使基础受到倾斜偏心荷载作用。此时，倾斜偏心荷载 P 可分解为竖向荷载 P_v 和水平荷载 P_h。假设水平荷载 P_h 引起的基底水平压力 p_h 为均匀分布，则对于矩形基础，有 $p_h = P_h/A$，对于条形基础，有 $p_h = P_h/B$，符号意义同前。水平荷载不会产生基底压力，因此仅考虑竖向荷载 P_v，对其产生的基底压力的计算和在单向偏心荷载作用下基底压力的计算一致，不再赘述。

3. 基底附加压力

建筑物基础通常有一定埋深，在修建基础之前埋深处已有与深度和重度有关的自重应力，如前所述。基底压力减去埋深处的自重应力，即得到基底处超出土自重的附加压力，称作基底附加压力。

例题 3-2

柱基础底面尺寸 1.2 m×1.0 m，作用于基础底面的单向偏心荷载 $P = 135$ kN，当该荷载沿基础长边方向的偏心距 $e = 0.3$ m 时，基底边缘的最大压力 $p_{\max}$ 为多少？当荷载沿基础短边方向的偏心距 $e = 0.1$ m 时，基底边缘的最小压力 $p_{\min}$ 为多少？

【解答】

（1）当荷载沿基础长边方向的偏心距 $e = 0.3$ m 时，

$$e = 0.3 > \frac{L}{6} = \frac{1.2}{6} \text{ m} = 0.2 \text{ m}，为大偏心}$$

$$p_{\max} = \frac{2P}{3KB} = \frac{2P}{3(L/2-e)B} = \frac{2 \times 135}{3(1.2/2-0.3) \times 1} \text{ kPa} = 300 \text{ kPa}$$

（2）当荷载沿基础短边方向的偏心距 $e = 0.1$ m 时，

$$e = 0.1 < \frac{B}{6} = \frac{1.0}{6} \text{ m} = 0.17 \text{ m}，为小偏心}$$

$$p_{\min} = \frac{P}{BL}\left(1-\frac{6e}{B}\right) = \frac{135}{1 \times 1.2} \times \left(1-\frac{6 \times 0.1}{1}\right) \text{ kPa} = 45 \text{ kPa}$$

---

§3.5 地基中的附加应力

本章以上 4 节介绍了地基土的应力状态、有效应力原理、自重应力，以及基底压力和附加压力的计算。基底附加压力作用在地基表面，并在土层中传递，使地基中产生地基附加应力，地基附加应力是地基发生变形或失稳破坏的主要原因。通常假定地基土是半无限、均质

各向同性的弹性体,用弹性理论求解地基附加应力。

3.5.1 竖直集中力作用下的附加应力

1. 布辛奈斯克解

法国数学家布辛奈斯克(Boussinesq,1885)基于弹性理论,研究了半无限空间内,弹性体表面作用有竖向集中力时,在弹性体内任意点产生的应力,竖向集中荷载下土中的应力计算如图 3-18 所示。

取集中力 P 作用点为坐标原点 O,其下半无限空间内任一点 M 的坐标为 X、Y、Z,M 点在 xOy 平面内的投影为 M',OM 与 MM' 的夹角为 β。布辛奈斯克根据以上条件和假定,推导得到 M 点的 6 个应力分量,称作布辛奈斯克解,简称布氏解或 B 氏解。其中,z 方向的法向应力(即正应力)σ_z 对地基沉降影响最大,下面将重点介绍。

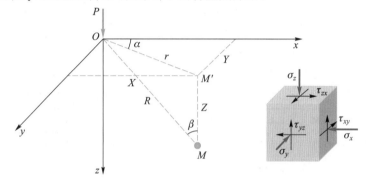

图 3-18　竖向集中荷载下土中的应力计算

M 点处 z 方向的法向应力表达式如下:

$$\sigma_z = \frac{3P}{2\pi} \cdot \frac{Z^3}{R^5} \tag{3-66}$$

由几何关系可知:

$$R^2 = r^2 + Z^2 \tag{3-67}$$

$$r/Z = \tan \beta \tag{3-68}$$

式中,OM、OM'的距离分别为 R 和 r。

将式(3-67)、式(3-68)代入式(3-66),整理得

$$\sigma_z = \frac{3P}{2\pi} \cdot \frac{Z^3}{R^5} = \frac{3}{2\pi} \cdot \frac{1}{\left[1+(r/Z)^2\right]^{5/2}} \cdot \frac{P}{Z^2} = K\frac{P}{Z^2} \tag{3-69}$$

式中

$$K = \frac{3}{2\pi} \cdot \frac{1}{\left[1+(r/Z)^2\right]^{5/2}} = \frac{3}{2\pi} \cdot \frac{1}{\left[1+\tan^2\beta\right]^{5/2}} \tag{3-70}$$

K 是竖直集中力作用下的附加应力分布系数,是 r/Z 的函数,可由图 3-19 或表 3-3 中查得。

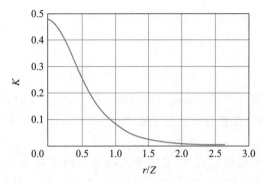

图 3-19 K-r/Z 关系曲线

表 3-3 竖直集中力作用下的附加应力分布系数 K

r/Z	K	r/Z	K	r/Z	K	r/Z	K	r/Z	K
0.00	0.477 5	0.50	0.273 3	1.00	0.084 4	1.50	0.025 1	2.00	0.008 5
0.05	0.474 5	0.55	0.246 6	1.05	0.074 4	1.55	0.022 4	2.20	0.005 8
0.10	0.465 7	0.60	0.221 4	1.10	0.065 8	1.60	0.020 0	2.40	0.004 0
0.15	0.451 6	0.65	0.197 8	1.15	0.058 1	1.65	0.017 9	2.60	0.002 9
0.20	0.432 9	0.70	0.176 2	1.20	0.051 3	1.70	0.016 0	2.80	0.002 1
0.25	0.410 3	0.75	0.156 5	1.25	0.045 4	1.75	0.014 4	3.00	0.001 5
0.30	0.384 9	0.80	0.138 6	1.30	0.040 2	1.80	0.012 9	3.50	0.000 7
0.35	0.357 7	0.85	0.122 6	1.35	0.035 7	1.85	0.011 6	4.00	0.000 4
0.40	0.329 4	0.90	0.108 3	1.40	0.031 7	1.90	0.010 5	4.50	0.000 2
0.45	0.301 1	0.95	0.095 6	1.45	0.028 2	1.95	0.009 5	5.00	0.000 1

2. 地基附加应力 σ_z 在地基中的分布规律

通过集中力 P 作用线切出任意竖直面,在该面上分析 σ_z 的分布特征,如图 3-20 所示。总体来说,竖直集中力在地基中引起的附加应力是向深部、四周传播的;且距离地面越远,附加应力分布范围越广,但数值越小。

(1) 在竖直集中力 P 作用线上

在竖直集中力 P 作用线上,$r=0$,则 $K=3/(2\pi)$,代入式(3-66),可得

$$\sigma_z = \frac{3}{2\pi} \cdot \frac{P}{Z^2} \tag{3-71}$$

从上式可以看出,当 $z=0$ 时,σ_z 趋于 ∞,即在靠近 P 作用线处 σ_z 非常大,原因在于推导中认为集中力作用面积为 0,是一种理想状态。说明上式不适用于集中力作用点处及其附近,因此在选择应力计算点时,不应过于接近集中力作用点。

当 $z \rightarrow \infty$ 时,$\sigma_z=0$,即沿 P 作用线 σ_z 的分布随深度增加而递减。

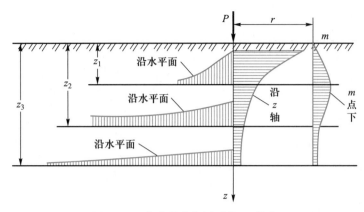

图 3-20 集中荷载作用下的 σ_z 分布

（2）在某一水平面上

在某一水平面上，$z=$ 常数，当 $r=0$ 时，K 为最大值 $3/(2\pi)$，此时 σ_z 最大；随着 r 增加，K 值减小，σ_z 向两侧逐渐减小；且随着深度 z 增加，竖直集中力作用线上的 σ_z 逐渐减小，水平面上应力的分布也逐渐趋于均匀，分布范围也越广。

在某一圆柱面上，$r=$ 常数，当 $z=0$ 时，$\sigma_z=0$；随着深度 z 的增加，σ_z 先增加后减小。

将空间内 σ_z 相同的点进行连接，即得如图 3-21 所示 σ_z 等值线图，其空间曲面形状如泡状，也称应力泡。可见随深度增加，地基中的附加应力减小，分布范围却逐渐扩大。

3. 集中荷载附加应力叠加原理

当地基表面作用有多个集中力时，可先分别计算出各集中力在地基中引起的附加应力，然后根据应力叠加原理，求得它们所引起的附加应力总和。在实际工程中，建筑物上部荷载都是通过一定尺寸的基础传递给地基的。不同基础形状和基础底面的压力分布，都可看作无限多个集中荷载，利用布氏解，通过积分法或等代荷载法求得地基中任意点的附加应力值；当基础底面形状不规则或荷载分布较复杂时，可先将基底分为若干个小面积，把小面积上的荷载当成集中力，然后通过应力叠加计算附加应力。

3.5.2 矩形面积竖直均布荷载作用下的附加应力

在地基表面宽度为 B、长度为 L 的矩形面积内作用有竖直均布荷载 p，在求地基内任意点的附加应力 σ_z 时，就要先求出矩形面积角点下的应力，再利用角点法求得任意点下的应力。

1. 角点下的竖直附加应力——B 氏解的应用

角点下的应力是指矩形 4 个角点竖直下方任意深度处的应力（图 3-22），其他条件一定，该附加应力的大小只与深度有关。以矩形面积竖直均布荷载某一角点作为原点，在 $B \times L$ 荷载面积内任取微分面积 $\mathrm{d}A=\mathrm{d}x\mathrm{d}y$，将其上作用的荷载 $\mathrm{d}P=p\mathrm{d}A=p\mathrm{d}x\mathrm{d}y$ 看作集中荷载，则利用式（3-66）可求得该集中力在角点以下深度 Z 处 M 点所产生的竖直向附加应力 $\mathrm{d}\sigma_z$：

$$\mathrm{d}\sigma_z = \frac{3\mathrm{d}P}{2\pi} \cdot \frac{Z^3}{R^5} = \frac{3p}{2\pi} \cdot \frac{Z^3}{R^5}\mathrm{d}x\mathrm{d}y \tag{3-72}$$

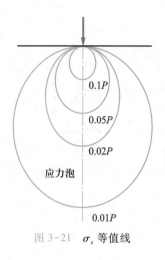

图 3-21 σ_z 等值线

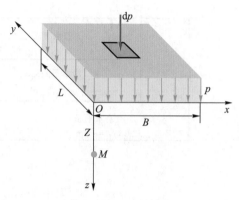

图 3-22 矩形面积竖直均布
荷载角点下的应力计算

将式(3-72)沿整个矩形面积积分,即可得出矩形面积上均布荷载 p 在 M 点引起的附加应力 σ_z,即

$$\sigma_z = \int_0^B \int_0^L \mathrm{d}\sigma_z = \sigma_z(p, m, n) \tag{3-73}$$

可见,σ_z 是 p、m、n 的函数,其中 $m = \dfrac{L}{B}$,$n = \dfrac{Z}{B}$,L 为矩形的长边,B 为矩形的短边。

为计算方便,可将上式写成

$$\sigma_z = K_s p \tag{3-74}$$

K_s 称为矩形竖直均布荷载角点下的应力分布系数,$K_s = f(m, n)$,可查表 3-4 得到。

2. 任意点的竖直附加应力——角点法

由于荷载与附加应力间是线性关系,且满足应力叠加原理。利用角点下的附加应力计算公式,通过叠加获得地基中任意点的附加应力,这种方法称为角点法,有以下两种情况。

第一种情况,计算矩形面积内任一点 O 下深度为 Z 的附加应力(图 3-23)。可以过 O 点将矩形荷载面积分成 A、B、C、D 4 个小矩形,O 点为 4 个小矩形的公共角点,则 O 点下任意 Z 深度处的附加应力 σ_z 为

$$\sigma_z = (K_s^A + K_s^B + K_s^C + K_s^D)p \tag{3-75}$$

第二种情况,计算矩形面积外任意点 g 下深度 Z 处的附加应力。通过图 3-24 所示的方法,先使 g 点成为几个小矩形面积的公共角点。然后进行叠加,注意在叠加过程中始终保持矩形面积不变。

$$\sigma_z = (K_s^{ABCD} - K_s^{AB} - K_s^{AD} + K_s^A)p \tag{3-76}$$

式中

K_s——各自对应的矩形面积竖直均布荷载角点下的附加应力分布系数。值得注意的是,在应用角点法计算每一块矩形面积的 K_s 值时,B 恒为短边,L 恒为长边。

思考辨析:考察点永远作为所有参与叠加矩形的角点。

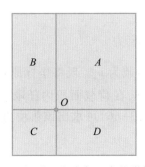 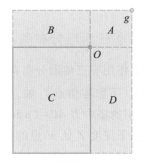

图 3-23　矩形面积内任一点的附加应力　　　图3-24　矩形面积外任一点的附加应力

表 3-4　矩形面积上作用均布荷载,角点下竖向附加应力分布系数 K_s

$n=\dfrac{Z}{B}$	$m=\dfrac{L}{B}$											
	1.0	1.2	1.4	1.6	1.8	2.0	3.0	4.0	5.0	6.0	10	条形
0.0	0.250	0.250	0.250	0.250	0.250	0.250	0.250	0.250	0.250	0.250	0.250	0.250
0.2	0.249	0.249	0.249	0.249	0.249	0.249	0.249	0.249	0.249	0.249	0.249	0.249
0.4	0.240	0.242	0.243	0.243	0.244	0.244	0.244	0.244	0.244	0.244	0.244	0.244
0.6	0.223	0.228	0.230	0.232	0.232	0.233	0.234	0.234	0.234	0.234	0.234	0.234
0.8	0.200	0.207	0.212	0.215	0.216	0.218	0.220	0.220	0.220	0.220	0.220	0.220
1.0	0.175	0.185	0.191	0.195	0.198	0.200	0.203	0.204	0.204	0.204	0.205	0.205
1.2	0.152	0.163	0.171	0.176	0.179	0.182	0.187	0.188	0.189	0.189	0.189	0.189
1.4	0.131	0.142	0.151	0.157	0.161	0.164	0.171	0.173	0.174	0.174	0.174	0.174
1.6	0.112	0.124	0.133	0.140	0.145	0.148	0.157	0.159	0.160	0.160	0.160	0.160
1.8	0.097	0.108	0.117	0.124	0.129	0.133	0.143	0.146	0.147	0.148	0.148	0.148
2.0	0.084	0.095	0.103	0.110	0.116	0.120	0.131	0.135	0.136	0.137	0.137	0.137
2.2	0.073	0.083	0.092	0.098	0.104	0.108	0.121	0.125	0.126	0.127	0.128	0.128
2.4	0.064	0.073	0.081	0.088	0.093	0.098	0.111	0.116	0.118	0.118	0.119	0.119
2.6	0.057	0.065	0.072	0.079	0.084	0.089	0.102	0.107	0.110	0.111	0.112	0.112
2.8	0.050	0.058	0.065	0.071	0.076	0.080	0.094	0.100	0.102	0.104	0.105	0.105
3.0	0.045	0.052	0.058	0.064	0.069	0.073	0.087	0.093	0.096	0.097	0.099	0.099
3.2	0.040	0.047	0.053	0.058	0.063	0.067	0.081	0.087	0.090	0.092	0.093	0.094
3.4	0.036	0.042	0.048	0.053	0.057	0.061	0.075	0.081	0.085	0.086	0.088	0.089
3.6	0.033	0.038	0.043	0.048	0.052	0.056	0.069	0.076	0.080	0.082	0.084	0.084
3.8	0.030	0.035	0.040	0.044	0.048	0.052	0.005	0.072	0.075	0.077	0.080	0.080
4.0	0.027	0.032	0.036	0.040	0.044	0.048	0.060	0.067	0.071	0.073	0.076	0.076
4.2	0.025	0.029	0.033	0.037	0.041	0.044	0.056	0.063	0.067	0.070	0.072	0.073
4.4	0.023	0.027	0.031	0.034	0.038	0.041	0.053	0.060	0.064	0.066	0.069	0.070
4.6	0.021	0.025	0.028	0.032	0.035	0.038	0.049	0.056	0.061	0.063	0.066	0.067
4.8	0.019	0.023	0.026	0.029	0.032	0.035	0.046	0.053	0.058	0.060	0.064	0.064
5.0	0.018	0.021	0.024	0.027	0.030	0.033	0.043	0.050	0.055	0.057	0.061	0.062
6.0	0.013	0.015	0.017	0.020	0.022	0.024	0.033	0.039	0.043	0.046	0.051	0.052
7.0	0.009	0.011	0.013	0.015	0.016	0.018	0.025	0.031	0.035	0.038	0.043	0.045
8.0	0.007	0.009	0.010	0.011	0.013	0.014	0.020	0.025	0.028	0.031	0.037	0.039
9.0	0.006	0.007	0.008	0.009	0.010	0.011	0.016	0.020	0.024	0.026	0.032	0.035
10.0	0.005	0.006	0.007	0.007	0.008	0.009	0.013	0.017	0.020	0.022	0.028	0.032
12.0	0.003	0.004	0.005	0.005	0.006	0.006	0.009	0.012	0.014	0.017	0.022	0.026
14.0	0.002	0.003	0.003	0.004	0.004	0.005	0.007	0.009	0.011	0.013	0.018	0.023
16.0	0.002	0.002	0.003	0.003	0.003	0.004	0.005	0.007	0.009	0.010	0.014	0.020
18.0	0.001	0.002	0.002	0.002	0.003	0.003	0.004	0.006	0.007	0.008	0.012	0.018
20.0	0.001	0.001	0.002	0.002	0.002	0.002	0.004	0.005	0.006	0.007	0.010	0.016
25.0	0.001	0.001	0.001	0.001	0.001	0.002	0.002	0.003	0.004	0.004	0.007	0.013
30.0	0.001	0.001	0.001	0.001	0.001	0.001	0.002	0.002	0.003	0.002	0.005	0.011
35.0	0.000	0.000	0.001	0.001	0.001	0.001	0.001	0.002	0.002	0.002	0.004	0.009
40.0	0.000	0.000	0.000	0.000	0.001	0.001	0.001	0.001	0.001	0.002	0.003	0.008

3.5.3 矩形面积三角形分布荷载作用下的附加应力

矩形面积上作用有三角形分布荷载,假设其最大荷载为 p_t。现将坐标原点取在荷载为零一侧的角点上(下称零角点),如图 3-25 所示。同样,在荷载面积内任取微分面积 $dA = dxdy$,则其上作用的集中力 $dP = (p_t x/B)dxdy$。利用式(3-66)可求出该集中力作用下,三角形荷载在零角点下深度 Z 处 M 点的竖向附加应力 $d\sigma_z$:

$$d\sigma_z = \frac{3dP}{2\pi} \cdot \frac{Z^3}{R^5} = \frac{3p_t}{2\pi B} \cdot \frac{xZ^3}{R^5}dxdy \tag{3-77}$$

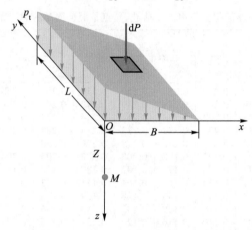

图 3-25 矩形面积三角形分布荷载作用下的附加应力计算

将式(3-77)沿矩形面积积分后,即得到整个矩形基础面在三角形分布荷载作用下,零角点下任意深度 Z 处的竖向附加应力 σ_z

$$\sigma_z = \int_0^B \int_0^L d\sigma_z = \sigma_z(p_t, m, n) \tag{3-78}$$

σ_z 是 p_t、m、n 的函数,$m = \dfrac{L}{B}$,$n = \dfrac{Z}{B}$,B 为沿三角形荷载变化方向的矩形边长,非恒短边。

为计算方便,可将式(3-78)简写成

$$\sigma_z = K_t p_t \tag{3-79}$$

式中

K_t——矩形面积三角形分布荷载角点下应力分布系数,注意角点对应荷载为零边侧,$K_t = f(m, n)$,可查表 3-5。

> 思考解析:对图 3-25 的情况,如果求地基大荷载边一侧角点下的应力,可用竖直均布荷载与竖直三角形荷载通过叠加原理得到,即一个矩形荷载减去一个三角形荷载。

表 3-5　矩形面积作用有三角形分布荷载,零角点下竖向附加应力分布系数 K_t

$n=\dfrac{Z}{B}$	$m=\dfrac{L}{B}$														
	0.2	0.4	0.6	0.8	1.0	1.2	1.4	1.6	1.8	2.0	3.0	4.0	6.0	8.0	10
0.0	0.000 0	0.000 0	0.000 0	0.000 0	0.000 0	0.000 0	0.000 0	0.000 0	0.250 0	0.250 0	0.000 0	0.000 0	0.000 0	0.000 0	0.000 0
0.2	0.022 3	0.028 0	0.029 6	0.030 1	0.030 4	0.030 5	0.030 5	0.030 6	0.218 4	0.218 5	0.030 6	0.030 6	0.030 6	0.030 6	0.030 6
0.4	0.026 9	0.042 0	0.048 7	0.051 7	0.053 1	0.053 9	0.054 3	0.054 5	0.188 1	0.188 6	0.054 8	0.054 9	0.054 9	0.054 9	0.054 9
0.6	0.025 9	0.044 8	0.056 0	0.062 1	0.065 4	0.067 3	0.068 4	0.069 0	0.160 2	0.161 6	0.070 1	0.070 2	0.070 2	0.070 2	0.070 2
0.8	0.023 2	0.042 1	0.055 3	0.063 7	0.068 8	0.072 0	0.073 9	0.075 1	0.135 5	0.138 1	0.077 3	0.077 6	0.077 6	0.077 6	0.077 6
1.0	0.020 1	0.037 5	0.050 8	0.060 2	0.066 6	0.070 6	0.073 5	0.075 3	0.114 3	0.117 6	0.079 0	0.079 4	0.079 5	0.079 6	0.079 6
1.2	0.017 1	0.032 4	0.045 0	0.054 6	0.061 5	0.066 4	0.069 8	0.072 1	0.096 2	0.100 7	0.077 4	0.077 9	0.078 2	0.078 2	0.078 3
1.4	0.014 5	0.027 8	0.039 2	0.048 3	0.055 4	0.060 6	0.064 4	0.067 2	0.081 7	0.086 4	0.073 9	0.074 8	0.075 2	0.075 2	0.075 3
1.6	0.012 3	0.023 8	0.033 9	0.042 4	0.049 2	0.054 5	0.058 6	0.061 5	0.069 6	0.074 4	0.069 7	0.070 8	0.071 4	0.071 5	0.071 5
1.8	0.010 5	0.020 4	0.029 4	0.037 1	0.043 5	0.049 2	0.052 8	0.056 0	0.059 6	0.064 4	0.065 2	0.066 6	0.067 3	0.067 5	0.067 5
2.0	0.009 0	0.017 6	0.025 5	0.032 4	0.038 4	0.043 5	0.047 2	0.050 7	0.051 3	0.056 0	1.060 7	0.062 4	0.063 4	0.063 6	0.063 6
2.5	0.006 3	0.012 5	0.018 3	0.023 6	0.028 4	0.032 9	0.036 2	0.039 3	0.036 5	0.040 5	0.050 4	0.052 9	0.054 3	0.054 7	0.054 8
3.0	0.004 6	0.009 2	0.013 5	0.017 6	0.021 4	0.024 9	0.028 0	0.030 7	0.027 0	0.030 3	0.041 9	0.044 9	0.046 9	0.047 4	0.047 6
5.0	0.001 8	0.003 6	0.005 4	0.007 1	0.008 8	0.010 8	0.012 0	0.013 5	0.010 8	0.012 3	0.021 4	0.024 8	0.028 3	0.029 3	0.030 1
7.0	0.000 9	0.001 9	0.002 8	0.003 8	0.004 7	0.005 6	0.006 4	0.007 3	0.005 6	0.006 6	0.012 4	0.015 2	0.018 6	0.020 4	0.021 2
10.0	0.000 5	0.000 9	0.001 4	0.001 9	0.002 3	0.002 8	0.003 3	0.003 7	0.002 8	0.003 2	0.006 6	0.008 4	0.011 1	0.012 8	0.013 9

3.5.4 圆形面积竖直均布荷载作用下的附加应力

假定圆形面积上作用有竖直均布荷载 p，荷载中心点 O 下任意深度 Z 处 M 点的附加应力如图 3-26 所示，可按如下方法计算。取荷载中心点 O 为圆心，在荷载面积内取任一微分面积 $dA = \rho d\theta d\rho$，将其上作用的集中力 $dP = pdA = p\rho d\theta d\rho$。利用式(3-66)可求出该集中力在中心点以下深度 Z 处 M 点的竖向附加应力 $d\sigma_z$：

$$d\sigma_z = \frac{3dP}{2\pi} \cdot \frac{Z^3}{R^5} = \frac{3pZ^3}{2\pi} \cdot \frac{\rho}{R^5}d\theta d\rho \qquad (3-80)$$

$$R = \sqrt{\rho^2 + Z^2} \qquad (3-81)$$

将式(3-80)沿圆形面积积分，即得圆形面积上均布荷载在中心点 O 下任意深度 Z 处的竖向附加应力 σ_z：

$$\sigma_z = \int_0^{2\pi} \int_0^r d\sigma_z = \sigma_z\left(p, \frac{r}{Z}\right) \qquad (3-82)$$

σ_z 为 p、r/Z 的函数，其中 r 为圆形面积荷载的半径。

为计算方便，可将式(3-82)写成

$$\sigma_z = K_0 p \qquad (3-83)$$

式中

K_0——圆形面积竖直均布荷载作用中心点下的应力分布系数，$K_0 = f\left(\dfrac{r}{Z}\right)$，可查表 3-6 得到。

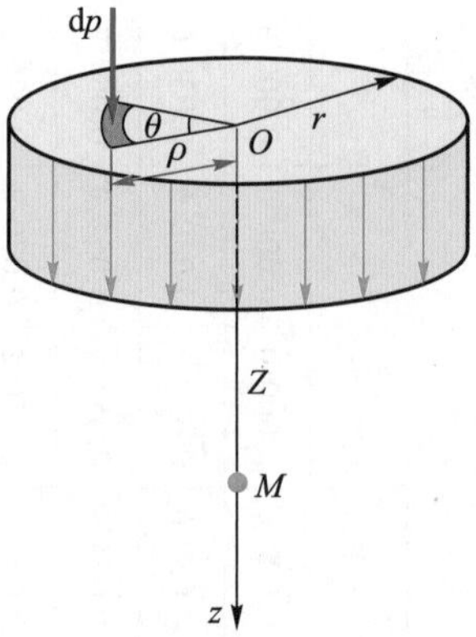

图 3-26 圆形面积竖直均布分布荷载作用下的附加应力计算

表 3-6　圆形面积竖直均布荷载作用中心点下竖向附加应力分布系数 K_0

Z/r	K_0	Z/r	K_0	Z/r	K_0
0.0	1.000	1.7	0.360	3.4	0.117
0.1	0.999	1.8	0.332	3.5	0.111
0.2	0.992	1.9	0.307	3.6	0.106
0.3	0.976	2.0	0.285	3.7	0.101
0.4	0.949	2.1	0.264	3.8	0.096
0.5	0.911	2.2	0.245	3.9	0.091
0.6	0.864	2.3	0.229	4.0	0.087
0.7	0.811	2.4	0.210	4.1	0.083
0.8	0.756	2.5	0.200	4.2	0.079
0.9	0.701	2.6	0.187	4.3	0.076
1.0	0.647	2.7	0.175	4.4	0.073
1.1	0.595	2.8	0.165	4.5	0.070
1.2	0.547	2.9	0.155	4.6	0.067
1.3	0.502	3.0	0.146	4.7	0.064
1.4	0.461	3.1	0.138	4.8	0.062
1.5	0.424	3.2	0.130	4.9	0.059
1.6	0.390	3.3	0.124	5.0	0.057

同理,圆形面积均布荷载作用下地基中任意一点的竖向附加应力 σ_z 可用下式计算:

$$\sigma_z = K_\tau p \tag{3-84}$$

式中

K_τ——圆形面积上均布荷载作用下地基中的附加应力分布系数,它是 $\dfrac{z}{r}$、$\dfrac{r_0}{r}$ 的函数,可查表 3-7 得到,r_0 为计算点至 z 轴的水平距离。

表 3-7　圆形面积竖直均布荷载作用下地基中的附加应力分布系数 K_τ 值

$\dfrac{z}{r}$	$\dfrac{r_0}{r}$									
	0.2	0.4	0.6	0.8	1.0	1.2	1.4	1.6	1.8	2.0
0.0	1.000	1.000	1.000	1.000	0.500	0.000	0.000	0.000	0.000	0.000
0.2	0.991	0.987	0.970	0.890	0.468	0.077	0.015	0.005	0.002	0.001
0.4	0.943	0.920	0.860	0.712	0.435	0.181	0.065	0.026	0.012	0.006
0.6	0.852	0.813	0.733	0.591	0.400	0.224	0.113	0.056	0.029	0.016
0.8	0.742	0.699	0.619	0.504	0.366	0.237	0.142	0.083	0.048	0.029
1.0	0.633	0.593	0.525	0.434	0.332	0.235	0.158	0.102	0.065	0.012
1.2	0.535	0.502	0.447	0.377	0.300	0.226	0.162	0.113	0.078	0.053
1.4	0.452	0.425	0.383	0.329	0.270	0.212	0.161	0.118	0.088	0.062
1.6	0.383	0.362	0.330	0.288	0.243	0.197	0.156	0.120	0.090	0.068
1.8	0.327	0.311	0.285	0.254	0.218	0.182	0.148	0.118	0.092	0.072
2.0	0.280	0.268	0.248	0.224	0.196	0.167	0.140	0.114	0.092	0.072
2.2	0.242	0.233	0.218	0.198	0.176	0.153	0.131	0.109	0.090	0.074
2.4	0.211	0.203	0.192	0.176	0.159	0.146	0.122	0.101	0.087	0.073
2.6	0.185	0.179	0.170	0.158	0.144	0.129	0.113	0.098	0.084	0.071
2.8	0.163	0.159	0.151	0.141	0.130	0.118	0.105	0.092	0.080	0.069
3.0	0.145	0.141	0.135	0.127	0.118	0.108	0.097	0.087	0.077	0.067
3.4	0.116	0.114	0.110	0.105	0.098	0.091	0.084	0.076	0.068	0.061
3.8	0.095	0.093	0.091	0.087	0.083	0.078	0.073	0.067	0.061	0.053
4.2	0.079	0.078	0.076	0.073	0.070	0.067	0.063	0.059	0.054	0.050
4.6	0.067	0.066	0.064	0.063	0.060	0.058	0.055	0.052	0.048	0.045
5.0	0.057	0.056	0.055	0.054	0.052	0.050	0.048	0.046	0.043	0.041
5.5	0.048	0.047	0.046	0.045	0.044	0.043	0.041	0.039	0.038	0.036
6.0	0.040	0.040	0.039	0.039	0.038	0.037	0.036	0.034	0.033	0.031

3.5.5　均布线性荷载作用下的附加应力

假设地表有一无限长直线,其上作用有竖向均布线荷载 p_0(图 3-27),那么该荷载在地基中任意点处产生的应力解析属于平面应力问题,只需计算应力分量 σ_z、σ_x 和 τ_{xz},下面只介绍 σ_z。

在线性分布荷载 p_0 上取微分长度 $\mathrm{d}y$,作用在上面的荷载 $p_0\mathrm{d}y$ 可看作一集中力,根据式 (3-66),地基内任意 M 点处附加应力为

$$\mathrm{d}\sigma_z = \frac{3\mathrm{d}P}{2\pi}\frac{z^3}{R^5} = \frac{3p_0Z^3}{2\pi R^5}\mathrm{d}y \tag{3-85}$$

将上式在整个直线范围内积分,可得 σ_z:

$$\sigma_z = \int_{-\infty}^{+\infty}\frac{3p_0Z^3\mathrm{d}y}{2\pi R^5} = \frac{2p_0Z^3}{\pi(x^2+Z^2)^2} \tag{3-86}$$

由于线性荷载在实际中并不存在,但它可看作条形面积在宽度趋于零时的特殊情况,对其进行积分就可推得在条形面积上作用不同分布荷载时,地基中的附加应力计算公式。

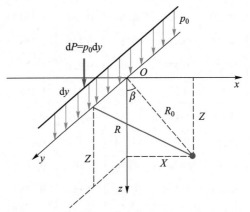

图 3-27　均布线性荷载作用下的附加应力计算

3.5.6　条形面积竖直均布荷载作用下的附加应力

宽度为 B 的条形面积位于地基表面,其上作用有竖直均布荷载 p(图 3-28)。沿条形荷载宽度方向上取微分宽度 $\mathrm{d}\xi$,将其上作用的荷载 $\mathrm{d}p = p\mathrm{d}\xi$ 视为线性分布荷载,则 $\mathrm{d}p$ 在 M 点引起的竖向附加应力 $\mathrm{d}\sigma_z$,按式(3-86)为

$$\mathrm{d}\sigma_z = \frac{2Z^3}{\pi[(X-\xi)^2+Z^2]^2}p\mathrm{d}\xi \tag{3-87}$$

将式(3-87)沿基础宽度 B 积分,可得条形荷载在 M 点引起的附加应力 σ_z 是 p、m、n 的函数,表达如下:

$$\sigma_z = \int_0^B\frac{2Z^3}{\pi[(X-\xi)^2+Z^2]^2}p\mathrm{d}\xi = \sigma_z(p,m,n) \tag{3-88}$$

其中，$m = \dfrac{X}{B}$，$n = \dfrac{Z}{B}$，B 为条形均布荷载的宽度。

为计算方便，可将式（3-88）写成

$$\sigma_z = K_z^s p \qquad\qquad (3-89)$$

同理，可得条形均布荷载在地基内引起的水平向应力 σ_x 和剪应力 τ_{xz} 如下

$$\sigma_x = K_x^s p \qquad\qquad (3-90)$$

$$\tau_{xz} = K_{xz}^s p \qquad\qquad (3-91)$$

K_z^s、K_x^s 和 K_{xz}^s 分别为条形面积受竖直均布荷载作用下的竖直应力分布系数、水平应力分布系数和剪应力分布系数，其值可按 m，n 查表 3-8 得到。

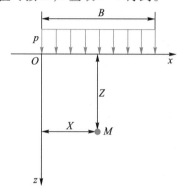

图 3-28　条形面积竖向均布荷载作用下的附加应力计算

表 3-8　条形面积受竖直均布荷载作用时的竖直附加应力分布系数、水平应力分布系数和剪应力分布系数

$m = \dfrac{X}{B}$		\multicolumn{9}{c}{$n = \dfrac{Z}{B}$}
		0.01	0.1	0.2	0.4	0.6	0.8	1.0	1.2	1.4	2.0
0	K_z^s	0.500	0.499	0.498	0.489	0.468	0.440	0.409	0.375	0.348	0.275
	K_x^s	0.494	0.437	0.376	0.269	0.188	0.130	0.091	0.067	0.047	0.020
	K_{xz}^s	−0.318	−0.315	−0.306	−0.274	−0.234	−0.194	−0.159	−0.131	−0.108	−0.064
0.25	K_z^s	0.999	0.988	0.936	0.797	0.679	0.586	0.511	0.450	0.401	0.298
	K_x^s	0.935	0.685	0.469	0.215	0.143	0.087	0.055	0.037	0.026	0.010
	K_{xz}^s	−0.001	−0.039	−0.103	−0.159	0.147	−0.121	−0.096	−0.078	−0.061	−0.034
0.5	K_z^s	0.999	0.997	0.978	0.881	0.756	0.642	0.549	0.478	0.420	0.306
	K_x^s	0.848	0.752	0.538	0.260	0.129	0.070	0.040	0.026	0.017	0.006
	K_{xz}^s	0.000	0.000	0.000	0.000	0.000	0.000	0.000	0.000	0.000	0.000
0.75	K_z^s	0.999	0.988	0.936	0.797	0.679	0.586	0.511	0.450	0.401	0.298
	K_x^s	0.935	0.685	0.469	0.215	0.143	0.087	0.055	0.037	0.026	0.010
	K_{xz}^s	0.001	0.039	0.103	0.159	0.147	0.121	0.096	0.078	0.061	0.034

续表

$n=\dfrac{Z}{B}$		$m=\dfrac{X}{B}$									
		0.01	0.1	0.2	0.4	0.6	0.8	1.0	1.2	1.4	2.0
1	K_z^s	0.500	0.499	0.498	0.489	0.468	0.440	0.409	0.375	0.348	0.275
	K_x^s	0.494	0.437	0.376	0.269	0.188	0.130	0.091	0.067	0.047	0.020
	K_{xz}^s	0.318	0.351	0.306	0.274	0.234	0.194	0.159	0.131	0.108	0.064
1.25	K_z^s	0.000	0.011	0.091	0.174	0.243	0.276	0.288	0.237	0.279	0.242
	K_x^s	0.021	0.180	0.270	0.274	0.221	0.169	0.127	0.096	0.073	0.035
	K_{xz}^s	0.001	0.042	0.116	0.199	0.212	0.197	0.175	0.153	0.132	0.085
−0.25	K_z^s	0.000	0.011	0.091	0.174	0.243	0.276	0.288	0.287	0.279	0.242
	K_x^s	0.021	0.180	0.270	0.274	0.221	0.169	0.127	0.096	0.073	0.035
	K_{xz}^s	−0.001	−0.042	−0.116	0.199	−0.212	−0.197	−0.175	−0.153	−0.132	−0.085
−0.5	K_z^s	0.001	0.002	0.011	0.056	0.111	0.155	0.186	0.202	0.210	0.205
	K_x^s	0.008	0.082	0.147	0.208	0.204	0.177	0.146	0.117	0.094	0.049
	K_{xz}^s	−0.0001	−0.001	−0.038	−0.103	−0.144	−0.158	−0.157	−0.147	−0.133	−0.096

　　条形面积上其他形式的分布荷载(常见有竖直三角形分布荷载、水平均布荷载和竖直梯形分布荷载)在地基任意点内引起的附加应力,同样可以利用应力叠加原理,通过积分求得,不再赘述。

3.5.7　水平力作用下的附加应力

1. 水平集中力作用下的附加应力计算——西罗提解

　　西罗提(Cerruti,1882)研究了作用于半无限弹性体表面的水平集中力 F_h,在弹性体内任意点 M 引起的附加应力问题,在图 3-29 坐标系中求解弹性理论解,得到竖向附加应力计算公式如下:

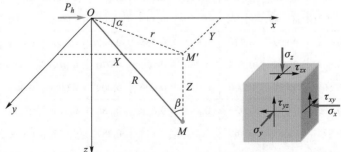

图 3-29　水平集中力作用下的附加应力计算

$$\sigma_z = \frac{3F_h}{2\pi} \frac{XZ^2}{R^5} \qquad\qquad (3-92)$$

相关符号意义同前。

2. 矩形面积水平均布荷载作用下的附加应力计算

对式(3-89)在矩形面积内进行积分，即可求得矩形面积上作用有水平均布荷载 p_h 时(图3-30)，其角点下任意深度 Z 处的附加应力 σ_z，简化后可用下式表示：

$$\sigma_z = \pm K_h p_h \qquad\qquad (3-93)$$

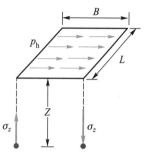

图 3-30 矩形面积作用水平均布荷载作用时角点下附加应力计算

式中，应力分布系数 $K_h = \dfrac{1}{2\pi}\left[\dfrac{m}{\sqrt{m^2+n^2}} - \dfrac{mn^2}{(1+n^2)\sqrt{1+m^2+n^2}}\right]$ 是

$m = \dfrac{L}{B}$ 和 $n = \dfrac{Z}{B}$ 的函数，可查表3-9得到。B 是平行于水平荷载作用方向的边长，L 是垂直于水平荷载作用方向的边长。在地表下同一深度 Z 处，水平均布荷载作用下矩形面积4个角点下的附加应力 σ_z 绝对值相同，但应力符号有正负之分，如图3-30所示，σ_z 向上为负值，σ_z 向下取正值。

对矩形面积内、外任意点的附加应力 σ_z，同样可利用角点法和应力叠加原理计算得到。

表 3-9 矩形面积受水平均布荷载作用时角点下的应力分布系数 K_h

$n = \dfrac{Z}{B}$	$m = \dfrac{L}{B}$										
	1.0	1.2	1.4	1.6	1.8	2.0	3.0	4.0	6.0	8.0	10.0
0.0	0.159 2	0.159 2	0.159 2	0.159 2	0.159 2	0.159 2	0.159 2	0.159 2	0.159 2	0.159 2	0.159 2
0.2	0.151 8	0.152 3	0.152 6	0.152 8	0.152 9	0.152 9	0.153 0	0.153 0	0.153 0	0.153 0	0.153 0
0.4	0.132 8	0.134 7	0.135 6	0.136 2	0.136 5	0.136 7	0.137 1	0.137 2	0.137 2	0.137 2	0.137 2
0.6	0.109 1	0.112 1	0.113 9	0.115 0	0.115 6	0.116 0	0.116 8	0.116 9	0.117 0	0.117 0	0.117 0
0.8	0.086 1	0.090 0	0.092 4	0.093 9	0.094 8	0.095 5	0.096 7	0.096 9	0.097 0	0.097 0	0.097 0
1.0	0.066 6	0.070 8	0.073 5	0.075 3	0.076 6	0.077 4	0.079 0	0.079 4	0.079 5	0.079 6	0.079 6
1.2	0.051 2	0.055 3	0.058 2	0.060 1	0.061 5	0.062 4	0.064 5	0.065 0	0.065 2	0.065 2	0.065 2
1.4	0.039 5	0.043 3	0.046 0	0.048 0	0.049 4	0.050 5	0.052 8	0.053 4	0.053 7	0.053 7	0.053 8
1.6	0.030 8	0.034 1	0.036 6	0.038 5	0.040 0	0.041 0	0.043 6	0.044 3	0.044 6	0.044 7	0.044 7
1.8	0.024 2	0.027 0	0.029 3	0.031 1	0.032 5	0.033 6	0.036 2	0.037 0	0.037 4	0.037 5	0.037 5
2.0	0.019 2	0.021 7	0.023 7	0.025 3	0.026 6	0.027 7	0.030 3	0.031 2	0.031 7	0.031 8	0.031 8
2.5	0.011 3	0.013 0	0.014 5	0.015 7	0.016 7	0.017 6	0.020 2	0.021 1	0.021 7	0.021 9	0.021 9
3.0	0.007 0	0.008 3	0.009 3	0.010 2	0.011 0	0.011 7	0.014 0	0.015 0	0.015 6	0.015 8	0.015 9
5.0	0.001 8	0.002 1	0.002 4	0.002 7	0.003 0	0.003 2	0.004 3	0.005 0	0.005 7	0.005 9	0.006 0
7.0	0.000 7	0.000 8	0.000 9	0.001 0	0.001 2	0.001 3	0.001 8	0.002 2	0.002 7	0.002 9	0.003 0
10.0	0.000 2	0.000 3	0.000 3	0.000 4	0.000 4	0.000 5	0.000 7	0.000 8	0.001 1	0.001 3	0.001 4

3.5.8　影响土中应力分布的因素

地基中附加应力的计算,都是在假设土体均质、各向同性,且土体是线弹性体的条件下推导出来的。然而,土体是弹塑性材料,非均质和各向异性对土中应力分布的影响不容忽视。

1. 非线性和弹塑性

土体是非线性材料,非线性对水平应力的影响大于对竖直应力的影响。研究发现,非线性对应力分布影响一般不是很大。

2. 非均质–层状地基

（1）上层软弱,下层坚硬的层状地基

假设在层状地基中,上层土压缩模量为 E_1,下层土压缩模量为 E_2,地表作用有宽度为 B 的条形荷载,当 $E_2>E_1$ 时,地基土中附加应力分布如图 3-31 中的实线。中轴线附近的 σ_z 比均质时明显增大,出现应力集中的现象;应力集中程度与土层刚度和厚度有关;假设 H 为土层厚度,B 为基础宽度,则随着 H/B 增大,应力集中现象逐渐减弱。

（2）上层坚硬,下层软弱的层状地基

在层状地基中,上层土压缩模量为 E_1,下层土压缩模量为 E_2,地表作用有宽度为 B 的条形荷载,当 $E_2<E_1$ 时,地基土中附加应力分布如图 3-32 中的实线。中轴线附近 σ_z 比均质时明显减小,出现应力扩散现象;同样,应力扩散程度与土层刚度和厚度有关;且随着 H/B 的增大,应力扩散现象逐渐减弱。

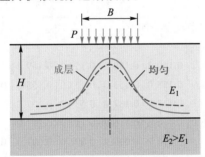　　　　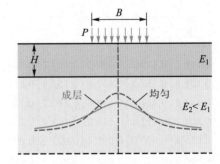

图 3-31　上软下硬层状地基中的应力集中　　　图 3-32　上硬下软层状地基中的应力扩散

例题 3-3

某相邻甲、乙基础如图 3-33 所示,试计算甲基础中点 O 及角点 m 下,深度 2 m 处的附加应力。

【解答】

（1）计算 O 点下,深度 2 m 处的附加应力

O 点在甲基础 $abcm$ 内,可将其分为相等的四个小正方形,对于正方形 $Odmi$,$L/B=1$,$z/B=2$,附加应力系数 $K_1=0.084$,则正方形 $abcm$ 对 O 点下附加应力:

$$\sigma_{z1} = 4K_1 p_{01} = 4\times0.084\times200 \text{ kPa} = 67.2 \text{ kPa}$$

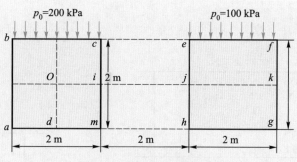

图 3-33　甲、乙基础示意图

O 点在乙基础 $efgh$ 外,可按两倍 $Odgk-Odhj$ 计算,对 $Odgk$,$L/B=5$,$z/B=2$,附加应力系数 $K_2=0.136$;对 $Odhj$,$L/B=3$,$z/B=2$,附加应力系数 $K_3=0.131$,所以正方形 $efgh$ 对 O 点下附加应力:

$$\sigma_{z2}=2(K_2-K_3)p_{02}=2\times(0.136-0.131)\times100\ \text{kPa}=1\ \text{kPa}$$

因此,O 点下,深度 2 m 处的附加应力 $\sigma_z=\sigma_{z1}+\sigma_{z2}=(67.2+1)\ \text{kPa}=68.2\ \text{kPa}$

(2) 计算 m 点下,深度 2 m 处的附加应力

m 点在甲基础 $abcm$ 的角点下,$L/B=1$,$Z/B=1$,附加应力系数 $K_1=0.175$,正方形 $abcm$ 对 m 点下附加应力:

$$\sigma_{z1}=K_1p_{01}=0.175\times200\ \text{kPa}=35\ \text{kPa}$$

m 点在乙基础 $efgh$ 外,可按 $cmgf-cmhe$ 计算,对 $cmgf$,$L/B=2$,$Z/B=1$,附加应力系数 $K_2=0.200$;对 $cmhe$,$L/B=1$,$Z/B=1$,附加应力系数 $K_3=0.175$,所以正方形 $efgh$ 对 m 点下附加应力:

$$\sigma_{z2}=(K_2-K_3)p_{02}=(0.200-0.175)\times100\ \text{kPa}=2.5\ \text{kPa}$$

因此,m 点下,深度 2 m 处的附加应力 $\sigma_z=\sigma_{z1}+\sigma_{z2}=(35+2.5)\ \text{kPa}=37.5\ \text{kPa}$

注意:计算中要区分是中点还是角点,中点的要将其划分成角点后再利用叠加原理进行计算,角点下的直接按照叠加原理进行计算即可。L/B、Z/B 中,L 取值为每个矩形的恒长边,B 取值为恒短边。

思考和习题

3-1　基底压力分布的影响因素有哪些?如何对其进行简化处理?

3-2　如何计算基底压力和基底附加压力?两者概念上有何不同?

3-3　简述柔性基础和刚性基础的定义,并说出两种基础的基底压力分布有何不同。

3-4　某建筑场地的土层分布和土的性质指标如图 3-34 所示,试计算地面下 2.5 m,5 m 和 9 m 深度处的自重应力。

3-5 如图 3-35 所示基础,已知基础底面宽度为 $b = 4$ m,长度为 $l = 10$ m,作用在基础底面中心处的竖直荷载为 $F = 3\ 600$ kN,弯矩为 $M = 2\ 800$ kN·m,试计算基础底面压力最大值。

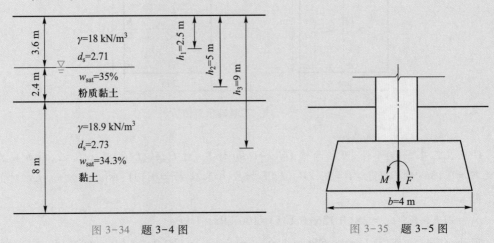

图 3-34 题 3-4 图　　　　　　图 3-35 题 3-5 图

3-6 某矩形基础的底面尺寸为 4 m×2.4 m,设计地面下埋深为 1.2 m (高于天然地面 0.2 m),如图 3-36 所示。上部结构传至地面的荷载为 1 200 kN,基底标高处原有土的加权平均重度为 18 kN/m³。试求基底水平面 1 点和 2 点下各 3.6m 深度处 A_1 点及 A_2 点处的地基附加应力 σ_z 值。(在基础埋深范围内,基础材料和回填土的平均重度取 20 kN/m³。)

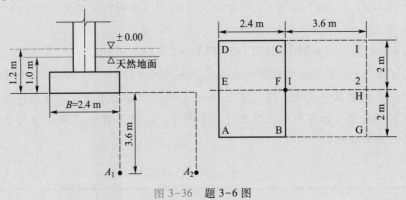

图 3-36 题 3-6 图

3-7 现有均布荷载 $p = 200$ kPa,荷载面积为 2 m×1 m,如图 3-37 所示,求荷载面积上和面积外点 A, E, O, F 和 G 等各点下 $z = 1$ m 深度处的附加应力,并结合计算结果分析附加应力扩散规律。

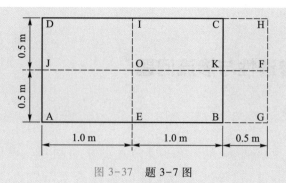

图 3-37 题 3-7 图

第 3 章习题答案

第 4 章

土的渗透性与渗流问题

> **导读**:本章讲述土中水的流动以及渗流涉及的主要问题,包括土的渗透性和渗透定律、二维渗流和流网、渗透变形及渗流控制等方面的内容。

通过前面 3 章介绍的土力学的基本概念、发展历程和准备知识,我们认识到土是一种多孔、多相、松散的介质,其孔隙在空间上互相连通,水则填充于孔隙之中。可想而知,当土中不同位置存在水位差时,土中的水就会在势差的作用下,透过土体从高处向低处流动。从水的角度来说,水从土体孔隙中透过的现象,称为渗透。从土的角度来说,土体具有被水透过的性质,称为土的渗透性或透水性。二者结合,水在土孔隙中的流动称为土中的渗流。本章主要介绍饱和土的渗透性与渗流问题。

> **延伸阅读**:渗流问题的研究对象除土层外,还包括各种水工建筑物;流体除水之外,还有石油和各种污染物等。此外,严格地说孔隙中的水通常不是纯水。本书从土力学的角度研究土层,将其中的流体统称为"水"。

土的渗流通常要考察如下 3 个问题。

(1) 渗流量问题。渗流量问题主要包括基坑涌水量、水井供水量、土石坝和沟渠渗水量的计算等,如图 4-1(a)和图 4-1(b)所示。

(2) 渗透变形问题。当水在土孔隙中运移时,会对土骨架产生一定的渗透力。渗透力可能造成土工建筑物及地基的变形和破坏,产生地面隆起、流土及管涌等现象;土坡中的渗流还会导致边坡失稳,如图 4-1(b)所示。

(3) 渗流控制问题。当渗流量和渗透变形不能满足工程设计要求时,就要采取各种工程措施来加以控制,如对流土、管涌的控制设计等。

§4.1 土中的渗流

4.1.1 渗流速度

若要定量描述水在土中的渗流速度,需要在垂直于渗流方向上取一个土体断面作为参照系,称之为过水断面,假设其面积为 A;然后,考察一定时间 t 内流经该过水断面的水量,即水的体积 Q。于是,渗流速度 v 定义为

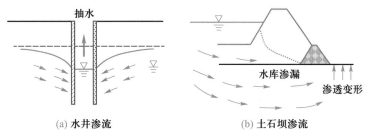

(a) 水井渗流   (b) 土石坝渗流

图 4-1   渗流相关工程问题

$$v = \frac{Q}{A \cdot t} \tag{4-1}$$

分析式(4-1)的量纲发现,渗流速度的单位是 m/s,与物体运动速度的单位一致。

在实际工程中,经常需要考察特定过水断面上的渗流,比如渠道截面,其断面面积 A 是给定的,这时候只需要考察单位时间内的水流量,即

$$q = \frac{Q}{t} \tag{4-2}$$

q 称作流量,单位是 m^3/s。根据式(4-1)和式(4-2),可知 $q = vA$。可见,流量 q 中已经考虑了过水断面的面积。

> **延伸阅读**:土力学中考察水的渗流速度,不是从某个水分子入手研究其单位时间的移动距离,而是考察单位时间流经某断面的水的体积(许多水分子的集合)。因此,渗流速度是与流量紧密相关的。人们常说"某条河的流量大",这个流量是指式(4-2)中的 q。这时,河床的几何尺寸 A 给定,"流量大"就是指单位时间的过水量 Q 多,也就是流速快的含义。当我们说一条河"水流湍急"的时候,实际上已经隐含了过水断面的概念,就是河床的几何尺寸;我们一般不说一条小溪水流湍急,因为它断面小,水流再快过水量也不会很大。

需要注意的是,前文定义的过水断面为土体断面,包含孔隙和土颗粒。由于水只能在孔隙中流动,遇到土颗粒就会绕开,所以实际土体中真正能够过水的断面比前文定义的过水断面要小。在渗流量一定的情况下,式(4-1)所定义的渗流速度实际上是一个土层断面的平均速度,而水在孔隙中的真实运动速度要比这个流速大。

下面进行简单的分析证明。如图 4-2 所示,取土的过水断面面积为 A,其中孔隙面积为 A_v,孔隙度为 n。如果土体全断面的平均渗流速度为 v,而水在孔隙内的实际平均流动速度为 v_v,于是有

$$q = vA = v_v A_v \tag{4-3}$$

因此

$$v_v = v \frac{A}{A_v} \tag{4-4}$$

假设土的孔隙在土层厚度方向分布均匀,则可以任取一个剖面进行考察,其孔隙度

$$n = \frac{A_\mathrm{v}}{A} \qquad\qquad (4-5)$$

因此有

$$v_\mathrm{v} = \frac{v}{n} \qquad\qquad (4-6)$$

由于 $n < 1$，所以

$$v < v_\mathrm{v} \qquad\qquad (4-7)$$

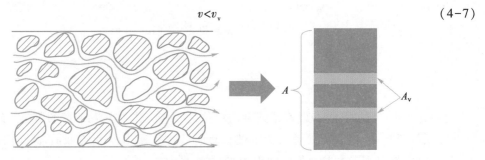

图 4-2 土的渗流速度和水在孔隙中的真实流速

4.1.2 能量差

现在考虑一个根本的问题,水为什么会在土中流动? 答案是,因为有势差,即能量差。因此,要描述水的流动,从能量差入手是必要的。俗话说,"水往低处流",这是说水的流动与水位高低有关。下面用水头差来表示水位的高低,以衡量两个位置之间的能量差。在图 4-3 中,确定了基准面 0—0,可以做出如下定义。

位置水头:为考察 A、B 两点到基准面的竖直距离,代表单位重量的液体从基准面算起所具有的位置势能(z_A, z_B)。

压力水头:为水压力所引起水面自由上升的高度,表示单位重量液体所具有的压力势能($h_A = u_A/\gamma_\mathrm{w}, h_B = u_B/\gamma_\mathrm{w}$)。

测管水头:为测管水面到基准面的垂直距离,等于位置水头和压力水头之和,表示单位重量液体的总势能($z_A + u_A/\gamma_\mathrm{w}, z_B + u_B/\gamma_\mathrm{w}$)。

对于图 4-3 描述的静水情况可以看出 $z_A + u_A/\gamma_\mathrm{w} = z_B + u_B/\gamma_\mathrm{w}$,即在静止液体中测管水头处处相等,此结论有助于对后面知识的理解。

那么,水能不能往高处流呢? 答案是:可能的。因为能量的大小不仅仅由位置势能高低决定,如图 4-4 所示,水管还有压力,且水离开管道有动能,因此低处的水能量大,所以它可以往高处流。从机械能的角度,压力和速度与前述所考察的水头是相同的,下面尝试将它们均用水头来表示。

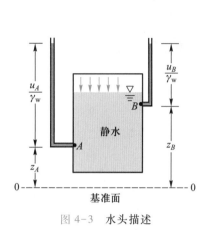

图 4-3 水头描述

图 4-4 水往高处"走"

取水管里某一质点,其质量、压力和流速分别为 m、u 和 v,定义基准面 0—0,如图 4-5 所示。则有

位置势能:mgz

压力势能:mgu/γ_w

动能:$mv^2/2$

总能量为三者之和,即

$$E = mgz + mg\frac{u}{\gamma_w} + \frac{1}{2}mv^2 \tag{4-8}$$

式(4-8)两边分别除以 mg,即得单位重量所携带的能量,表示为

$$h = z + \frac{u}{\gamma_w} + \frac{v^2}{2g} \tag{4-9}$$

式中

h——总水头(m),表示该点单位重量液体所具有的总机械能;

z——相对于基准面的高度,代表单位重量液体所具有的位势,为位置水头(m);

$\dfrac{u}{\gamma_w}$——压力水头(m),表示孔隙水压力导致的单位重量水的位置势能;

$\dfrac{v^2}{2g}$——速度水头(m),表示单位质量液体所具有的动能;

v——断面平均渗流速度(m/s);

g——重力加速度(m/s^2);

u——孔隙水压力(kPa);

γ_w——水的重度(kN/m^3)。

式(4-9)就是著名的伯努利方程(Bernoulli,1738)。该方程将位置、压力和动能都"折算"成了水头,即单位重量的水所具有的总能量。只要两个点总水头不同,就会有能量差,水就会由"水头高处"向"水头低处"流动。

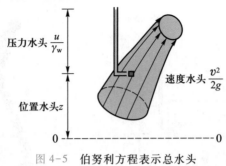

图 4-5　伯努利方程表示总水头

考虑到水在土中渗流时受到土骨架的阻力作用,渗流速度通常很小,所产生的速度水头与位置水头或压力水头相比差几个数量级。因此,在土力学中常忽略速度水头,式(4-9)可简化为

$$h = z + \frac{u}{\gamma_w} \tag{4-10}$$

式(4-10)中位置水头与压力水头之和($z + u/\gamma_w$)就是前文所定义的测管水头,表示单位质量液体所具有的总势能。可以用测管水头来考察 A、B 两点的能量差,如图 4-6 所示。

$$\Delta h = h_A - h_B = \left(\frac{u_A}{\gamma_w} + z_A\right) - \left(\frac{u_B}{\gamma_w} + z_B\right) \tag{4-11}$$

式(4-11)中 Δh 是点 A 与点 B 之间的水头差,也称作水从 A 点流到 B 点的水头损失。水头差和水头损失的量值和数学表达相同,指代的物理含义略有不同。

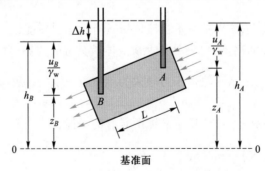

图 4-6　水头差与水力梯度

4.1.3　水力梯度

水头差作为能量差,对水在土中的流动固然不可或缺,但驱使水在土中渗流真正有意义

的,则是单位流程上的水头差;换句话说,在相同情况下,能不能流动看前者,流动快慢则要看后者。在土力学中用单位渗流路径长度上的水头差来衡量水流快慢,称作水力梯度。

$$i = \frac{\Delta h}{L} \tag{4-12}$$

式中

i——水力梯度;

Δh——水头差(m);

L——渗流路径长度(m)。

延伸阅读:由前述可见,式(4-12)也具有能量梯度的含义,对于运动来讲,能量大小固然重要,但能量梯度才具有决定性意义。试想一个通俗的例子,如果一股水流从珠穆朗玛峰流到我国东部某一地方,我们可能不需要太重视;但是如果它流到喜马拉雅山底,就需要警惕——因为它的水力梯度很大,流速可能会很大。

通常将促使水渗流的水头差称为驱动水头,将水力梯度称为促使水渗流的驱动力。

§4.2 土的渗透定律

4.2.1 达西定律

1. 渗透试验与渗流规律

为了研究水在土中的运动规律,法国工程师达西(1856)利用图 4-7 所示的试验装置对均匀砂土进行了大量渗透试验,得到土中水的渗流速度与水头损失之间的定量关系。

达西渗透试验装置的主要部分是一个上端开口的直立圆筒,下部放碎石,碎石上放一块多孔滤板 c,滤板上面放置颗粒均匀的土样,其断面面积为 A,长度为 L。筒的侧壁装有两支测压管,分别设置在土样上下两端的过水断面 1、2 处。汇水由上端进水管 a 注入圆筒,并通过溢水管 b 保持筒内水位恒定。水渗流透过土样后,从装有控制阀门 d 的弯管流入容器中,可以测得其体积 V。

如果筒的上部水面保持恒定,通过砂土的渗流是恒定流,即测压管中的水面将保持不变。在图 4-7 中取 0—0 为基准面,h_1、h_2 分别为 1、2 断面处的测管水头;$\Delta h = h_1 - h_2$,为经过砂样渗流长度 L 后的水头损失,根据以上设置,在试验过程中 Δh 保持不变,即具有常水头差。

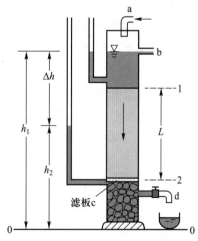

图 4-7 达西渗透试验装置

达西试验采用了不同尺寸的圆筒、不同类型和长度的土样进行试验,在单位时间内,水从砂土中流过的渗流量 q 与过水断面面积 A 和水头损失 Δh 成正比,与土体在测压管间的距离,即土柱高度,也是渗流长度 L 成反比,即

$$q = \frac{Q}{t} = k\frac{\Delta h}{L}A = kAi \tag{4-13}$$

或者表示为

$$v = \frac{Q}{At} = \frac{q}{A} = ki \tag{4-14}$$

式中

q——单位时间土样的渗流量(cm^3/s);

v——渗流速度(cm/s,速度的国际单位为 m/s,但由于水在土中的渗流速度很小,所以常用 cm/s,或 m/d,在实际计算过程中注意单位的统一);

k——反映土透水能力的比例系数,称为土的渗透系数。它相当于水力梯度 $i=1$ 时的渗流速度,故其量纲与渗流速度相同。

式(4-13)或式(4-14)即为水在土中的渗透规律,由达西首先发现,称作达西定律。达西定律表明在层流状态的渗流中,渗透速度 v 与水力梯度 i 成正比,并与土的性质有关。

例题 4-1

某渗透试验装置如图 4-8 所示,砂样 I 渗透系数 k_1 为 3×10^{-1} cm/s;砂样 II 的渗透系数 k_2 为 2×10^{-1} cm/s;砂样断面面积 $A = 300$ cm^2。(1)若在砂样 I 与 II 分界面处安装一根测压管,测压管中水面将升至右端水面以上多高?(2)渗透流量 q 是多少?

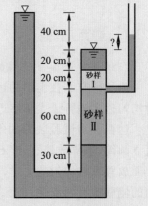

图 4-8 渗透试验装置

【解答】

(1)渗流流经砂样 II 和砂样 I 后总水头损失 $\Delta h = 40$ cm。假设砂样 I 和砂样 II 各自的水头损失分别为 Δh_1 和 Δh_2,则

$$\Delta h_1 + \Delta h_2 = \Delta h = 40 \text{ cm} \qquad ①$$

根据渗流连续原理,流经两砂样的渗流速度相等,即 $v_1 = v_2$。根据达西定律,$v = ki$,则

$$k_1 i_1 = k_2 i_2$$

$$k_1\frac{\Delta h_1}{L_1} = k_2\frac{\Delta h_2}{L_2}$$

将 $k_1 = 3\times10^{-1}$ cm/s,$k_2 = 2\times10^{-1}$ cm/s,$L_1 = 20$ cm,$L_2 = 60$ cm 代入得:

$$9\Delta h_1 = 2\Delta h_2 \qquad ②$$

将式①和式②联立得:$\Delta h_1 = 7.273$ cm,$\Delta h_2 = 32.727$ cm

因此,测压管中水面将升至右端水面以上 7.273 m。

（2）渗流量 q

$$q = kiA = k_1 \frac{\Delta h_1}{L_1} A = 3 \times 10^{-1} \times \frac{7.273}{20} \times 300 \text{ cm}^3/\text{s} = 32.729 \text{ cm}^3/\text{s}。$$

思考辨析：针对例题 4-1 考虑两个问题

（1）如果在砂样 Ⅱ 底部设一测压管，其水位在哪里？答：与左侧容器的水头相同。

（2）流经不同土层的同一断面上流速相同，流量相同，不同的是什么？答：不同土层的渗透系数不同，造成的水头损失不同。

2. 达西定律的适用条件

达西定律描述的是层流状态下的渗流规律，渗流速度与水力梯度成正比的关系是在这种特定水力条件下的试验结果。随着渗流速度的增加，这种线性关系将不复存在。一般岩土工程问题中的渗流多属于层流范围或者近似层流，达西定律均可适用；但是水在土中形成层流，或者渗流服从达西定律是有一定条件的，对于粗粒土中渗流速度大的情况，或者硬黏土中渗流速度很小的情况，则需要谨慎对待。下面讨论达西定律的适用范围。

延伸阅读：水在土中运动的速度很小时，其产生的惯性力远远小于液体黏滞性所产生的摩擦阻力。如果黏滞力占显著优势，水的运动是层流，渗流服从达西定律；当水运动的速度大到一定程度，惯性力占优势时，达西定律将不再适用。

首先讨论达西定律在粗粒土中的适用性。水在粗颗粒土中渗流时，随着渗流速度增加，其运动状态可以分成以下 3 种情况（图 4-9）。

（1）水流速度很小，黏滞力占优势时，雷诺数 Re 小于 10，水的流动状态为层流，达西定律适用。雷诺数用下式表示

$$Re = \frac{v \cdot d_{10}}{\eta} \tag{4-15}$$

式中

Re——雷诺数，是一个用以判别黏性流体流动状态的无因次量；

d_{10}——粒径分布曲线上的有效粒径，第 2 章曾经讲到，这个特征粒径与土的渗透性有关，请参考相关内容；

η——流体的黏滞系数（kg/ms），与流体的温度和浓度等因素有关。

（2）水流速度较大，水的流动状态从层流向湍流过渡，这时雷诺数 Re 在 10~100 之间，达西定律不再适用，但是可以改造使用，即

$$v > v_{\text{cr}}, v = ki^m (m < 1) \tag{4-16}$$

这说明，当渗流速度大于某一临界流速 v_{cr} 时，流速不再与水力梯度成正比，而是呈现指数小于 1 的非线性关系，这一临界流速 $v_{\text{cr}} = 0.3 \sim 0.5$ cm/s，粗粒土中达西定律的适用范围如图 4-9 所示。

（3）随着雷诺数 Re 的增大，水流进入湍流状态，达西定律完全不适用。

综上所述,达西定律在粗粒土中的适用性可以总结为

> $Re<10$:适用
> $10<Re<100$:过渡区,可以改造使用
> $Re>100$:完全不适用

其次讨论达西定律在细粒土中的适用性。在细粒土如黏性土中,由于土颗粒周围存在结合水膜而对水流的阻力增大,水在黏性土中渗流时需要克服结合水膜的阻力,只有当水力梯度达到一定水平后渗流才能发生,这一水力梯度称为起始水力梯度 i_0,即在黏性土中存在一个达西定律有效范围的下限(图 4-10)。此时,达西定律可修改为

$$v = k(i - i_0) \tag{4-17}$$

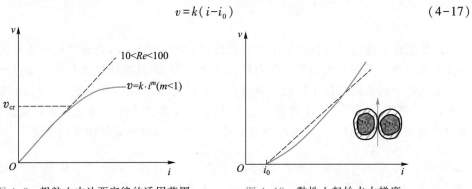

图 4-9　粗粒土中达西定律的适用范围　　　图 4-10　黏性土起始水力梯度

延伸阅读:达西定律是关于渗流的重要理论,国际学术界广泛认同其重要科学价值,并在此基础上建立和发展了渗流力学。然而,由于土的复杂性,该理论在土中的适用条件对岩土工程实践和研究也有重要意义。

4.2.2　渗透系数的测定

达西定律为我们提供了水在土层中渗流的规律,形式简单,物理含义明确,即渗流的速度与水力梯度和渗透系数成正比。渗透系数是达西定律中反映土渗透性的定量指标,是渗流计算时必须用到的一个基本参数,确定的方法主要有经验估算法、室内试验测定法及现场试验测定法等。

1. 经验估算法

对于砂性土,太沙基建议其渗透系数 k 可由如下经验公式进行估算:

$$k = 2d_{10}^2 e^2 \tag{4-18}$$

式中

d_{10}——有效粒径(mm);

e——土的孔隙比。

常见土的渗透系数参考值如表 4-1 所示。

表 4-1　常见土的渗透系数参考值

土类	$k/(\mathrm{cm \cdot s^{-1}})$	土类	$k/(\mathrm{cm \cdot s^{-1}})$
黏土	$< 1.2 \times 10^{-6}$	中砂	$6.0 \times 10^{-3} \sim 2.4 \times 10^{-2}$
粉质黏土	$1.2 \times 10^{-6} \sim 6.0 \times 10^{-5}$	粗砂	$2.4 \times 10^{-3} \sim 6.0 \times 10^{-2}$
粉土	$6.0 \times 10^{-5} \sim 6.0 \times 10^{-4}$	砾砂、砾石	$6.0 \times 10^{-3} \sim 1.2 \times 10^{-1}$
粉砂	$6.0 \times 10^{-4} \sim 1.2 \times 10^{-3}$	卵石	$1.2 \times 10^{-1} \sim 6.0 \times 10^{-1}$
细砂	$1.2 \times 10^{-3} \sim 6.0 \times 10^{-3}$	漂石	$6.0 \times 10^{-1} \sim 1.2 \times 10^{0}$

> **延伸阅读**:由于土的渗透系数变化范围很大,从粗砾到黏土可能跨越多个数量级,在使用式(4-18)的时候需要注意。式(4-18)中用到了有效粒径 d_{10},这里再次提醒读者注意该粒径与渗透性的密切关系。

2. 室内试验测定法

室内试验测定土体渗透系数的仪器和方法较多,根据试验原理不同,基本可以归结为常水头法和变水头法两类。

（1）常水头法

常水头法在整个试验过程中水头保持不变。达西的渗透试验所采用的就是常水头法,如图 4-8 所示。相关参数包括土样高度 L、横截面面积 A、恒定的水头差 Δh。

试验过程中只需要测得一定时间 t 内流经试样的水量 Q,已知

$$Q = vAt \tag{4-19}$$

根据达西定律

$$v = ki = k\frac{\Delta h}{L} \tag{4-20}$$

将式(4-20)代入式(4-19),整理得

$$k = \frac{QL}{\Delta h A t} \tag{4-21}$$

常水头法适用于渗透性较强的粗粒土。

（2）变水头法

对于细粒土如黏性土来说,由于其渗透性弱,渗水量通常也较小。基于渗水量的常水头试验很难准确测定其渗透系数,这类土的渗透系数可采用变水头试验来测定。

变水头法在试验过程中水头差随时间持续变化,试验装置如图 4-11 所示。水流从一根带有刻度的 U 形管中流入土样并通过溢水口流出,装土样容器内的水位保持不变,而 U 形管内的水位逐渐下降,水头差不断发生变化。

试验中已知土样的高度 L 和截面面积 A,测管截面面积为 a,其他参数见图 4-11,试验过程中渗流水头差随试验时间的增加而减小。

在时段 $\mathrm{d}t$ 内流经试样的渗水量又可表示为

$$dQ = k\frac{h}{L}A dt \tag{4-22}$$

假设时段 dt 对应的水头变化为 $-dh$（负号表示降低），根据渗流连续性原理，流过土样的渗水量与细管流水量相等，则

$$-a dh = k\frac{h}{L}A dt \tag{4-23}$$

因此

$$dt = -\frac{aL}{kA} \cdot \frac{dh}{h} \tag{4-24}$$

将式（4-24）两边积分

$$\int_{t_1}^{t_2} dt = -\int_{h_1}^{h_2} \frac{aL}{kA} \cdot \frac{dh}{h} \tag{4-25}$$

代入时间 t_1、t_2 及其所对应的水头高度 h_1、h_2，即可得到土的渗透系数

$$k = \frac{aL}{A(t_2-t_1)}\ln\frac{h_1}{h_2} \tag{4-26}$$

如用常用对数表示，则式（4-26）可写成

$$k = \frac{2.3aL}{A(t_2-t_1)}\lg\frac{h_1}{h_2} \tag{4-27}$$

式（4-27）中的 a、L、A 为已知，试验中只要测量与时刻 t_1、t_2 对应的水位 h_1、h_2，就可求出渗透系数。

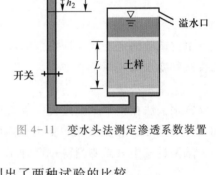

图 4-11　变水头法测定渗透系数装置

变水头法适用于渗透性较弱的细粒土。表 4-2 列出了两种试验的比较。

> **思考辨析**：为什么常水头法适用于渗透性较强的砂土，而不适用于渗透性较弱的黏性土？因为常水头法需要测定流出水量，对于黏性土来讲，一定时间渗出的水量很小，测得可观的水量耗时较长；更重要的是，渗出的水量较小，蒸发作用就会有明显影响，加上量筒的弯液面导致读数失真，使得测得的水量误差太大。于是，人们改用变水头法试验，在较细的测管中观测水头的变化就方便准确得多。进一步思考，为什么粗粒土不适用于变水头法试验？

表 4-2　常水头法与变水头法试验对比

比较项	常水头法试验	变水头法试验
条件	Δh 恒定	h 变化
已知	$\Delta h, A, L$	a, A, L
测定量	Q, t	$t_1, h_1; t_2, h_2$
算定量	$k = \dfrac{QL}{\Delta hAt}$	$k = \dfrac{aL}{A(t_2-t_1)}\ln\dfrac{h_1}{h_2}$
取值	重复试验，取均值	不同时段试验，取均值
适用土类	粗粒土	细粒土

室内试验测定渗透系数的优点是设备简单、经济，因此，在工程中得到普遍应用。但是，与土的其他物理力学参数相似，土的渗透性与其结构和构造关系密切。一方面，取土样时会不可避免地造成土的结构扰动，改变其渗透性；另一方面，土层构造的不同，导致现场的渗透性很难用一个土样在室内反映出来。因此，必要时可直接进行大型现场渗透试验。

3. 现场试验测定法

井孔抽水试验法或井孔注水试验法是进行现场渗透系数值测定常用的方法。以井孔抽水试验为例，如图 4-12 所示，首先在现场打一口试验井，贯穿要测定 k 值的土层，并在距试验井不同距离处设置一个或两个观测孔，然后自试验井内以不变的速率连续抽水。抽水造成井周围地下水位逐渐下降，形成一个以试验井为轴心的降落漏斗状的地下水面。测量试验井并观测孔中的稳定水位，画出测压管水位变化图，从而得到水头差形成的水力梯度，即水流向井内的驱动力。假定水流是水平方向的，则流向水井的渗流过水断面应是一系列的同心圆柱面。待出水量和井中的动水位稳定，若测得的抽水量为 q，观测孔距试验井轴线的距离分别为 r_1、r_2，孔内的水位高度分别为 h_1、h_2，通过达西定律即可求出土层的平均 k 值，推导过程此处不再详述。

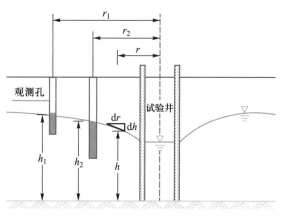

图 4-12　井孔抽水试验法测定渗透系数

延伸阅读：井孔抽水试验法测定渗透系数的原理要点如下（图 4-12）。

——过水断面面积 $A = 2\pi r h$

——过水断面处水力梯度 $i = -\dfrac{\mathrm{d}h}{\mathrm{d}r}$

——根据达西定律整理得

$$q\,\frac{\mathrm{d}r}{r} = 2\pi h k \mathrm{d}h$$

——对上式两边积分，整理得平均渗透系数为 $k = \dfrac{q}{\pi}\dfrac{\ln(r_2/r_1)}{h_2^2 - h_1^2}$

4.2.3　层状地基的等效渗透系数

天然地基通常分成不同的土层，地基的渗透性与渗流方向有关。从工程角度考察整个地基的渗透性，需要考虑渗流的方向。下面分析层状地基竖直渗流和水平渗流的等效渗透系数。

1. 竖直渗流

如图 4-13（a）所示，承压水从下向上流过多层土。设地基的渗流速度为 v，每一分土层的渗流速度为 v_i，整个土层的竖直等效渗透系数为 k_z，其他参数见图 4-13（a）。

竖直渗流有 2 个特点，即

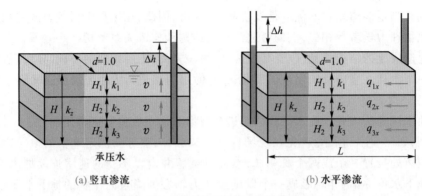

图 4-13 土层等效渗透系数计算原理

—通过每一分土层的水头损失之和等于整个土层的水头总损失，即 $\Delta h = \sum_{i=1}^{n} \Delta h_i$；

—通过每一分土层的渗流量和速度与整个土层相同，即 $v_i = v$。

简称"速度相同水头加和"。

根据达西定律可知，任一分层的流速为

$$v_i = k_{iz} \cdot \left(\frac{\Delta h_i}{H_i} \right) \qquad (4-28)$$

该层水头损失可表示为

$$\Delta h_i = \frac{v_i H_i}{k_{iz}} \qquad (4-29)$$

则总水头损失 $\Delta h = \sum \Delta h_i$，即

$$\frac{vH}{k_z} = \sum_{i=1}^{n} \frac{v_i H_i}{k_{iz}} \qquad (4-30)$$

整理可得竖直渗流时地基的等效渗透系数为

$$k_z = \frac{H}{\sum\limits_{i=1}^{n} \dfrac{H_i}{k_{iz}}} \qquad (4-31)$$

2. 水平渗流

如图 4-13(b) 所示，设地基的水平总渗流量为 q_x，每一分土层的渗流量为 q_i，土层的水平等效渗透系数为 k_x，每一分土层的水平等效渗透系数为 k_{xi}，其他参数见图 4-13(b)。水平渗流也有 2 个特点，即

—各土层的水力梯度与整个土层的平均水力梯度相同，$i_i = i = \dfrac{\Delta h}{L}$；

—通过整个土层的总流量为各土层流量和，$q_x = \sum_{i=1}^{n} q_{ix}$。

简称"梯度相同流量加和"。

如果取单位土层厚度,根据达西定律可知,整个地基土层的渗流量为

$$q_x = v_x H = k_x i H \tag{4-32}$$

整个地基渗流量等于分层流量之和:

$$q_x = \sum_{i=1}^{n} q_{ix} = \sum_{i=1}^{n} k_{ix} i H_i \tag{4-33}$$

因此

$$k_x i H = \sum_{i=1}^{n} k_{ix} i H_i \tag{4-34}$$

整理可得水平渗流时地基的等效渗透系数

$$k_x = \frac{1}{H} \sum_{i=1}^{n} k_i H_i \tag{4-35}$$

思考辨析:当成层土各层厚度相近,渗透性相差悬殊时:水平向的渗透性取决于透水性最好的土层,竖直向的渗透性取决于透水性最差的土层。

为了进一步进行比较,下面列出两个方向等效渗透系数的推导要点,如表4-3所示。

表4-3 竖直渗流与水平渗流的比较

比较项	竖直渗流情形	水平渗流情形
条件	$q_1 = q_2 = \cdots = q$; $v_1 = v_2 = \cdots = v$; $\Delta h = \sum \Delta h_i ; H = \sum H_i$	$q = \sum q_i ; H = \sum H_i$; $i_i = i = \dfrac{\Delta h}{L}$
已知	H_1,$H_2 \cdots$;k_1,$k_2 \cdots$	H_1,$H_2 \cdots$;k_1,$k_2 \cdots$
等效	$v = k_z i = k_z \dfrac{\Delta h}{H}$	$q = k_x i H$
推定	$k_z = \dfrac{H}{\displaystyle\sum_{i=1}^{n} \dfrac{H_i}{k_i}}$	$k_x = \dfrac{1}{H} \displaystyle\sum_{i=1}^{n} k_i H_i$

4.2.4 渗透系数的影响因素

思考辨析:分析某一研究对象的影响因素,要看它跟什么有关系。对于渗透系数来说,毫无疑问它跟水和土层有关,此外还跟两者都参与的指标——饱和度有关。

首先,水的黏滞度会影响渗透性。黏滞系数 η 随水温变化较大,水温越高,η 越低,k 值越大,反之亦然。因此,温度是渗透系数的一个重要影响因素。

其次,土层对渗透系数的影响更直接,也更复杂。主要分为以下3个方面。

从土的粒径级配及矿物成分来讲,粒径越大,颗粒形状越是浑圆,k 值越大。颗粒级配越好,颗粒不均匀,大小颗粒都存在,容易形成密实度较高的土,k 值相对较小。

从土的孔隙比来讲,同一种土越密实,孔隙比越小,k 值越小。

从土的结构和构造来讲,单粒结构土体的 k 值大于蜂窝结构土体的 k 值,絮状结构土体的 k 值一般较小。成层土、扁平黏性土以及含有薄砂夹层,具有层理构造的黏土层,其水平方向的 k 值大于竖直方向的。扰动或击实土样可能破坏了原有的节理或裂隙,k 值常比同一密度原状土样的 k 值小。

此外,渗透系数还跟两者都参与的因素——饱和度有关。土中封闭气体含量会随细粒含量的增加而增加,封闭气体含量越多,饱和度越低,k 值越小。

§4.3 二维渗流和流网

根据水在土体中渗流的方向,可将渗流分为一维渗流、二维渗流和三维渗流如图 4-14 所示。在室内试验测定法中,水仅沿竖直向在土中渗流,属于一维渗流,如图 4-14(a) 所示;在水利工程中,水在坝基横截面内沿竖直向和水平向两个方向渗流,属于二维渗流,如图 4-14(b) 所示;在基坑井点降水工程中,水沿 3 个方向往井点内汇集,形成三维抽水漏斗,属于三维渗流,如图 4-14(c) 所示。二维和三维渗流问题比一维渗流问题更加复杂,采用 4.2 节所述的达西定律已无法描述二维和三维渗流,需要建立新的渗流控制方程并求解。

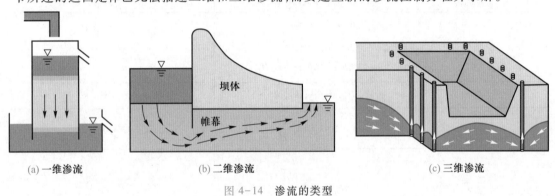

(a) 一维渗流   (b) 二维渗流   (c) 三维渗流

图 4-14　渗流的类型

4.3.1　渗流控制方程

在渗流稳定的情况下,渗流场中各点的总水头 h 仅是位置坐标 (x, y, z) 的函数,与时间等其他因素无关。此时,渗流场中某一点的水力梯度沿 x、y、z 方向的分量可以表示为

$$\begin{cases} i_x = -\dfrac{\partial h}{\partial x} \\[2mm] i_y = -\dfrac{\partial h}{\partial y} \\[2mm] i_z = -\dfrac{\partial h}{\partial z} \end{cases} \tag{4-36}$$

假设土体中各方向的渗流分别符合一维渗流的达西定律,则可获得三维渗流条件下的

广义达西定律：

$$\begin{cases} v_x = -k_x \dfrac{\partial h}{\partial x} \\[2mm] v_y = -k_y \dfrac{\partial h}{\partial y} \\[2mm] v_z = -k_z \dfrac{\partial h}{\partial z} \end{cases} \qquad (4\text{-}37)$$

式中

v_x、v_y 和 v_z——水沿 x、y、z 方向渗流的流速；

k_x、k_y 和 k_z——对应的渗透系数。

如图 4-15 所示，从稳定渗流场中取一微元体。在单位时间内流出、流入该微元体的流量差值为 ΔQ。由于渗流稳定且水体不可压缩，则 $\Delta Q = 0$。图 4-15 中微元体与 x 方向正交的断面面积为 $\Delta y \Delta z$，与 y 方向正交的断面面积是 $\Delta z \Delta x$，与 z 方向正交的断面面积是 $\Delta x \Delta y$，则

$$\begin{cases} Q_x = v_x \Delta y \Delta z \\ Q_y = v_y \Delta z \Delta x \\ Q_z = v_z \Delta x \Delta y \end{cases} \qquad (4\text{-}38)$$

对式(4-38)，结合条件 $\Delta Q = 0$，整理可得

$$\frac{\partial v_x}{\partial x} + \frac{\partial v_y}{\partial y} + \frac{\partial v_z}{\partial z} = 0 \qquad (4\text{-}39)$$

式(4-39)即为三维渗流的一致性方程。

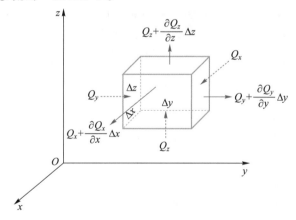

图 4-15　微元体中水的流动

将广义达西定律公式(4-37)代入一致性方程公式(4-39)得

$$k_x \frac{\partial^2 h}{\partial x^2} + k_y \frac{\partial^2 h}{\partial y^2} + k_z \frac{\partial^2 h}{\partial z^2} = 0 \qquad (4\text{-}40)$$

若假定土中水的渗流各向同性（$k_x = k_y = k_z = k$），且渗透系数 k 为常数，则式(4-40)可以

写成

$$\frac{\partial^2 h}{\partial x^2}+\frac{\partial^2 h}{\partial y^2}+\frac{\partial^2 h}{\partial z^2}=0 \qquad (4-41)$$

式(4-41)即为拉普拉斯(Laplace)方程,该方程描述了稳定渗流条件下各向同性土体中总水头在空间的分布规律,是渗流的控制方程。

在堤坝、水渠、基坑、挡土墙等工程渗流问题中,渗流条件沿工程的长度方向几乎不发生变化,在垂直于长度方向的各渗流剖面内,水的流动情况完全一致。这类工程的渗流可被视为二维平面渗流问题处理。式(4-41)是适用于三维渗流情况的一般公式,在二维渗流条件下,该式可简化为

$$\frac{\partial^2 h}{\partial x^2}+\frac{\partial^2 h}{\partial z^2}=0 \qquad (4-42)$$

结合适当的边界条件,通过解偏微分方程即可求解得出水在土体中二维渗流的情况。对于渗流域相对规则且边界条件比较简单的工程,可直接通过数学解析法获得解析解。对于边界条件复杂的工程,则需要借助有限元法、差分法等数值方法,以及模型试验法、电模拟法、图解法等方法求解。其中图解法是通过绘制流网的方法获得拉普拉斯方程的解析解,具有简便、快速的特点,在工程中获得了广泛应用,以下着重介绍。

4.3.2　流网的绘制及应用

由式(4-42)可知,在二维渗流的条件下总水头是坐标(x,z)的函数,也即在xOz平面坐标系内不同位置的总水头是不同的。将具有相同数值总水头的位置点连起来,即为等势线,反映了总水头在渗流场中的分布。垂直于等势线存在一簇流线,如图4-16所示,流线表示水质点的流动路线。等势线和流线共同组成的曲线正交网格,称为流网。

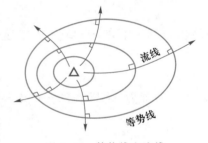

图 4-16　等势线和流线

流网具有以下性质:

(1) 流网中的流线和等势线是正交的;

(2) 流线与等势线构成的各个网格的长宽比为常数;

(3) 各等势线间的总水头差值相等;

(4) 各个流槽的渗流量相等。

通过流网的性质可知,流网中等势线越密的部位,水力梯度越大,流线越密的部位流速越大。

以基坑二维渗流问题为例说明流网的绘制过程,如图4-17所示。首先,确定总水头的边界条件。图4-17中的mb线、jn线分别是一条等势线。如果在此处设测压管,可知其压力水头分别是H_1、H_2。如果设mn线是基准线,则该线上的位置水头是零,所以,这时总水头在mb线是H_1,在jn线是H_2。因为ff'线在均质各向同性的透水地基中是左右对称的,所以,ff'线的总水头是mb线和jn线总水头的平均值$(H_1+H_2)/2$。ff'线也成为其中的一条等势线。另外,如果$m'n'$线以下是不透水层,$m'n'$线是一条流线,如果板桩上没有孔洞、不透水,沿着

板桩的 *bfj* 线也是一条流线。以上确定了等势线和流线的边界条件,其板桩两侧的流网是左右对称的。根据这种情况绘制流网图。在绘制过程中,根据流线与等势线是正交的,形成的网格是正方形的,也就是各网格与圆外接的原则,边绘制边修改。

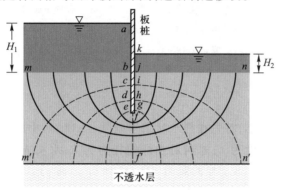

图 4-17 基坑二维渗流的流网

§4.4 工程中的渗透变形

4.4.1 渗透力

1. 渗透力的概念

观察图 4-18(a) 的装置,如果右侧贮水器的水位与左侧土样容器相同,两侧的水头差 $\Delta h = 0$,则是静水条件,没有水从土样流过,这时候土骨架只受到浮力作用。现在将右侧水头提高至如图 4-18(b) 所示的新位置,它与土样容器形成水头差 $\Delta h > 0$,土中就会产生渗流。水流受到来自土骨架的阻力,而流动的孔隙水对土骨架产生摩擦力、拖曳力,称为渗透力,或者渗流力,其方向与渗流方向一致。

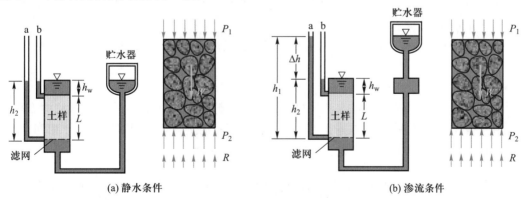

(a) 静水条件   (b) 渗流条件

图 4-18   渗透力分析

2. 渗透力的计算

为了考察渗透力的大小,首先在静水状态下对图4-18(a)中的滤网进行受力分析。设土样截面面积为 $A=1$,高度为 L;滤网对土样的托力为 R,水头 h_2 对滤网向上的推力 $P_2 = \gamma_w h_2$;滤网受到向下的力,包括土样的重力 $W = L\gamma_{sat} = L(\gamma' + \gamma_w)$,以及土样上部的水头 h_w 造成的压力 $P_1 = \gamma_w h_w$,滤网处力的平衡条件为

$$R + P_2 = W + P_1 \tag{4-43}$$

即

$$R + \gamma_w h_2 = L(\gamma' + \gamma_w) + \gamma_w h_w \tag{4-44}$$

所以,作用在滤网上的力等于滤网的托力为

$$R = \gamma' L \tag{4-45}$$

再来看有渗流的情况,如图4-18(b)所示。同理

$$R + P_2 = W + P_1 \tag{4-46}$$
$$R + \gamma_w h_1 = L(\gamma' + \gamma_w) + \gamma_w h_w \tag{4-47}$$

考虑到

$$h_1 = h_2 + \Delta h \tag{4-48}$$

式(4-48)代入式(4-47),整理可得,作用在滤网上的力为

$$R = \gamma' L - \gamma_w \Delta h \tag{4-49}$$

对比式(4-45)和式(4-49)可以发现,存在向上渗流时,作用在滤网上的力或者滤网的支持力减少了。减少的部分由土骨架承担,这是渗流对土样造成的总渗透力,即 $J = \gamma_w \Delta h A$,总渗透力是一个力,单位为 kN。

渗透力 j 则是单位体积土体内的土骨架所受到的渗透水流的推动和拖曳力,即

$$j = \frac{J}{V} = \gamma_w \frac{\Delta h}{L} = \gamma_w i \tag{4-50}$$

可以看出,渗透力表示的是水流对单位体积土颗粒的作用力,是水流对土颗粒的力均匀分布到土骨架上的体积力,其普遍作用于渗流场中所有的土颗粒上,其量纲与 γ_w 相同,大小与水力梯度成正比,方向与渗流的方向一致,是一个体积力。

4.4.2 临界水力梯度

从上面的分析可以看出,当存在由下向上的渗流时,随着水力梯度增大,渗透力增加,土样底面所受滤网的支承力 R 逐渐减小。可以预见,当水力梯度达到一定数值时,$R=0$,土体就会发生悬浮或隆起,俗称流土,即土体发生了渗流破坏,此时的水力梯度称为临界水力梯度。

令 $R=0$,即

$$\gamma'L-\gamma_{\mathrm{w}}\Delta h=0 \tag{4-51}$$

于是,临界水力梯度为

$$i_{\mathrm{cr}}=\frac{\gamma'}{\gamma_{\mathrm{w}}} \tag{4-52}$$

由土的三相指标换算可知,$\gamma'=\dfrac{(d_{\mathrm{s}}-1)\gamma_{\mathrm{w}}}{1+e}$,代入式(4-52)得

$$i_{\mathrm{cr}}=\frac{d_{\mathrm{s}}-1}{1+e} \tag{4-53}$$

可见,土的临界水力梯度只取决于土自身的物理性质,而与其他因素无关。在工程中,临界水力梯度对评价土体渗流破坏的可能性至关重要;但是工程中的临界水力梯度还受其他因素影响,将在下一节介绍。

例题 4-2

如图 4-19 所示,在长为 12 cm,面积 8 cm^2 的圆筒内装满粉质砂土。经测定,土的颗粒相对密度 d_{s} 为 2.70,孔隙比 $e=0.90$,筒下端与管相连,管内水位高出筒 6 cm(固定不变),流水自下而上通过试样后可溢流出去。试求:(1)水对土样的渗透力 j;(2)临界水力梯度 i_{cr};(3)判断是否发生渗流破坏。

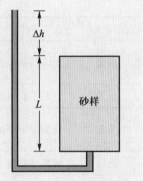

图 4-19 砂土渗流装置

【解答】

(1)渗透力:$j=\gamma_{\mathrm{w}}i=\gamma_{\mathrm{w}}\dfrac{\Delta h}{L}=9.8\times\dfrac{6}{12}$ kN/m^3 $=4.9$ kN/m^3

(2)临界水力梯度:$i_{\mathrm{cr}}=\dfrac{d_{\mathrm{s}}-1}{1+e}=\dfrac{2.70-1}{1+0.9}=0.89$

(3)水力梯度:$i=\dfrac{\Delta h}{L}=\dfrac{6}{12}=0.5<i_{\mathrm{cr}}=0.89$

因此,不会发生渗流破坏。

4.4.3 渗透变形与控制

1. 渗流破坏的基本类型

由前述可知,渗流作用会产生渗透力。其作用于土层,会导致地层变形甚至发生破坏,

称为渗透变形和渗流破坏。土的渗流破坏主要有流土、管涌、接触流土和接触冲刷。

（1）流土

在向上的渗透作用下，表层局部范围内的土体或颗粒群同时发生悬浮、移动的现象，称为流土，由于其经常发生在砂土中，也称流砂。实际上，任何类型的土，只要水力梯度达到一定的数值，都可能发生流土，表层的黏性土也可能发生流土。

流土的成因是土层中达到临界水力梯度，即

$$i = i_{cr} \tag{4-54}$$

又知

$$i_{cr} = \frac{\gamma'}{\gamma_w} = \frac{\rho' g}{\gamma_w} \tag{4-55}$$

因此，土的密度是防止流土的内在因素。可见，是过大的水力梯度导致流土，因此其具有突发性。

（2）管涌

在渗流作用下，一定级配的无黏性土中，尺寸细小的颗粒，通过较大颗粒所形成的孔隙发生移动，最终在土中形成与地表贯通的管道，称为管涌。

管涌的内因是要有足够多的粗颗粒形成大于细颗粒粒径的孔隙，外因要求渗透力足够大，在内外因共同作用下，产生管涌。管涌一般发生在砂性土中，发生的部位通常在渗流溢出处，但也可能发生在土体的内部。管涌现象一般随时间推移不断发展，是一种渐进性质的破坏。

流土和管涌不太容易区分，表4-4从5个方面列出了二者的区别。

表4-4 流土和管涌对比

对比项	流土	管涌
现象	土体局部范围的颗粒同时发生移动	土体内细颗粒通过粗颗粒形成的孔隙通道移动
位置	只发生在水流渗出的表层	可发生于土体内部和渗流溢出处
土类	只要渗透力足够大，可发生在任何土中	一般发生在特定级配的无黏性土或分散性黏土中
历时	破坏过程短	破坏过程相对较长
后果	导致下游坡面产生局部滑动等	导致结构发生塌陷或溃口

（3）接触流土

接触流土是指当渗流垂直于两种不同介质流动时，在两层土的接触面处把其中一层的细颗粒带入另一层土中的现象，如反滤层的淤堵。

（4）接触冲刷

接触冲刷是指渗流沿着两种不同介质的接触面流动时，把其中一层的细颗粒带走的现象，一般发生在土工建筑物底部与地基土的接触面处。

2. 渗流破坏的形成条件

正如前述，土渗流破坏的发生主要取决于土层性质和水力梯度，下面分别介绍。

（1）土层性质

这里的土层性质主要指土颗粒的组成和结构特征。土颗粒在渗流条件下产生松动和悬浮，必须克服土的重力以及颗粒之间的黏聚力和内摩擦力（这2个参量将在第6章讲述）。因此，土的密度、组成和结构是土层发生渗流破坏的内因。

在饱和细砂、粉砂和粉土层中，颗粒间几乎没有黏聚力，只要水力梯度达到临界水力梯度，足以克服土颗粒的重力和粒间摩擦力时，就可能发生流土。因此，流土的发生一般是突发性的。

管涌的发生要求土的颗粒级配满足一定要求，因为只有当土中粗颗粒所构成的孔隙直径大于细颗粒直径时，细颗粒才有可能在孔隙中移动，这是管涌发生的内在必要条件。实践表明，不均匀系数 $C_u > 10$ 的土通常具备这种条件，发生管涌的可能性较大。无黏性土发生管涌的几何条件如表4-5所示。

表4-5　无黏性土发生管涌的几何条件

级配		孔隙直径及细颗粒含量	判定
较均匀土（$C_u \leq 10$）		粗颗粒形成的孔隙直径小于细颗粒直径	非管涌土
不均匀土（$C_u > 10$）	不连续	细颗粒质量分数 > 35%	非管涌土
		细颗粒质量分数 < 25%	管涌土
		细颗粒质量分数 = 25% ~ 35%	过渡型土
	连续 $D_0 = 0.25d_{20}$	$D_0 < d_3$	非管涌土
		$D_0 > d_5$	管涌土
		$D_0 = d_3 ~ d_5$	过渡型土

注：D_0 为孔隙的平均直径，$D_0 = 0.25d_{20}$ 为经验公式。

知识衔接：第2章曾经讲述，不均匀系数 $C_u > 10$ 的土是级配良好的土，大小颗粒相间配置，容易形成承载力较高的地基土。但是，有渗流的时候，如果这种土比较疏松，就容易发生管涌，其密实度很重要。因此，级配良好的土是好的地基材料，但需尽可能增加其密实度。这样，既提高了其承载力，又提高了其抵抗水力破坏的能力。

（2）水力梯度

由式（4-54）可知，土体上的渗透力主要取决于水力梯度，这是渗透变形的外部驱动因素。前已述及，只有当渗透力大到足以克服土颗粒之间的黏聚力和内摩擦力时，才会发生渗透变形，这就要求水力梯度大于临界水力梯度。研究表明，临界水力梯度与土层性质密切相关，土的不均匀系数 C_u 越大，i_{cr} 值越小；土中的细颗粒质量分数越高，i_{cr} 值越大；土的渗透系数越大，临界水力梯度越低。

对于管涌来说，渗透力能否带动细颗粒在孔隙间滚动或移动是判断管涌是否发生的水力条件。细颗粒在孔隙中的运动需要克服的阻力，与土的密度、级配以及颗粒形状等都密切相关。管涌的临界水力梯度与流土不同，且不同的情况发生管涌需要的水力梯度不同。目前，对管涌临界水力梯度的研究还不成熟，对于每一项具体工程，必须通过试验确定。

需要指出的是，尽管流土的发生具有突发性，但是其并不需要水流驱动土体移动渐渐形成，水流可能尚在层流范围内；管涌的产生则相反，当其作用在颗粒上的渗透力足够大时才能驱动颗粒克服阻力发生运动，需要的流速较大，一般超出层流的界限。

此外,除土层性质作为内部因素以及水力梯度作为外部驱动力之外,水力破坏发生与否还要看渗流溢出处条件,即有无适当的保护。当溢出处直接临空时,此处的水力梯度是最大的,同时水流方向也有利于土的松动悬浮,这种溢出条件最容易产生渗透变形。从这个角度说,工程中的实际临界水力坡度与溢出条件有关。

> **延伸阅读**:前文所给出的砂土临界水力梯度公式,只考虑克服颗粒重力影响,因此只与颗粒密度相关。在实际工程中,是否产生水力破坏,则需要考虑更多的因素,实际的临界水力梯度是考虑综合因素的结果。因此,临界水力梯度都需要根据实际情况通过试验确定,目前没有一个通用的计算方法。

3. 渗流破坏的控制

根据前述水力破坏发生的条件,控制渗流破坏首先需要从土层的土层性质入手,控制密度、级配尤其是黏聚力等参数。在土层性质一定的时候,考虑综合因素降低水力梯度,包括减小水头差,如采用井点降水法降低地下水位;增长渗流路径,如打板桩;平衡渗透力,如在渗流出口处地表用透水材料覆盖;以及对土层进行特殊加固处理,如冻结、注浆等。

思考和习题

4-1 流土和管涌发生的机理和条件是什么?试解释流土与管涌的区别。

4-2 如何确定土的渗透系数?影响土渗透性的因素有哪些?

4-3 不透水基岩上有水平分布的 3 层土,厚度均为 1 m,渗透系数分别为 $k_1 = 0.1$ m/d, $k_2 = 3$ m/d, $k_3 = 50$ m/d,试分别求出等效土层的水平向和竖向的等效渗透系数。

4-4 在常水头法渗透试验中,已知渗透仪直径 $D = 75$ mm,在 $L = 200$ mm 的渗流途径上的水头损失 $h = 90$ mm,在 60 s 时间内的渗水量 $Q = 82.3$ cm³,求土的渗透系数。

4-5 对某土样进行渗透试验,土样的长度为 30 cm,试验水头差为 50 cm,试样的土粒比重为 2.66,孔隙率为0.45,试求:(1) 通过土样的单位体积渗流力;(2) 判别土样是否发生流土。

4-6 某渗透装置如图 4-20 所示,在恒定总水头作用下,试求:(1) 土样中 a—a,b—b,c—c 三个截面处的位置水头,压力水头和总水头;(2) a—a 至 b—b,b—b 至 c—c 的水头损失及相应的水力坡降。

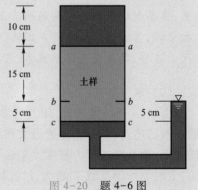

图 4-20 题 4-6 图

第 4 章习题答案

　　　　　第 4 章　土的渗透性与渗流问题

第 5 章

土的压缩性与地基沉降

导读:本章以一维压缩为主线,首先讲述土的压缩性及其导致固结状态的变化;其次基于土的压缩性,分析计算单一土层的变形,进而计算地基的最终沉降;最后讲述土的一维固结理论,将沉降与时间建立联系。

正如第 1 章绪论中所提到的,土力学从土的材料特性和工程应用两个层次研究渗流、变形和强度三大问题。第 4 章讲述了渗流,包括土的渗透性与渗流破坏,前者为土的材料特性,后者是工程问题。本章讲述土力学的第 2 个问题——变形,土的变形非常复杂,这里只介绍最简单的,也是工程中最关心的一维压缩变形。

土是碎散性材料,通常具有显著的压缩性。土的压缩性是指土体在压力作用下体积缩小的特性。土是三相体系,由土颗粒和孔隙流体组成,孔隙流体包括水和空气。土颗粒本身模量很大,其变形通常可以忽略;水的压缩性也非常小。然而,如果水从孔隙中排出,土体就会产生压缩变形;当土中的孔隙未被水充满而存在气体时,在应力作用下容易产生明显压缩变形。可见,土的压缩性主要依赖于孔隙体积的减小,如饱和土的水分排出,非饱和土的水分和气体排出,以及其中的气体被压缩。本章主要讲述饱和土的压缩。

地基土在上部建筑物荷载作用下产生的竖向变形,称为沉降。毫无疑问,地基沉降大小与土的压缩性密切相关。从地基沉降的角度,首先考虑只有竖向变形而无侧向变形的简单情况,即完全侧限条件下的竖向变形。侧限条件不完全符合地基土的工程情况,但有其实际应用价值。完全侧限的应力条件简单,在实验室容易实现,可用固结试验来研究,也叫侧限压缩试验,或者一维压缩试验。如果放弃侧限条件,可以开展室内三轴压缩试验,或者进行地基土的现场载荷试验等。

延伸阅读:试验表明,一般的工业与民用建筑物荷载在 600 kPa 以内,在这个压力下,土颗粒和水的压缩量仅占土体压缩量的不到 1/400,可忽略不计。在特殊情况下,这些微小变形则需要考虑进去。另外,土颗粒具有棱角,在一定压力作用下可能出现应力集中的情况,导致颗粒破碎。颗粒重新排列及碎屑填充到孔隙中,也会导致土发生一定的变形,本书中近似地将此当成骨架变形,而不考虑颗粒本身的变形。

土体变形总是需要一定时间的,饱和土体变形的快慢主要取决于孔隙水排出的速度。土力学中将土体随孔隙水的排出而产生压缩变形的现象叫作固结。可见,固结这种现象本身具有时间的概念。黏性土透水性很小,孔隙中水的排出需要较长的时间,固结速度较慢;砂砾土透水性强,几乎在加荷的同时就完成了固结,而且与黏性土相比孔隙比 e 较小,所以沉降量也小。因此,在实际工程中,固结现象通常只考虑黏性土和粉土这样的细粒土。黏性土在上覆压力作用下发生固结,是一个孔隙水排出、孔隙水压力消散、有效应力增大的过程。太沙基提出的饱和土的有效应力原理已在第 3 章介绍,本章应用该原理建立一维固结理论,充分考虑土固结的程度和沉降变形的速度。本章将以一维压缩为主线,讲述土的一维压缩特性、地基的沉降计算和土的一维固结理论。

§5.1　土的一维压缩特性

5.1.1　一维压缩试验

1. 试验仪器

土的压缩特性采用固结仪(也称压缩仪)进行研究,如图 5-1 所示。由于土样受到环刀、压缩容器的约束,在压缩过程中只能发生竖向变形,不可能产生侧向变形,所以这种方法也称为单向固结试验、一维压缩试验或侧限压缩试验。

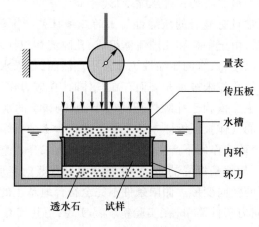

图 5-1　固结仪示意图

2. 试验步骤

先用金属环刀取土样;在固结仪中放置护环、透水板和薄滤纸,将装有环刀的试样小心地置入护环;然后在试样上放薄滤纸、透水板和加压盖板,置于加压框架下,对准加压框架的正中,安装量表。为保证试样与仪器上下各部件之间接触良好,应施加 1 kPa 的预压力,然后调整量表,使读数为零。

逐级施加竖向压力 p_i,后一级荷载通常为前一级的 2 倍,压力等级宜为 12.5 kPa、25 kPa、50 kPa、100 kPa、200 kPa、400 kPa 和 800 kPa 等。在每级荷载 p_i 作用下使土样变形稳定,用量表测出土样稳定后的变形量 s_i,即可按下文的相关原理计算出各级荷载下的孔隙比 e_i。

试验结束后,迅速拆除仪器各部件,取出带环刀的试样。

3. 数据整理

固结试验分级加荷孔隙比计算如图 5-2 所示,将土样抽象为固体土颗粒和孔隙两部分。假定土样的初始高度为 h_0,受压后的高度为 h,s 为荷载 p 作用下土样压缩至稳定的变形量,则 $h = h_0 - s$。

土颗粒的压缩量十分微小,因此忽略土颗粒的体积变化,认为压力施加前后土颗粒体积 V_s 不变。如果土样压缩前的孔隙比为 e_0,压缩后的孔隙比为 e,则根据孔隙比的定义可知,土样孔隙体积 V_1 在压缩前为 $e_0 V_s$,在压缩稳定后为 $V_2 = e V_s$。

在侧限变形中土样横截面面积 A 在压缩前后不变,则土样压缩前的体积为

$$Ah_0 = V_1 + V_s = e_0 V_s + V_s = V_s(1 + e_0) \tag{5-1}$$

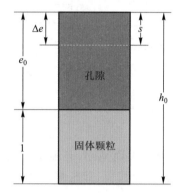

图 5-2　固结试验分级加荷孔隙比计算

土样压缩后的体积为

$$Ah = V_2 + V_s = e V_s + V_s = V_s(1 + e) \tag{5-2}$$

对比式(5-1)和式(5-2),考虑到 $h = h_0 - s$,整理得

$$\frac{h_0}{1 + e_0} = \frac{h}{1 + e} = \frac{h_0 - s}{1 + e} \tag{5-3}$$

压缩变形后的孔隙比为

$$e = e_0 - \frac{s}{h_0}(1 + e_0) \tag{5-4}$$

式(5-1)、式(5-3)与式(5-4)中的初始孔隙比 e_0 可通过室内试验和土的三相物理换算关系得到,具体换算公式为

$$e_0 = \frac{d_s(1 + w_0)}{\rho_0} - 1 \tag{5-5}$$

式中,d_s、ρ_0、w_0 分别为土粒相对密度、土样初始密度和土样初始含水率,为室内试验直测的基本指标。

式(5-4)建立了在某级压力 p 作用下土样孔隙比 e 与变形量 s 的对应关系,试验中测定出土样在各级压力 p_i 作用下的稳定变形量 s_i,先按该式计算出相应的孔隙比 e_i,获得固结试验记录曲线,如图 5-3(a)所示。然后以横坐标表示压力 p,纵坐标表示孔隙比 e,绘出 e-p 曲线,称为压缩曲线,如图 5-3 所示。压缩曲线还有另一种表现形式,就是将 e-p 曲线中的横坐

标按 p 的常对数取值,即采用半对数坐标系绘制获得 e-$\lg p$ 曲线,如图 5-4 所示,将在随后 2 节分别讲述。

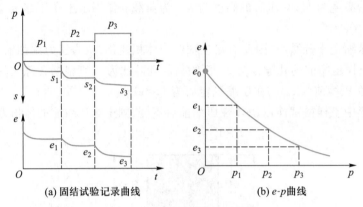

(a) 固结试验记录曲线   (b) e-p曲线

图 5-3　固结试验与 e-p 曲线

5.1.2　e-p 曲线

e-p 曲线显示,孔隙比随着压力增大而减小,且孔隙比的变化率随着压力增大而降低。从该曲线上可以获得土的压缩性的 2 个指标,即压缩系数和压缩模量,下面分别介绍。

1. 压缩系数 a

压缩系数 a 定义为土体在侧限条件下孔隙比减小量与竖向有效压应力增量的比值,在 e-p 曲线上表现为某一应力段的割线斜率。假定应力由 p_1 增加到 p_2,相应的孔隙比由 e_1 减小到 e_2,压缩系数 a 可以表示为:

$$a = -\frac{\Delta e}{\Delta p} = \frac{e_1 - e_2}{p_2 - p_1} \tag{5-6}$$

式中

a——土的压缩系数(MPa^{-1} 或 kPa^{-1});

p_1、p_2——压缩曲线上任意两点的应力,且 $p_2 \geqslant p_1$;

e_1、e_2——压缩曲线上在 p_1、p_2 作用下压缩稳定后相应的孔隙比。

从图 5-3(b)可以看出,在加荷初期,土的压缩量较大,e-p 曲线较陡;随着压力增大,经过了多级压缩之后,土已经变得比较密实,模量较大了;单位压力增量导致土的压缩量随之减小,曲线也变得平缓,这种现象叫作土的压硬性。土的压硬性是土区别于其他材料的重要的力学特性,与绪论中所提到的摩擦性和剪胀性,并称为土的三大基本特性。土的压硬性导致不同压力段的压缩系数大小不同。为了便于比较,通常采用 100 kPa ~ 200 kPa 压力段的压缩系数 $a_{1\text{-}2}$ 评定土的压缩性。根据《建规》,土的压缩性评价如表 5-1 所示。

表 5-1　利用压缩系数对土压缩性分级

低压缩性土	中压缩性土	高压缩性土
$a_{1\text{-}2} < 0.1\ \mathrm{MPa}^{-1}$	$0.1\ \mathrm{MPa}^{-1} \leqslant a_{1\text{-}2} < 0.5\ \mathrm{MPa}^{-1}$	$a_{1\text{-}2} \geqslant 0.5\ \mathrm{MPa}^{-1}$

2. 压缩模量 E_s

从 e-p 曲线上可以得到的第二个压缩性指标,即侧限压缩模量,简称压缩模量,定义为土体在侧限条件下竖向应力增量 Δp($\Delta p=p_2-p_1$)与相应的竖向应变增量 $\Delta\varepsilon$ 的比值,用 E_s 表示,其计算公式为

$$E_s=\frac{\Delta p}{\Delta\varepsilon}=\frac{\Delta p}{s/h_1} \tag{5-7}$$

式中

E_s——侧限压缩模量(MPa);

Δp——竖向应力增量(MPa);

s——土样压缩稳定后的变形量(mm 或 cm);

h_1——p_1 作用前的土样高度(mm 或 cm)。

压缩试验中土样无侧向变形,其横截面面积不变。由式(5-3)可得,变形量为

$$s=\frac{e_1-e_2}{1+e_1}h_1=-\frac{\Delta e}{1+e_1}h_1 \tag{5-8}$$

将式(5-8)代入压缩模量公式(5-7),并考虑式(5-6)关于压缩性为 a 的定义,可得

$$E_s=\frac{\Delta p}{\dfrac{s}{h_1}}=\frac{\Delta p}{-\dfrac{\Delta e}{1+e_1}}=\frac{1+e_1}{-\dfrac{\Delta e}{\Delta p}}=\frac{1+e_1}{a} \tag{5-9}$$

压缩模量 E_s 是土的压缩性指标的另一种表述,由式(5-9)知,压缩模量 E_s 与压缩系数 a 成反比,E_s 越大,a 就越小,土的压缩性越低。

例题 5-1

某土样通过常规压缩试验得到在竖向应力为 100 kPa 和 200 kPa 时对应的孔隙比分别为 0.952 和 0.936,求该土样的压缩系数 a_{1-2} 和相应的侧限压缩模量,并对其压缩性进行评价。

【解答】

$$a_{1\text{-}2}=-\frac{\Delta e}{\Delta p}=\frac{e_1-e_2}{p_2-p_1}=\frac{0.952-0.936}{0.2-0.1}\ \text{MPa}^{-1}=0.16\ \text{MPa}^{-1}$$

$$E_{s1\text{-}2}=\frac{1+e_1}{a_{1\text{-}2}}=\frac{1+0.952}{0.16}\ \text{MPa}=12.2\ \text{MPa}$$

---

① 此处主要向读者介绍工程中约定俗成的用法,目前工程中使用"公斤"较多,国标标准单位使用较少。

压缩模量 E_s 对应的是完全侧限条件,如果允许侧向变形,竖向应力变化与其对应的应变增量之比,称作变形模量 E_0。对于相同初始状态的土样,二者之间有一定的关系,可以从胡克定律推求。

对于允许侧向变形的情况,由胡克定律

$$\Delta \varepsilon_z = \frac{\Delta \sigma_z}{E_0} - \frac{\nu}{E_0} (\Delta \sigma_x + \Delta \sigma_y) \tag{5-10}$$

在完全侧限条件下

$$\Delta \varepsilon_x = \Delta \varepsilon_y = 0 \tag{5-11}$$

$$\Delta \sigma_x = \Delta \sigma_y = K_0 \Delta \sigma_z = \frac{\nu}{1-\nu} \Delta \sigma_z \tag{5-12}$$

式(5-11)和式(5-12)代入式(5-10)整理得

$$\Delta \varepsilon_z = \Delta \sigma_z \left(\frac{1}{E_0} - \frac{\nu}{E_0} \cdot \frac{2\nu}{1-\nu} \right) = \frac{\Delta \sigma_z}{E_0} \left(1 - \frac{2\nu^2}{1-\nu} \right) \tag{5-13}$$

因此

$$E_0 = \frac{\Delta \sigma_z}{\Delta \varepsilon_z} \left(1 - \frac{2\nu^2}{1-\nu} \right) = E_s \left(1 - \frac{2\nu^2}{1-\nu} \right) \tag{5-14}$$

$$E_0 = \beta E_s$$

$$\beta = 1 - \frac{2\nu^2}{1-\nu} < 1$$

延伸阅读:由上述推导可见,$E_s > E_0$,即碎散的土材料的模量在完全侧限条件下比在有限侧限条件下要大。利用这个原理,在地基周围布置地下连续墙,对地基土形成完全侧限,可以有效控制竖向沉降变形。

变形模量 E_0 一般可以通过现场载荷试验获取。需要注意的是,式(5-14)是 E_0 与 E_s 之间的理论关系,由于诸多因素的影响,现场载荷试验测定 E_0 和室内压缩试验测定 E_s 并不完全符合式(5-14),有时相差很大。这些因素主要包括:压缩试验的土样容易受到扰动,尤其是低压缩性土;现场载荷试验与压缩试验的加荷速率、压缩稳定的标准不同;ν 值不易精确确定;等等。根据统计资料,E_0 值可能是 βE_s 值的几倍。一般而言,土越坚硬理论值与实测值的差别越大,而软土的 E_0 值与 βE_s 值比较接近。因此,式(5-14)可用来作为一种估计,不可直接借用实验室的测试数据,通过理论公式换算成现场参数用于实际工程。

5.1.3　e-lg$p$ 曲线

1. 土的记忆性

如果对土样进行分级加荷,如图 5-4(a)所示,在每一级压力下达到变形稳定,获得曲线 AB 段;从 B 点开始逐级减小荷载,土样发生回弹,在每一级压力下回弹至变形稳定,获得曲线 BC 段;从 C 点开始再次逐级加荷,曲线将经过 B 点,发展到 D 点。土中 AB 段为初始加压曲线段;BC 段为卸荷回弹阶段,CB 段称作再加荷曲线段,而 BD 段又与初始压缩曲线形成自然衔接。大量试验表明,再加荷曲线总是要经过前期加荷的最大压力,这种现象叫作土应力应变曲线的记忆性。

土的记忆性在试验过程中被反复证明,然而 e-p 曲线表征这种记忆性并不方便。试想再进行几次卸荷再加荷,图 5-4(a)中的曲线就会变得很凌乱,于是人们采用另外一种整理数据的方法,即纵坐标 e 不变,横坐标 p 用对数表示,于是得到 e-lg$p$ 曲线,如图 5-4(b)所示。

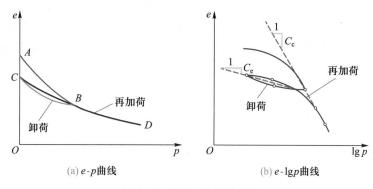

(a) e-p曲线　　　　　　　　(b) e-lg$p$曲线

图 5-4　土的一维压缩曲线

试验发现,e-lg$p$ 曲线有如下特点:

(1) 起始状态不同,但压缩曲线最终趋近于同一条直线,这条直线叫作初始加荷曲线。

(2) 在任何压力下回弹再加荷曲线的平均斜率接近常数,统称卸荷再加荷曲线。

(3) 曲线通常呈现一定的弯曲度,与土样扰动有关。扰动越大,弯曲越明显。

根据以上 3 个特点,定义初始加荷曲线的斜率为压缩指数:

$$C_{c} = \frac{e_1 - e_2}{\lg p_2 - \lg p_1} = \frac{e_1 - e_2}{\lg\left(\dfrac{p_2}{p_1}\right)} \tag{5-15}$$

卸荷再加荷曲线斜率叫作回弹指数 C_e,如图 5-4(b)所示。试验表明,$C_e \ll C_c$,通常 $C_e \approx 0.1 \sim 0.2 C_c$。

与压缩系数 a 相似,压缩指数 C_c 越大,土的压缩性越高;不同的是,压缩指数是常数,不随压力变化而变化。因此,国内外广泛采用 e-lg$p$ 曲线来分析应力历史对黏性土和粉质土压缩性的影响,这对重要建筑物的沉降计算具有重要的现实意义。

至此,我们学习了两种压缩曲线,其中 e-lg$p$ 曲线的初始加荷曲线段和卸荷再加荷曲线段都是直线,其能够很好地表征土的记忆性。两种曲线的对比见表 5-2。

表 5-2　两种压缩曲线的对比

对比项	e-p 曲线	e-$\lg p$ 曲线
曲线形状	曲线	直线
参数获取	a:某一压力范围内的压缩系数	C_c:初始压缩曲线斜率 C_e:回弹再压缩曲线斜率 均与压力范围无关
计算变形	可以	可以
特有功能	$a_{1\text{-}2}$ 评价压缩性高低	(1) C_c 和 C_e 反映不同阶段压缩性高低 (2) 反映应力历史

2. 土的应力历史

土应力应变特性的记忆性同时也说明其应力历史很重要,需要专门讨论。土在历史上受到的最大有效固结荷载,叫作前期固结压力,用 p_c 表示。由图 5-5 可以看出,土样卸荷再加荷的时候,压力到达 p_c 之前与跨越 p_c 之后,这两个阶段的应力应变曲线不同,即其力学行为不同。因此,有必要考察当前的应力与历史上最大应力之间的对比关系,以确定土当前处于什么状态。定义超固结比 OCR(over-consolidation ratio)

$$OCR = \frac{p_c}{p_0} \tag{5-16}$$

式中

p_0——当前有效上覆压力。

当 $p_c = p_0$,$OCR = 1$ 时,这种土称作正常固结土。

当 $p_c > p_0$,$OCR > 1$ 时,这种土称作超固结土。

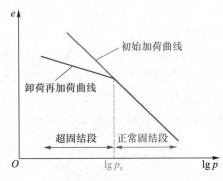

图 5-5　正常固结土和超固结土

延伸阅读:传统上人们还会提到一种状态,即前期固结压力 p_c 小于上覆压力 p_0,$OCR < 1$,将这种情况下的土称为"欠固结土"。假设有一个泥浆土样,它历史上从来没有受到压力发生固结,因此 $p_c = 0$。现在施加一个上覆应力 p_0,并允许试样在此压力下发生固结。在 5.3 节我们会进一步讲到,在固结过程中,土样的有效应力 p' 逐渐增大,当 $p' = p_0$ 时固结完

成,此时土样的前期固结压力就是 $p_c = p_0$。在这个过程中的任意时刻,有多大的应力转化成了土样中的有效应力,其前期固结压力就有多大,且都小于 p_0,二者的差就是超静孔隙水压力。可见,"欠固结"描述的是土未完成固结的某个状态,"欠固结土"是受力固结过程中的土。它通常是在动态发展中的,在概念上存在,本书不将其看作一种具体的状态。

3. 前期固结压力的确定

正如前述,根据试验规律趋势,e-$\lg p$ 曲线上的初始加荷线和卸荷再加荷曲线都应该是直线;如果是这样,确定前期固结压力 p_c 将非常方便。然而,实验室获得的初始加荷线和卸荷再加荷曲线通常都是弯曲的,弯曲的程度与试样的扰动有关,这就给确定 p_c 带来了困难。经过长期研究,卡萨格兰德于 1936 年提出前期固结压力确定方法如下(图 5-6):

(1)在 e-$\lg p$ 压缩试验曲线上找曲率最大点 M;

(2)作水平线 ME;

(3)作 M 点切线 MF;

(4)作 $\angle EMF$ 的角分线 MG;

(5)MG 与试验曲线的直线段交于点 B;

(6)B 点对应于先期固结压力 p_c;

从以上步骤可以看出,第(1)、(3)步会造成一定误差。这是最早建议的前期固结压力的具体确定方法,是一种经验方法。此后,人们还提出了许多经验方法。

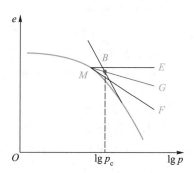

图 5-6 卡萨格兰德的前期固结压力确定方法

§5.2 地基的沉降计算

长期研究和大量实践表明,黏性土地基在基底压力作用下的沉降量 s 通常由 3 种不同的原因引起(图 5-7),可以表示为

$$s = s_d + s_c + s_s \tag{5-17}$$

式中

s_d——初始沉降,是在有限范围的外荷载作用下,地基发生侧向位移和周边隆起(剪切变形)所引起的,又称为瞬时沉降,即施加荷载后马上就会完成的沉降部分;

s_c——主固结沉降,土中孔隙水排出,孔隙水压力消散,在上覆压力逐渐转化为有效应力过程中发生的变形,通常是黏性土地基变形的主要部分;

s_s——次固结沉降,主固结沉降完成以后,在有效应力不变的条件下,由土骨架蠕变引起的变形。这种变形的速率与孔压消散的速率无关,取决于土的蠕变性质。

地基沉降组成示意图如图 5-7 所示。

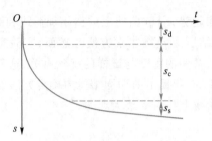

图 5-7　地基沉降组成示意图

延伸阅读:材料在应力作用下都会产生随时间增大的变形,叫作蠕变。黏性土在受力压缩变形的过程中,会发生孔隙水排出的固结作用,直到孔隙水压力消散完毕,上覆压力全部由土骨架上的有效应力承担,这个过程叫作主固结。此后,有效应力保持不变,由于土微观结构的调整,土会继续发生变形,叫作次固结,黏性土的次固结也叫蠕变。二者的共同点是都跟时间相关,不同点在于有无孔隙水压力和有效应力的变化。目前关于蠕变是从什么时候开始发生的,岩土工程界还没有共识。一种观点是从加荷初期土发生固结时就会同时发生蠕变;另一种观点是主固结完成后,蠕变才开始。

地基的最终沉降量经常表示为 s_∞,理论上包括以上 3 部分。由于瞬时沉降在建筑物施工完成后就会完成,而蠕变是一个长期的过程,因此需要专门的理论做特殊考虑,本章只考虑主固结。以下讨论的最终沉降量 s_∞,被认为是时间趋向于无穷大时地基变形稳定以后的最大沉降量,不考虑沉降过程,统统归结为固结变形。

5.2.1　单一土层的一维压缩变形

上一节讨论土的压缩特性,是土的材料特性,来自对一个土样的压缩分析;下面考虑土层的压缩变形,现在考虑简单的情况,即大面积均布荷载施加到单一土层的变形,土层和基本参数如图 5-8(a)所示。大面积均布荷载同时意味着两层意思:首先,在有限深度范围内,应力是矩形分布的,这一点通过角点法就可以证明;其次,这是一个完全侧限的条件。这种情况下的计算原理如图 5-8(b)所示。

延伸阅读:在大面积均布荷载下,土层中同一深度上,任意一点向侧向发生位移的趋势相同,因此土不会发生侧向变形,是一个完全侧限的条件。

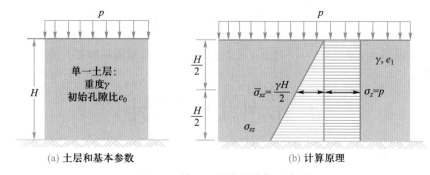

(a) 土层和基本参数   (b) 计算原理

图 5-8   单一土层变形计算示意图

对于均一土层来说,自重应力呈三角形分布,现在需要求在土层上施加一个矩形荷载后的变形量。考虑到以上两种应力都呈线性分布,土层均匀,土层的中点就代表整个土层受力变形的平均数值。在土层中点处,自重应力 $\overline{\sigma}_{sz}$ 和附加应力 σ_z 分别为

$$\overline{\sigma}_{sz} = \frac{\gamma H}{2} \tag{5-18}$$

$$\sigma_z = p \tag{5-19}$$

因此,这是一个初始应力 $p_1 = \overline{\sigma}_{sz}$、初始孔隙比为 e_1,施加附加应力后,应力增大到 $p_2 = \overline{\sigma}_{sz} + \sigma_z p_2$,而孔隙比减小到 e_2 的过程。土层的变形量可以用下式计算

$$s = \varepsilon_v H \tag{5-20}$$

式中 ε_v 为体积应变,考虑到

$$\varepsilon_v = \frac{-\Delta e}{1+e_1} = \frac{e_1 - e_2}{1+e_1} \tag{5-21}$$

因此

$$s = \varepsilon_v H = \frac{-\Delta e}{1+e_1} H = \frac{e_1 - e_2}{1+e_1} H \tag{5-22}$$

对于式(5-22),可以采用 e-p 曲线,或者 e-$\lg p$ 曲线进行计算。

(1) e-p 曲线法

如果已知 e-p 曲线,从曲线上找到 p_1 和 p_2 及其对应的 e_1 和 e_2,由压缩系数的定义可得

$$-\Delta e = e_1 - e_2 = a(p_2 - p_1) \tag{5-23}$$

于是

$$s = \frac{a}{1+e_1}(p_2 - p_1)H = \frac{a}{1+e_1}\Delta p H \tag{5-24}$$

如果已知压缩模量或者变形模量和泊松比,还可以用式(5-25):

$$s = \frac{\Delta p H}{E_s} = \beta \frac{\Delta p H}{E} \tag{5-25}$$

(2) e-$\lg p$ 曲线法

如果已知 e-$\lg p$ 曲线,则需要考虑土的应力历史。对于正常固结土,如图 5-9(a)所示,可用式(5-26)计算:

$$s = \frac{-\Delta e}{1+e_1}H = C_c\frac{H}{1+e_1}\lg\left(\frac{p_2}{p_1}\right) \tag{5-26}$$

如果是超固结土,如图 5-9(b)所示,对于正常固结段和超固结段要分别计算并加和,即用式(5-27):

$$s = C_e\frac{H}{1+e_1}\lg\left(\frac{p_c}{p_1}\right) + C_c\frac{H}{1+e_1}\lg\left(\frac{p_2}{p_c}\right) \tag{5-27}$$

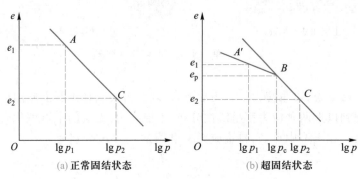

(a) 正常固结状态　　　　(b) 超固结状态

图 5-9　利用 e-$\lg p$ 曲线计算变形示意图

思考辨析:将式 $\frac{H}{1+e_1}$ 乘以 $V_s(=1)$ 就会发现,这是固体颗粒的高度,它在变形过程中是不变化的。这一点在前面的内容中交代过,通过下面例题的推导,可以进一步理解其在计算过程中的具体表现。

例题 5-2

式(5-27)右边第二项表示压缩过程第二段从 $p = p_c$ 开始,为什么 H 和 e_1 仍与第一项相同?

【解答】

画出超固结土单元的一维压缩过程,如图 5-10 所示。

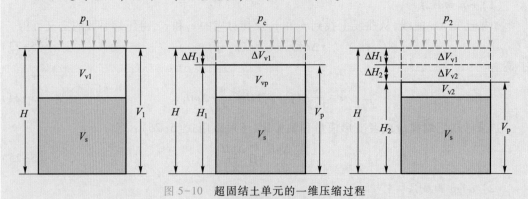

图 5-10　超固结土单元的一维压缩过程

当 $p=p_1$ 时,土单元的孔隙比为 $e_1=V_{v1}/V_s$;当 $p=p_c$ 时,土单元的孔隙比为 $e_p=V_{vp}/V_s$;
当 $p=p_2$ 时,土单元的孔隙比为 $e_2=V_{v2}/V_s$。

土单元从 p_1 至 p_2 的整个压缩过程中,竖向应变与孔隙比的关系为:

$$\varepsilon=\frac{\Delta H}{H}=\frac{\Delta H \cdot S_{底面积}}{H \cdot S_{底面积}}=\frac{\Delta V_v}{V}=\frac{V_{v1}-V_{v2}}{V_{v1}+V_s}=\frac{\dfrac{V_{v1}}{V_s}-\dfrac{V_{v2}}{V_s}}{\dfrac{V_{v1}}{V_s}+\dfrac{V_s}{V_s}}=\frac{e_1-e_2}{e_1+1}$$

上式表示的是超固结阶段和正常固结阶段的压缩,将两个阶段分开表示,则为:

$$\varepsilon=\frac{e_1-e_2}{e_1+1}=\frac{e_1-e_p}{e_1+1}+\frac{e_p-e_2}{e_1+1}$$

因此,整个压缩阶段的竖向沉降为:

$$s=\varepsilon H=\frac{e_1-e_p}{e_1+1}H+\frac{e_p-e_2}{e_1+1}H$$

由压缩指数 C_c 和回弹指数 C_e 的公式为:

$$C_e=\frac{e_1-e_p}{\lg p_c-\lg p_1}$$

$$C_c=\frac{e_p-e_2}{\lg p_2-\lg p_c}$$

则可得到超固结土的压缩沉降公式:

$$s=\varepsilon \cdot H=C_e\frac{H}{e_1+1}\lg\left(\frac{p_c}{p_1}\right)+C_c\frac{H}{e_1+1}\lg\left(\frac{p_2}{p_c}\right)$$

采用超固结压缩阶段(p_1 至 p_c)和正常压缩阶段(p_c 至 p_2)的应变来求总的压缩沉降
时,计算过程如下:

p_1 至 p_c 的竖向应变为:

$$\varepsilon_1=\frac{\Delta H_1 \cdot S_{底面积}}{H \cdot S_{底面积}}=\frac{\Delta V_{v1}}{V}=\frac{V_{v1}-V_{vp}}{V_{v1}+V_s}=\frac{\dfrac{V_{v1}}{V_s}-\dfrac{V_{vp}}{V_s}}{\dfrac{V_{v1}}{V_s}+\dfrac{V_s}{V_s}}=\frac{e_1-e_p}{e_1+1}$$

p_c 至 p_2 的竖向应变为:

$$\varepsilon_2=\frac{\Delta H_2 \cdot S_{底面积}}{H_1 \cdot S_{底面积}}=\frac{\Delta V_{v2}}{V_p}=\frac{V_{vp}-V_{v2}}{V_{vp}+V_s}=\frac{\dfrac{V_{vp}}{V_s}-\dfrac{V_{v2}}{V_s}}{\dfrac{V_{vp}}{V_s}+\dfrac{V_s}{V_s}}=\frac{e_p-e_2}{e_p+1}$$

p_1 至 p_2 的压缩沉降为:

$$s = \Delta H_1 + \Delta H_2 = \varepsilon_1 \cdot H + \varepsilon_2 \cdot H_1 = \frac{e_1 - e_p}{e_1 + 1} H + \frac{e_p - e_2}{e_p + 1} H_1$$

$$= C_e \frac{H}{e_1 + 1} \lg\left(\frac{p_c}{p_1}\right) + C_c \frac{H_1}{e_p + 1} \lg\left(\frac{p_2}{p_c}\right)$$

实际上，由 p_1 至 p_c 时的土单元高度和孔隙比的关系为：

$$\frac{H_1}{H} = \frac{H - \Delta H_1}{H} = \frac{H \cdot S_{底面积} - \Delta H_1 \cdot S_{底面积}}{H \cdot S_{底面积}} = \frac{V - \Delta V_{v1}}{V}$$

$$= \frac{(V_{v1} + V_s) - (V_{v1} - V_{vp})}{V_{v1} + V_s} = \frac{V_{vp} + V_s}{V_{v1} + V_s} = \frac{e_p + 1}{e_1 + 1}$$

由 $\dfrac{H}{1+e_1} = \dfrac{H_1}{1+e_p}$ 可知，超固结土的压缩沉降公式和 p_1 至 p_2 的压缩沉降公式是等价的。

5.2.2 地基沉降计算的分层总和法

上节根据固结试验的结果，分析了土的一维压缩特性；以此为基础，取单一土层的中点为代表，计算大面积均布荷载下单一土层的压缩变形。然而，在实践过程中经常遇到深厚的地基土层，有时由多个土层构成，即成层地基。在这种情况下，不能将整个地基看成单一土层，可以将地基土分成多个分层，将每一分层都看成"单一土层"来计算其沉降变形，把它们累加起来就得到整个地基总的沉降变形，这种方法叫作地基沉降计算的分层总和法。进一步以分层总和法为原理，引入应力面积概念，采用自然分层计算沉降，并根据实践经验，对计算结果进行修正，应用于工程中，这就是《建规》推荐的应力面积法。从土的压缩特性到地基沉降计算的逻辑关系逻辑流程如图 5-11 所示。

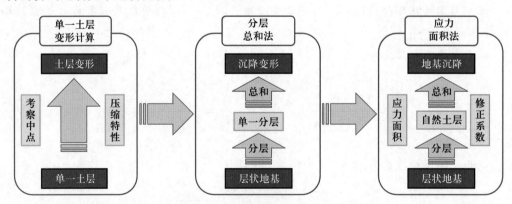

图 5-11　从土的压缩特性到地基沉降计算逻辑关系

1. 分层总和法的假定

从土性到土层再到层状地基的沉降计算，将理想状态下的简化分析应用于解决实际工程问题，其适用性依赖于以下假定。

（1）基底压力为线性分布；

（2）采用中点下附加应力，并用弹性理论计算；

（3）只发生单向沉降，即假定地基处于侧限应力状态；

（4）只考虑一定深度内的固结沉降，且不考虑次固结沉降。

2. 计算步骤

用分层总和法计算地基沉降变形如图 5-12 所示。

（1）假设基底压力为 p，计算基底附加压力 p_0：

$$p_0 = p - \gamma d \tag{5-28}$$

（2）按以下规定进行地基分层 H_i：

① 不同土层界面作为分层面。

② 地下水位线作为分层面。

③ 每层厚度不宜大于 $0.4b$ 或 4 m，其中 b 为基础宽度。

④ 附加应力 σ_z 变化明显的土层，分层厚度适当取小。

（3）计算地基中自重应力分布，$\sigma_{sz} = \gamma d$，从地面算起；

（4）根据第 3 章关于地基中附加应力 σ_z 的计算方法，从基底算起，确定其沿深度分布；

（5）确定沉降计算深度 z_n。对于一般土层按照 $\sigma_z = 0.2\sigma_{sz}$ 考虑；对于软黏土层，按照 $\sigma_z = 0.1\sigma_{sz}$ 考虑；如果遇到基岩或不可压缩土层，则认为其不发生沉降变形；

（6）把每一分层都看成单一均匀土层，利用上节的方法计算其沉降量 s_i；

（7）将各层沉降量累加 $\sum s_i$，即为分层总和法计算得到的地基沉降量。

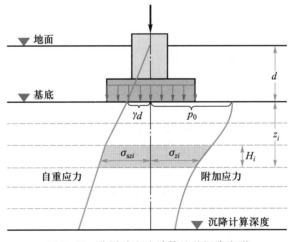

图 5-12　分层总和法计算地基沉降变形

延伸阅读：根据假定(4)，沉降计算深度 z_n 是指在基础沉降计算中需考虑压缩变形的地基土体的计算深度，采用应力比法试算确定。一方面，通常土层越深，密度越大，压缩模量越大；另一方面，根据附加应力沿深度的分布规律，土层越深，附加应力越小。当某一深度处的附加应力只有自重应力的 0.2 倍或者 0.1 倍的时候，认为其不足以引起明显的沉降，此处定为沉降计算深度。

例题 5-3

如图 5-13(a)所示,某基础埋深为 $d=2.4$ m,基础长度 $l=5$ m,宽度 $b=2.5$ m,其上部荷载为 $F=1\,324$ kPa。自上而下分别为填土层厚 2.4 m,$\gamma=17.5$ kN/m³;黏土层厚 2.4 m,$\gamma_{sat1}=19$ kN/m³;粉质黏土层,$\gamma_{sat2}=20.5$ kN/m³。地下水位在 4.8 m 处。黏土和粉质黏土压缩曲线($e\text{-}p$ 曲线)如图 5-13(b)所示。试用分层总和法计算地基的最终沉降量。

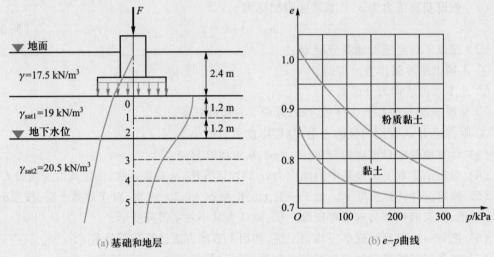

(a) 基础和地层   (b) $e\text{-}p$ 曲线

图 5-13 计算条件

【解答】

(1) 地基分层:根据土层和地下水位情况,取分层厚度 $H_i=1.2$ m。

(2) 各分层面自重应力 σ_{szi}:按照 $\sigma_{szi}=\sum\gamma_i h_i$ 计算各分层的自重应力:

$$\sigma_{sz0}=(17.5\times2.4)\,\text{kPa}=42\,\text{kPa}$$

$$\sigma_{sz1}=(42+19\times1.2)\,\text{kPa}=64.8\,\text{kPa}$$

$$\sigma_{sz2}=(64.8+19\times1.2)\,\text{kPa}=87.6\,\text{kPa}$$

$$\sigma_{sz3}=(87.6+20.5\times1.2)\,\text{kPa}=112.2\,\text{kPa}$$

$$\sigma_{sz4}=(112.2+20.5\times1.2)\,\text{kPa}=136.8\,\text{kPa}$$

(3) 基底附加压力

$$p_0=\frac{F+\gamma_G Ad}{A}-\gamma_m d=\left(\frac{1324+20\times5\times2.5\times2.4}{5\times2.5}-17.5\times2.4\right)\,\text{kPa}=112\,\text{kPa}$$

(4) 地基附加应力 σ_z:采用角点法进行计算,将荷载图形分成 4 块,则 $\sigma_z=4\alpha_c p_0$。

0 点:$l/b=2.5/1.25=2$,$z/b=0$,查表 3-4,得 $\alpha_c=0.25$,

则 $\sigma_z=4\alpha_c p_0=4\times0.25\times112\,\text{kPa}=112\,\text{kPa}$

各点地基附加应力计算结果见表 5-3。

表 5-3　各点地基附加应力计算结果

点号	z_i/m	l/b	z_i/b	α_c	σ_z/kPa
0	0		0	0.25	112
1	1.2		$1.2/1.25 \approx 1$	0.2	89.6
2	2.4	2	$2.4/1.25 \approx 1.9$	0.126 5	56.7
3	3.6		$3.6/1.25 \approx 2.9$	0.076 5	34.3
4	4.8		$4.8/1.25 \approx 3.8$	0.052	23.3

（5）计算深度 z_n

按照 $\sigma_z = 0.2\sigma_{sz}$ 确定。3.6 m 时 $\sigma_z/\sigma_{sz} = 34.2/112.2 = 0.31 > 0.2$，不满足要求；4.8 m 时 $\sigma_z/\sigma_{sz} = 23.3/136.8 = 0.17 < 0.2$，满足要求。所以，取计算深度 $z_n = 4.8$ m。

（6）计算各层土的平均自重应力和平均地基附加应力（结果见表 5-4）

表 5-4　各层土的平均自重应力和平均地基附加应力计算结果

点号	z_i/m	σ_{szi}/kPa	σ_z/kPa	平均自重应力 p_{1i}/kPa	平均地基附加应力/kPa	（自重应力+附加应力）p_{2i}/kPa
0	0	42	112	—	—	—
1	1.2	64.8	89.6	53	101	154
2	2.4	87.6	56.7	76	73	149
3	3.6	112.2	34.3	100	46	146
4	4.8	136.8	23.3	125	29	154

（7）各层孔隙比 e_{1i}、e_{2i}

根据 p_{1i}、p_{2i} 从图 5-13（b）中查取 e_{1i}、e_{2i}。结果见表 5-5。

表 5-5　各层孔隙比结果

点号	平均自重应力 p_{1i}/kPa	（自重应力+附加应力）p_{2i}/kPa	受压前孔隙比 e_{1i}	受压后孔隙比 e_{2i}	每层沉降量 S_i
0	—	—	—	—	—
1	53	154	0.787	0.738	32.9
2	76	149	0.767	0.741	17.7
3	100	146	0.895	0.853	25.6
4	125	154	0.867	0.846	13.5

（8）计算每层沉降量 s_i（结果见表 5-5）：

$$s_i = \frac{e_{1i} - e_{2i}}{1 + e_{1i}} H_i$$

（9）各层沉降量累加 $\sum s_i$：

$$\sum s_i = (32.9 + 17.7 + 25.6 + 13.5)\ \text{mm} = 89.7\ \text{mm}。$$

例题拓展

当例题 5-3 给出 E_{s1}、E_{s2} 时，则可直接用以下公式进行沉降量计算。

$$s_i = \frac{pH}{E_{si}}$$

5.2.3　地基沉降计算的应力面积法

《建规》根据分层总和法基本原理，采用平均附加应力系数推导沉降计算基本公式，根据工程经验确定地基沉降计算深度 z_n 的标准，并采用沉降计算经验系数 ψ_s 对计算结果进行修正。这种方法即前文提到的应力面积法，亦称规范法。

1. 计算原理

根据分层总和法和式（5-24），第 i 层的沉降量用 e-p 曲线计算如下：

$$s_i = \frac{a_i}{1 + e_{1i}} \overline{\sigma}_{zi} H_i \tag{5-29}$$

式中，$\overline{\sigma}_{zi}$ 是第 i 个土层的平均附加应力，等于该土层顶部附加应力 $\sigma_{z(i-1)}$ 与底部附加应力 σ_{zi} 的平均值，如图 5-14 所示。

令

$$A_i = \overline{\sigma}_{zi} H_i \tag{5-30}$$

式中，A_i 称为第 i 个土层对应的附加应力面积。

则式（5-29）可进一步写为

$$s_i = \frac{a_i}{1 + e_{1i}} A_i = \frac{1}{E_{si}} A_i \tag{5-31}$$

如果层厚较小，可以近似地认为该层的附加应力不变，即 $\overline{\sigma}_{zi} \approx \sigma_{z(i-1)} \approx \sigma_{zi}$，$A_i$ 可以按式（5-30）计算。如果层厚较大，如图 5-14 阴影部分所示，附加应力随深度呈明显的非线性分布，这种情况下应力面积就无法按照式（5-30）进行计算。

第 3 章曾经讲述过，在基底附加压力一定的情况下，地基中附加应力的大小主要取决于附加应力系数 α，该系数是深度的函数。

如果在一定深度内将 α 进行平均，如下式所示

$$\overline{\alpha} = \frac{1}{z} \int_0^z \alpha \, \mathrm{d}z \tag{5-32}$$

$\overline{\alpha}$ 称为平均附加应力系数，可以认为在深度 z 范围内具有完全相同的附加应力系数 $\overline{\alpha}$，附加应力就可以看成呈矩形分布。第 i 层的应力面积则可以用下式计算得到：

$$A_i = p_0 (z_i \overline{\alpha}_i - z_{i-1} \overline{\alpha}_{i-1}) \tag{5-33}$$

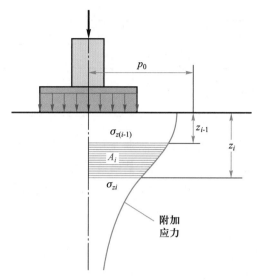

图 5-14　规范法计算地基沉降

式中

　　z_i、z_{i-1}——第 i 层、第 $i-1$ 层层底至基底的垂直距离;

　　$\overline{\alpha}_i$、$\overline{\alpha}_{i-1}$——z_i、z_{i-1} 范围内平均竖向附加应力系数,平均附加应力系数 $\overline{\alpha}$ 可以查《建规》获得。

　　于是,第 i 层的沉降就可以表示为

$$s_i' = \frac{\overline{\sigma}_{zi}}{E_{si}} H_i = \frac{p_0}{E_{si}} (z_i \overline{\alpha}_i - z_{i-1} \overline{\alpha}_{i-1}) \tag{5-34}$$

2. 分层规定

　　由于采用了平均附加应力系数,因此只要土性没有显著变化,对于分层的厚度不需要再进行限制,可以根据成层土的自然层面进行分层。考虑到地下水位上下土的有效重度不同,以地下水面作为分层界限。

3. 计算深度

　　分层总和法采用附加应力与自重应力的比来确定沉降的计算深度,在应力面积法中,不再进行细小分层以及计算每一层位的自重和附加应力。《建规》规定沉降计算深度 z_n 由下式确定:

$$\Delta s_n' \leqslant 0.025 \sum_{i=1}^{n} s_i' \tag{5-35}$$

式中,$\Delta s_n'$ 为自试算深度往上 Δz 厚度范围土的压缩量 s,其中 Δz 取值按表 5-6 确定,其中 b 为基础宽度。

表 5-6　Δz 取值

b/m	Δz/m
$b \leqslant 2$	0.3

b/m	$\Delta z/\mathrm{m}$
$2<b\leqslant4$	0.6
$4<b\leqslant8$	0.8
$b>8$	1

如在确定的沉降计算深度下部仍有较软弱土层时,变形不满足,则应继续往下进行计算,直到满足式(5-35)。当无相邻荷载影响,基础宽度在 1~30 m 范围内时,地基沉降计算深度也可按简化的公式 $z_n = b(2.5-0.4\ln b)$ 计算。在计算深度范围内遇到基岩时,z_n 取至基岩表面。

4. 结果修正

从分层总和法到应力面积法,都采用了大量的假定和简化,主要有

(1)假定基底压力呈线性分布;

(2)根据弹性理论进行附加应力计算;

(3)按中点下的附加应力计算沉降;

(4)只考虑单向压缩;

(5)只考虑主固结沉降;

(6)原状土现场取样的扰动;

(7)参数为常数。

这些假定或者简化处理使计算分析大大简化,但同时也会不可避免地引起一定误差,比如取中点下的附加应力值使 s 偏大,侧限压缩假定使计算值偏小,只考虑主固结沉降使计算值偏小,地基不均匀性导致有误差等。它们中有的使计算值偏大,有的使计算值偏小。《建规》中建议采用经验系数进行修正,如下式

$$\bar{s}=\psi_s s \tag{5-36}$$

长期实践经验表明,用应力面积法计算软黏土地基沉降值 s 偏小,因此取 $\psi_s>1$;硬黏土 s 偏大,$\psi_s<1$。可见,ψ_s 的大小与土层的软硬(即压缩模量)有关;此外,还跟地基的应力水平,即基底压力与承载力的对比关系有关。具体按表 5-7 取值。

表 5-7　沉降计算经验系数 ψ_s

基底附加压力	$\bar{E}_s/\mathrm{MPa}$				
	2.5	4.0	7.0	15.0	20.0
$p_0\geqslant f_{ak}$	1.4	1.3	1.0	0.4	0.2
$p_0\leqslant0.75f_{ak}$	1.1	1.0	0.7	0.4	0.2

表中 $\bar{E}_s=\dfrac{\sum A_i}{\sum\dfrac{A_i}{E_{si}}}$,$A_i=p_0(z_i\bar{\alpha}_i-z_{i-1}\bar{\alpha}_{i-1})$;$f_{ak}$ 为地基承载力特征值,将在第 7 章第 2 节讲述。

例题 5-4

题设条件与例题 5-3 相同,黏土层 $E_{s1}=4.9$ MPa;粉质黏土层 $E_{s2}=6.4$ MPa。试用应力面积法计算地基的最终沉降量(修正系数 $\psi_s=1.17$)。

【解答】

(1) 地基分层

根据土层和地下水位情况,将地基土分为两层,即为黏土层和粉质黏土层。

(2) 基底附加压力

$$p_0=\frac{F+\gamma_G Ad}{A}-\gamma_m d=\left(\frac{1\ 324+20\times5\times2.5\times2.4}{5\times2.5}-17.5\times2.4\right)\ \text{kPa}=112\ \text{kPa}$$

(3) 预估计算深度

$$z_n=b(2.5-0.4\ln b)=2.5\times(2.5-0.4\times\ln 2.5)\ \text{m}\approx5.3\ \text{m}$$

(4) 计算各分层土的沉降量

由以下公式进行计算

$$s_i'=\frac{\overline{\sigma}_{zi}}{E_{si}}H_i=\frac{p_0}{E_{si}}(z_i\overline{\alpha}_i-z_{i-1}\overline{\alpha}_{i-1})$$

对于黏土层,$z_0=0$,$z_1=2.4$ m

$l/b=2$,$z_0/b=0$,查《建规》得 $\overline{\alpha}=0.25$;$\overline{\alpha}_0=4\times0.25=1$;

$l/b=2$,$z_1/b=2.4/1.25=1.9$,查表得 $\overline{\alpha}=0.199\ 6$;$\overline{\alpha}_1=4\times0.199\ 6=0.798\ 4$

所以,黏土层的沉降量为

$$s_1'=\frac{p_0}{E_{s1}}(z_1\overline{\alpha}_1-z_0\overline{\alpha}_0)=\frac{112}{4.9}\times(2.4\times0.798\ 4-0)\ \text{mm}=43.8\ \text{mm}$$

由表 5-6 可得 $\Delta z=0.6$ m,计算各层地基沉降量见表 5-8。

表 5-8　各层地基沉降量

z_i/m	l/b	z_i/b	$\overline{\alpha}$	$\overline{\alpha}_i=4\overline{\alpha}$	$z_i\overline{\alpha}_i/\text{mm}$	$z_i\overline{\alpha}_i-z_{i-1}\overline{\alpha}_{i-1}/\text{mm}$	s_i'/m
0	2	0	0.25	1	0	—	—
2.4		1.9	0.199 6	0.798 4	1 916.16	1 916.16	43.8
4.7		3.8	0.140 8	0.563 2	2 647.04	730.88	12.8
5.3		4.2	0.131 9	0.527 6	2 796.28	149.24	2.6

（5）确定计算深度

由表 5-8 可知 $\Delta s_n' = 2.6$ mm，

$$\Delta s_n' / \sum_{i=1}^{n} s_i' = 2.6/(43.8 + 12.8 + 2.6) = 0.044 > 0.025$$

不符合要求，所以取 $z_n = 5.9$ mm，各层地基沉降量见表 5-9。

表 5-9　各层地基沉降量

z_i/m	l/b	z_i/b	$\bar{\alpha}$	$\bar{\alpha}_i = 4\bar{\alpha}$	$z_i\bar{\alpha}_i$/mm	$z_i\bar{\alpha}_i - z_{i-1}\bar{\alpha}_{i-1}$/mm	s_i'/mm
0		0	0.250 0	1	0		
2.4	2	1.9	0.199 6	0.798 4	1 916.16	1 916.16	43.80
5.3		4.2	0.131 9	0.527 6	2 796.28	880.12	15.4
5.9		4.7	0.122 2①	0.488 8	2 883.92	87.64	1.5

由表 5-9 可知 $\Delta s_n' = 1.50$ mm，

$$\Delta s_n' / \sum_{i=1}^{n} s_i' = 1.50/(43.80 + 15.4 + 1.5) = 0.024\ 7 < 0.025$$

所以取 $z_n = 5.9$ mm 符合要求。

（6）确定沉降计算经验系数 ψ_s

$$\bar{E}_s = \frac{\sum A_i}{\sum \dfrac{A_i}{E_{si}}} = \frac{p_0 z_n \bar{\alpha}_n}{s} = \frac{112 \times 5.9 \times 0.488\ 8}{43.80 + 15.4 + 1.5}\ \text{MPa} = 5.3\ \text{MPa}$$

（7）结果修正

$$\bar{s} = \psi_s s = 1.17 \times (43.80 + 15.4 + 1.5)\ \text{mm} = 71.02\ \text{mm}。$$

§5.3　一维固结理论

5.3.1　一维固结理论的建立

利用前面 2 节的知识，可以通过计算得到由土层压缩导致的地基最终沉降量。对于饱和土层，在附加压力作用下会产生超静孔隙水压力，发生压缩变形，就需要排出水分。土力学中将土体中超静孔隙水压力消散、水分排出、土体发生压缩变形的过程，叫作土的固结。

---

① 该列前 3 个数据通过直接查《建筑地基基础设计规范》（GB 50007—2011）附录 K 表格获取，《建规》数据保留了小数点后 4 位。本数据在《建规》表格里没有给出，按照规定，应根据《建规》表格的数值采用线性插值法求解，因此，求解得到该数据为 5 位小数。

固结排出水分需要时间,因此地基的沉降也有一个过程。它包含两层意思,一是固结发展的速度,二是某一时刻固结的程度。太沙基建立的一维固结理论对此进行了较好的诠释。

1. 物理模型

假设一个饱和土样,骨架变形为线弹性,可以用一根弹簧替代。土样受到上覆应力 p 的作用,土固结过程的应力变化可简化为如图 5-15 所示的物理模型。

（1）在施加压力 p 的瞬间 $t=0$,此时压力全部由超静孔隙水压力 u 承担,即 $u=p$,有效应力为 0。

（2）随着水分排出,超静孔隙水压力 u 消散,土体发生变形,有效应力慢慢增大。

（3）当固结完成时,$u=0$,上覆应力全部转化为有效应力,土体压缩变形结束。

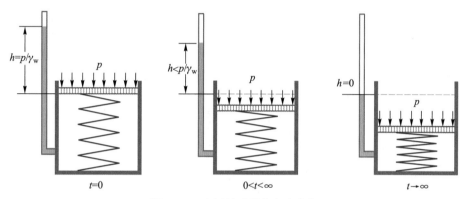

图 5-15　土固结过程的应力变化

思考辨析:土的固结过程是一个超静孔隙水压力逐渐消散,直至为零的过程,也是一个外部压力逐渐由有效应力独自承担的过程。在这个过程中,水分排出,孔隙比减小,土发生压缩变形。

2. 数学模型

根据以上物理模型建立数学模型,太沙基做出如下假定:

（1）土层均匀且完全饱和;

（2）土颗粒与水不可压缩;

（3）变形是单向压缩(水的渗出和土层压缩是单向的);

（4）压缩系数 a 是常数;

（5）渗流符合达西定律且渗透系数保持不变;

（6）荷载均布且一次施加,并在固结过程中保持不变,即 $\sigma_z = const$。

一维固结理论推导原理如图 5-16 所示,在固结土层深度 z 处取微小单元($V=1\times1\times dz$),初始孔隙比为 e_1,单面向上渗流。在时段 dt 内流入单元体的流量为 q,单元体发生压缩变形后孔隙比为 e,流出的水量为 $q+\partial q/\partial z dz$。根据连续性原理,有如下关系:

土骨架体积的减小量＝孔隙的体积减小量＝单元体排出的水量

根据第 2 章关于土三相指标的知识,可得单元体中固体体积为

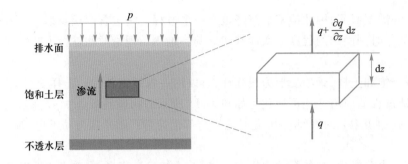

图 5-16　一维固结理论推导原理

$$V_1 = \frac{1}{1+e_1}\mathrm{d}z = const \tag{5-37}$$

发生压缩后孔隙体积为

$$V_2 = eV_1 = e\left(\frac{1}{1+e_1}\mathrm{d}z\right) \tag{5-38}$$

由 $\mathrm{d}t$ 时段内"孔隙的体积减小量＝单元体排出的水量"得

$$\frac{\partial V_2}{\partial t}\mathrm{d}t = \left[\left(q+\frac{\partial q}{\partial z}\mathrm{d}z\right)-q\right]\mathrm{d}t = \frac{\partial q}{\partial z}\mathrm{d}z\mathrm{d}t \tag{5-39}$$

进一步整理得

$$\frac{1}{1+e_1}\frac{\partial e}{\partial t} = \frac{\partial q}{\partial z} \tag{5-40}$$

根据土的压缩性

$$\Delta e = -a\Delta\sigma_z' \tag{5-41}$$

考虑土的有效应力原理

$$\sigma_z' = \sigma_z - u \tag{5-42}$$

结合式(5-41)和式(5-42),孔隙体积减小可以表示为孔隙水压力变化:

$$\frac{\partial e}{\partial t} = -a\frac{\partial \sigma_z'}{\partial t} = -a\frac{\partial(\sigma_z - u)}{\partial t} = a\frac{\partial u}{\partial t} \tag{5-43}$$

因此,式(5-40)左边可化为

$$\frac{1}{1+e_1}\frac{\partial e}{\partial t} = \frac{a}{1+e_1}\frac{\partial u}{\partial t} \tag{5-44}$$

根据达西定律,得

$$q = Aki = ki = k\frac{\partial h}{\partial z} = \frac{k}{\gamma_w}\frac{\partial u}{\partial z} \tag{5-45}$$

因此,式(5-40)右边可化为

$$\frac{\partial q}{\partial z} = \frac{k}{\gamma_w}\frac{\partial^2 u}{\partial z^2} \tag{5-46}$$

结合式(5-40)、式(5-44)和式(5-46)可得

$$\frac{\partial u}{\partial t} = \frac{k(1+e_1)}{\gamma_w a}\frac{\partial^2 u}{\partial z^2} \tag{5-47}$$

进一步整理得

$$\frac{\partial u}{\partial t} = C_v \frac{\partial^2 u}{\partial z^2} \tag{5-48}$$

其中

$$C_v = \frac{k(1+e_1)}{\gamma_w a} \tag{5-49}$$

式中，C_v 为固结系数(cm^2/s，黏性土一般在 10^{-4} 量级)。C_v 反映了土中孔压消散的快慢程度，或固结速度。C_v 与渗透系数 k 成正比，与压缩系数 a 成反比。

思考辨析：回顾建立方程的总体思路，利用"一个连续性条件和 3 个土力学原理"，建立了 u 随 z，t 的变化方程。

(1) 连续性条件：孔隙体积的减小＝流出的水量，即 $\dfrac{1}{1+e_1}\dfrac{\partial e}{\partial t} = \dfrac{\partial q}{\partial z}$

(2) 土的压缩性：$\Delta e = -a\Delta\sigma_z'$

(3) 有效应力原理：$\sigma_z' = \sigma_z - u$ $\left.\right\}$ $\Rightarrow \dfrac{\partial e}{\partial t} = -a\dfrac{\partial \sigma_z'}{\partial t} = -a\dfrac{\partial(\sigma_z - u)}{\partial t} = a\dfrac{\partial u}{\partial t}$

(4) 达西定律：$q = Aki = ki = k\dfrac{\partial h}{\partial z} = \dfrac{k}{\gamma_w}\dfrac{\partial u}{\partial z}$

3. 方程的解

式(5-48)称作一维固结方程，是一个线性齐次抛物线型偏微分方程，可用分离变量方法求解；给出定解条件，求解渗流固结方程，就可以解出 $u_{z,t}$。

初始边界条件：

(1) $t=0$ 时，在 $0 \leq z \leq H$ 范围内，$u=p$；

(2) $0 < t < \infty$ 内任意时刻，排水面 $z=0$，$u=0$；不排水面 $z=H$，$\partial u/\partial z = 0$；

(3) $t \to \infty$ 时，在 $0 \leq z \leq H$ 范围内，$u=0$；

微分方程的解为

$$u_{z,t} = \frac{4p}{\pi}\sum_{m=1}^{\infty}\frac{1}{m}\sin\left(\frac{m\pi z}{2H}\right)\mathrm{e}^{-m^2\left(\frac{\pi^2}{4}\right)T_v}, \ m=1,3,5,\cdots \tag{5-50}$$

式(5-50)中

$$T_v = \frac{C_v}{H^2}t \tag{5-51}$$

T_v 称作时间因数，反映孔隙水压力的消散程度，即固结程度，T_v 无量纲。

分析微分方程的解，发现有如下特点：

(1) 孔隙水压力与压力 p 成正比；

(2) 用无穷级数表示；

(3) 在空间上按三角函数分布；

（4）在时间上按指数衰减；

（5）m 较大项的影响急剧减小，常取一项。

根据（5），固结方程的解取一项为

$$u_{z,t} \approx \frac{4p}{\pi} \sum_{m=1}^{\infty} \frac{1}{m} \sin\left(\frac{\pi z}{2H}\right) \mathrm{e}^{-\left(\frac{\pi^2}{4}\right) T_v}, m = 1,3,5,\cdots \qquad (5\text{-}52)$$

图 5-17 给出在单面排水和双面排水的情况下，不同时刻（T_v 不同）孔隙水压力的消散规律。可以看出，土层厚度 H 一定的时候，双面排水的排水路径减小一半。根据时间因数的表达式可得

$$t = \frac{T_v H^2}{C_v} \qquad (5\text{-}53)$$

可见，当达到相同的固结程度（T_v 相同）时，单面排水需要的时间是双面排水的 4 倍。

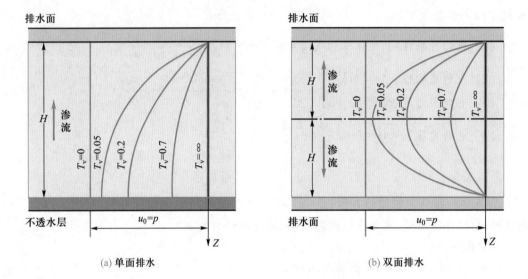

(a) 单面排水　　　　　　　　　　　　(b) 双面排水

图 5-17　不同时刻孔隙水压力的消散规律

5.3.2　地基的固结度

实际上，太沙基一维固结理论的解隐含了与固结速度有关的参数 C_v，以及与固结程度有关的参数 T_v。这两个参数都是从孔隙水压力消散的角度来定义的，前者表示孔隙水压力消散的快慢，后者则表示孔隙水压力消散的程度。如前所述，孔隙水压力消散总是与变形的发展紧密相连的，下面从固结度来考察固结理论对于压缩变形的意义。

1. 固结度的定义

土层中一点的固结度为任意时刻某一深度处有效应力与总应力之比：

$$U_{z,t} = \frac{\sigma_z'}{\sigma_z} = \frac{\sigma_z - u_{z,t}}{\sigma_z} = 1 - \frac{u_{z,t}}{\sigma_z} \qquad (5\text{-}54)$$

$u_{z,t} = 0 \sim 1$，表征有效应力在总应力中所占的比例。

对于地层来说,一层土的平均固结度定义为任意时刻的沉降量与最终沉降量之比:

$$U_t = \frac{s_t}{s_\infty} \tag{5-55}$$

根据单一土层压缩性计算方法,获得 t 时刻土层的变形和最终沉降,固结度可以进一步写成:

$$U_t = \frac{s_t}{s_\infty} = \frac{\int \dfrac{a\sigma'_{z,t}}{1+e_1}\mathrm{d}z}{\dfrac{a\sigma_z}{1+e_1}H} = \frac{\int \sigma'_{z,t}\mathrm{d}z}{\int \sigma_z\mathrm{d}z} = \frac{\text{有效应力分布面积}}{\text{总应力分布面积}} \tag{5-56}$$

思考辨析:土层的固结度表征了有效应力面积占总应力面积的比例,与 t 时刻土层沉降量占最终沉降量的比例在物理意义上等价。土层的平均固结度是用沉降比定义的,利用土的压缩性和有效应力原理,也可以化成有效应力分布面积与总应力分布面积的比,这与一点的固结度在概念上是统一的。这为我们提供了分析沉降的工具。

2. 固结度的计算方法

在单向排水条件下,压缩应力分布不同时,各种类型的分布荷载的固结度和时间因数关系曲线 U_t-T,如图 5-18 所示。α 为地基顶部排水面处附加应力 σ_{z0} 与底部不排水面处附加应力 σ_{z1} 之比。

双面排水条件下,无论应力分布情况如何,均按矩形分布,用式(5-57)和式(5-58)计算固结度 U_t 与 T_v 时,排水距离取压缩土层厚度的 1/2,达到相同固结度所需时间为单面排水固结时间的 1/4。

$$U_t = 1 - \frac{8}{\pi^2}\mathrm{e}^{-\frac{\pi^2}{4}T_v} \tag{5-57}$$

$$T_v = -\frac{4}{\pi^2}\ln\left[\frac{\pi^2}{8}(1-U_t)\right] \tag{5-58}$$

3. 与时间有关的沉降问题

(1)求某一时刻的沉降量 s_t

给定时间 t,根据 $T_v = \dfrac{C_v}{H^2}t$ 求出 T_v,代入式(5-57)求出固结度 U_t,根据 $s_t = U_t s_\infty$ 求出沉降量。

(2)求达到某一沉降量所需要的时间 t

根据 $U_t = s_t/s_\infty$ 求出固结度 U_t,查图 5-18(或计算)确定 T_v,代入 $t = \dfrac{T_v H^2}{C_v}$,求出所需时间。

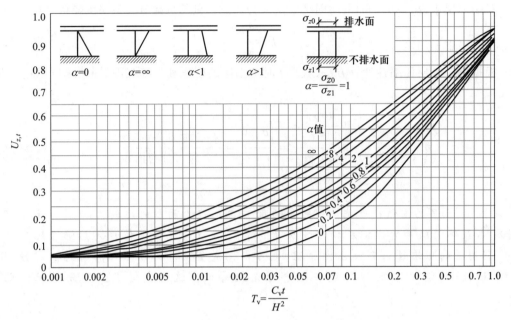

图 5-18　不同压缩应力分布条件下固结度和时间因数关系曲线

例题 5-5

某土层厚 6 m,上下均为透水层,固结系数为 $0.812\ \text{m}^2/\text{a}$,表面作用大面积均布荷载。试求:(1) 当达到最终沉降量一半时所需的时间;(2) 3 年后固结度;(3) 当该土层下卧不透水层时,达到最终沉降量一半时所需的时间。

【解答】

(1) 达到最终沉降量一半时,$U_t = 50\%$

$$T_v = -\frac{4}{\pi^2}\ln\left[\frac{\pi^2}{8}(1-U_t)\right] = -\frac{4}{\pi^2}\ln\left[\frac{\pi^2}{8}(1-0.5)\right] = 0.196$$

因为土层上下均为透水层,所以为双面排水,最远排水距离 H 取压缩土层厚度的 $1/2$。可得 $t = \dfrac{T_v H^2}{C_v} = \dfrac{0.196\times(6/2)^2}{0.812}$ a $= 2.17$ a。

(2) 3 年后 $T_v = \dfrac{C_v}{H^2}t = \dfrac{0.812}{(6/2)^2}\times 3 = 0.271$

代入 $T_v = -\dfrac{4}{\pi^2}\ln\left[\dfrac{\pi^2}{8}(1-U_t)\right]$,可得 $U_t = 58.5\%$。

(3) 当土层下卧不透水层时为单面排水,此时 H 不用取一半。

$$t = \frac{T_v H^2}{C_v} = \frac{0.196\times 6^2}{0.812}\ \text{a} = 8.69\ \text{a}$$

5.3.3 固结系数确定方法

固结系数 C_v 反映固结速度，C_v 越大，固结越快。直接计算或直接测量 C_v 存在一定的困难，通常采用经验方法来确定固结系数 C_v，两种常用的经验方法主要包括时间平方根法和时间对数法。

（1）时间平方根法

将试验固结曲线绘制在 $sO\sqrt{t}$ 坐标系上，当变形量在稳定变形量的 60% 以前，试验点基本落在一条直线上，如图 5-19 所示。即当固结度 $U_t \leqslant 0.6$ 时，基本满足

$$U_t \approx \frac{2}{\sqrt{\pi}}\sqrt{T_v} \tag{5-59}$$

由于试验开始时有初始压缩，起始的试验点常偏离理论的直线段。当 $U_t > 0.6$ 时，试验曲线与式(5-59)对应的直线段逐渐分离。计算表明，当 $U_t = 0.9$ 时，试验曲线获得的 $\sqrt{T_v}$ 是利用式(5-59)计算得到的 $\sqrt{T_v}$ 的 1.15 倍，于是从 O' 点引一条直线交于 A 点（图 5-19）。A 点所对应的坐标即为固结度达到 90% 的变形量 s_{90} 和时间 $\sqrt{t_{90}}$。在 $\sqrt{t_{90}}$ 确定后，利用式(5-58)可计算求得固结度 $U_t = 0.9$ 时的 T_v 为 0.848，此时土的固结系数 C_v 为

$$C_v = \frac{0.848H^2}{t_{90}} \tag{5-60}$$

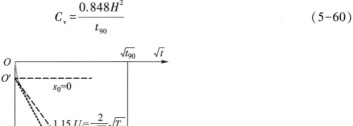
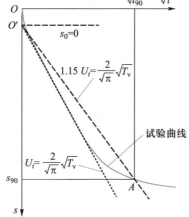

图 5-19　时间平方根法

（2）时间对数法

将试验测得的变形量和时间关系绘制在半对数坐标系上，如图 5-20 所示。取曲线下弯点前后两端曲线切线的交点 d 作为主固结段 s_d 和次固结段 s_c 的分界点。根据固结曲线前段符合抛物线的规律，在前段曲线上任取 a、b 两点，且 a、b 两点的横轴时间满足 $1:4$ 的关系，此时固结曲线 a、b 间的变形量为 Δs，在点 a 上再加一个 Δs，即可得到主固结变形开始的位置 s_0。s_0 至 d 之间的变形量 s_d 即为主固结段的总变形量，s_0 至 d 竖直距离中点 c 的坐标，即

为渗流固结完成50%的变形量 s_{50} 和 t_{50}。利用式(5-58)可计算求得固结度 $U_t = 0.5$ 时的 T_v 为0.198,因此可得

$$C_v = \frac{0.198H^2}{t_{50}} \qquad (5-61)$$

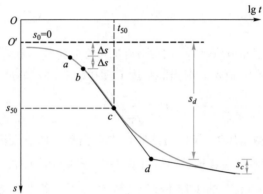

图 5-20 时间对数法

思考辨析:时间平方根法和时间对数法均已应用于工程实践中,但需要说明的是,这两种方法都是半经验方法,无论采用哪一种方法得到的 C_v 值都只能作为近似值。此外,由于试验土样不一定能够完全代表天然土层的情况,因此选用 C_v 值时还需要结合实际情况来确定。

思考和习题

5-1　试述压缩系数、压缩指数、压缩模量和固结系数的确定方法。

5-2　简述在正常固结土层中,地下水位的上升和下降对建筑物的沉降分别有什么影响?

5-3　地基最终沉降量计算时,附加应力采用有效应力还是总应力?为什么?

5-4　两个基础底面附加压力相同,面积相同但埋深不同,假设压缩层内土的性质相同,试问哪个基础的沉降量大?若两个基础埋深相同但面积不同,哪个沉降量大?

5-5　某土样压缩试验数据记录见表5-10,试计算该土样的压缩系数 a_{1-2}、压缩模量 E_{s1-2} 并评价该土的压缩性。

表 5-10　题 5-5 某土样压缩试验数据

压力/kPa	孔隙比 e
0	0.982
50	0.964
100	0.952
200	0.936
400	0.919

5-6 有一矩形基础长 10 m,宽 5 m,埋深为 2 m,中心垂直荷载(包括基础自重)为 12 000 kN,地基土层分布如图 5-21 所示,试采用分层总和法计算地基沉降量。

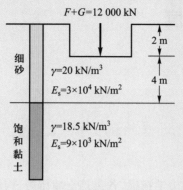

$F+G=12\ 000$ kN

细砂 $\gamma=20$ kN/m³ $E_s=3\times10^4$ kN/m²

饱和黏土 $\gamma=18.5$ kN/m³ $E_s=9\times10^3$ kN/m²

2 m

4 m

图 5-21   题 5-6 图

5-7 某单面排水的饱和黏土层厚度为 10 m,在大面积荷载 $p_0=150$ kPa 作用下,设该土层初始孔隙比 $e_0=1$,压缩系数 $a=0.3$ MPa⁻¹,压缩模量 $E_s=6.0$ MPa,渗透系数 $k=2.0$ cm/a。试求:(1) 加荷一年后土层沉降量;(2) 沉降量达到 160 mm 所需的时间。

第 5 章习题答案

导读:本章讲述土强度的规律、机理和莫尔-库仑强度理论;介绍土强度参数的室内和现场测试方法,以及强度指标的选取和工程应用。

土的抗剪强度是土重要的力学指标,各类挡土墙压力、构筑物的地基承载力以及土坡的稳定性等土工破坏问题均与土的抗剪强度有关(图 6-1),合理确定土的抗剪强度是岩土工程设计的必要环节。

土具有碎散性、三相性以及自然变异性,这三个基本特点决定了其破坏特征与一般固体材料显著不同。土的碎散性使其无法承担拉应力,土的强度就是指其抗剪强度,是土体抵抗剪切破坏的极限能力,数值上等于土体发生剪切破坏时的剪应力。与土颗粒自身的强度相比,土更容易产生颗粒间相对滑移的剪切破坏。土的三相性使其在不同的流体控制条件下表现出承担外荷载的不同能力,根据第 3 章讲述的有效应力原理,剪切过程中是否允许排水将直接影响土中的孔隙水压力,进而改变土骨架承担外荷载的大小,因此对强度具有重要影响。土的自然变异性源自其成因历史和赋存条件的复杂性,土在不同的自然条件下表现出显著不同的强度特征,如黄土遇水抗剪强度可能极大地降低,而土降温冻结后抗剪强度极大地提高等。

土的抗剪强度研究是土力学的一个重要课题。大量研究表明,土的抗剪强度受多种因素的影响。内在因素主要有土的颗粒组成、土的结构、含水率与孔隙比等,而外部因素则包括应力条件、排水条件以及温度条件等。不同的强度理论考虑因素不同,适用范围不同。本章介绍工程中最常使用的强度理论、强度指标的测试方法及其工程应用。

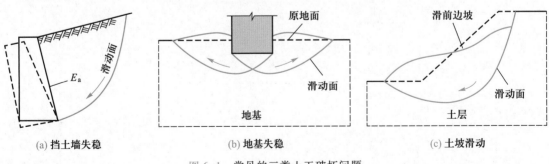

(a) 挡土墙失稳　　　　　　(b) 地基失稳　　　　　　(c) 土坡滑动

图 6-1　常见的三类土工破坏问题

6.1.1 土强度的规律和机理

当土中的应力状态达到一定条件时,土就会发生破坏。破坏准则是描述这种应力状态组合的关系式;强度理论则是在认识基本规律、分析相关机理并确定适用范围基础上建立起来的完备体系。前者更偏重于数学关系表达式,后者则对数学关系式赋予合理的物理依据,但是二者在工程和研究中通常没有明确的界限。下面首先介绍土强度的基本规律和机理。

1. 库仑公式

库仑(1776)利用图6-2所示的直接剪切仪研究了土的强度规律。将土样置于对开的试样盒中,上下盒可以错动并在土样中部形成滑动面,也就是土样的剪切破坏面。在上部施加一个竖向力(F)形成作用于剪切面上的正应力(σ),上下盒发生错动形成剪切力(T),在剪切面上形成剪应力(τ),通过试验获得剪切面上正应力与土样破坏时剪应力(即强度)之间的关系。研究发现,抗剪强度τ_f与破坏面上正应力满足近似线性关系:

$$\tau_f = c + \sigma \tan \varphi \tag{6-1}$$

式中

τ_f——土的抗剪强度(kPa);

σ——剪切面上的正应力(kPa);

c——土的黏聚力(kPa);

φ——土的内摩擦角(°)。

式(6-1)称作库仑公式,是最早发现的关于土强度的规律。

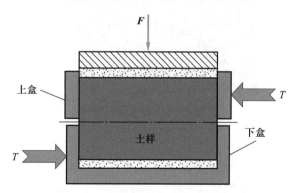

图6-2 直接剪切仪工作原理示意图

2. 机理分析

库仑公式(6-1)表明,土的强度由两部分组成,分别是与正应力无关的黏聚力c,以及与正应力成正比的摩擦力$\sigma \tan \varphi$。下面从这两个方面分析强度发挥的机理。

（1）土的黏聚力

在黏性土中,颗粒之间具有一定的联结作用,比如用手指捏一捏,会有粘手的感觉,具有黏聚力是"黏土"名称的由来。土的黏聚力是多种效应的综合结果,包括土颗粒之间的静电引力、范德华力以及化学胶结等,这些效应都是颗粒本身的特性所导致的,与黏土颗粒矿物成分、密度、离子浓度以及地质历史等有关,与正应力无关。因此,式(6-1)的黏聚力项符合土强度的机理。

（2）土的摩擦力

摩擦定律表明,材料之间发生错动位移需要的剪切力与滑动面上的法向力成正比。土发生破坏时,剪切破坏面上颗粒间的错动也符合摩擦定律

$$F_T = \mu F_N \tag{6-2}$$

式中

F_T——滑动面上的摩擦力,除以作用面积,则是材料滑动需要的剪应力;

F_N——滑动面上的法向力,除以作用面积则是滑动面上的正应力;

μ——摩擦系数。

摩擦性是土的一个基本力学特性。与其他材料不同,要使土颗粒发生剪切破坏,既要克服某些颗粒间的滑动摩擦力,又要克服另外一些颗粒间的滚动摩擦力,如图6-3所示。土的滑动摩擦由颗粒之间接触面的粗糙不平引起;滚动摩擦是相邻颗粒的约束作用所导致的,当发生剪切破坏时,相互咬合的颗粒必须抬起、推开或者跨越相邻颗粒才能移动。这两种摩擦特性与粒径级配、矿物成分以及颗粒的形状等内在因素有关,且都与正应力成正比。因此,式(6-1)的摩擦力项也符合土强度的机理。

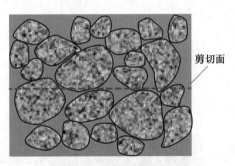

剪切面

图6-3　土颗粒之间的摩擦

延伸阅读:土在剪切过程中,由于颗粒间的相互错动和翻滚,体积会发生变化。对于密度大的土,颗粒翻滚会撑开周围的颗粒导致体积增大,称为剪胀;对于密度小的土,颗粒移动后填入周围的孔隙,会导致体积减小,称作剪缩。由于剪缩也称为负剪胀,二者统称为剪胀。剪胀性是土的又一个基本力学特性。

（3）无黏性土的强度

根据以上机理分析,饱和砂土的黏聚力为0,因此砂土的库仑公式可以表示为

$$\tau_f = \sigma \tan \varphi \tag{6-3}$$

式(6-3)适用于砂土和碎石土等粗颗粒土,由于其强度没有黏聚力项,因此称为无黏性土。无黏性土的强度曲线是一条零截距的直线,库仑公式仅有一项,只需要一个参数来描述,即内摩擦角 φ。

由式(6-3)可知,无黏性土的正应力 σ 越大,土的强度就越高。例如,没有受到周围约束作用的松散砂土,不能成形作为单元体,所谓一盘散沙,它无法承受剪应力,即对应 $\sigma = 0$ 条件下的抗剪强度 $\tau_f = 0$;位于地下一定深度受到周围压力约束的砂土却可以承受上部荷载形成的剪应力,对应一定 σ 值的砂土抗剪强度为 $\tau_f \neq 0$。深度不同,作用于无黏性土上的 σ 值不同,其抗剪强度 τ_f 也相应地不同。可见,以上分析符合物理机理。

延伸阅读:从名称上可以看出,黏聚力是黏性土所特有,粗粒土如砂土通常不具有黏聚力。然而,当砂土颗粒间具有化学胶结的时候,或者非饱和状态下孔隙中具有毛细吸力作用的情况下,试验发现其也具有黏聚力。

3. 有效应力与强度

式(6-1)和式(6-3)是用总应力表示的抗剪强度公式,根据有效应力原理,库仑公式可用有效应力表示为

$$\tau_f = c' + \sigma' \tan \varphi' = c' + (\sigma - u) \tan \varphi' \tag{6-4}$$

式中

σ'——破坏面上的有效正应力(kPa);

c'——土的有效黏聚力(kPa);

φ'——有效内摩擦角(°)。

前文述及,土的强度由有效应力控制,孔隙水压力通过改变有效应力而改变强度。因此,有效应力表达式是符合剪切机理的强度规律;总应力表达式并不符合机理,但有时候无法获得孔隙水压力,而只能获得库仑公式的总应力表达式,如果合理把握规律,也可以应用于解决实际工程问题。利用抗剪强度的有效应力指标 c' 和 φ' 进行土体稳定性分析的方法,称为有效应力法;直接利用土的总应力抗剪强度指标 c 和 φ 进行土体稳定性分析的方法,称为总应力法。凡是有条件获得有效应力的,均应当用有效应力指标。

知识衔接:前面章节中所介绍的侧压力系数经验公式 $K = 1 - \sin \varphi'$,式中所用的 φ' 就是有效内摩擦角。

6.1.2 莫尔-库仑强度理论

应当认识到,库仑公式是在事先规定施加应力的形式以及规定土体发生剪切破坏位置的情况下通过试验获得的。如果要分析土在一般的应力状态下是否破坏,以及究竟在哪个位置发生破坏,即考察库仑公式在一般应力条件下的表达式,则需要借助于莫尔圆。

1. 土中一点的应力状态——莫尔应力圆

平面内一点的应力状态可用 3 个应力分量 $\sigma_x, \sigma_y, \tau_{xy}$ 表示,如图 6-4 所示,材料力学中曾经讲述过,这一点的大、小主应力 σ_1 和 σ_3 可以表示为

$$\begin{cases} \sigma_1 = \dfrac{\sigma_x + \sigma_y}{2} + \sqrt{\left(\dfrac{\sigma_x - \sigma_y}{2}\right)^2 + \tau_{xy}^2} \\[3mm] \sigma_3 = \dfrac{\sigma_x + \sigma_y}{2} - \sqrt{\left(\dfrac{\sigma_x - \sigma_y}{2}\right)^2 + \tau_{xy}^2} \end{cases} \tag{6-5}$$

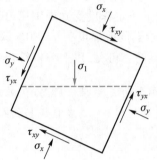

图 6-4　一点的平面应力状态

由于单元体主平面上剪应力为 0,为了使问题简化,下面取主平面的外法线方向为坐标方向考察单元体受力情况,如图 6-5(a)所示。在单元体内取与大主应力作用面夹角为 α 的任一斜面,假设该斜面上作用的正应力和剪应力分别为 σ 和 τ,截取三角形隔离体为研究对象进行静力平衡分析,如图 6-5(b)所示。设图 6-5(b)中三角形斜边长为 $\mathrm{d}l$,则两直角边长分别为 $\mathrm{d}l\sin\alpha$ 与 $\mathrm{d}l\cos\alpha$。考虑单位厚度,隔离体在水平与竖直方向的静力平衡条件如下

$$\begin{cases} \sigma_3\mathrm{d}l\sin\alpha - \sigma\mathrm{d}l\sin\alpha + \tau\mathrm{d}l\cos\alpha = 0 \\ \sigma_1\mathrm{d}l\cos\alpha - \sigma\mathrm{d}l\cos\alpha - \tau\mathrm{d}l\sin\alpha = 0 \end{cases} \tag{6-6}$$

联立方程求解,可得与大主应力作用面夹角为 α 的斜面上的正应力和剪应力为

$$\begin{cases} \sigma = \dfrac{\sigma_1 + \sigma_3}{2} + \dfrac{\sigma_1 - \sigma_3}{2}\cos 2\alpha \\[3mm] \tau = \dfrac{\sigma_1 - \sigma_3}{2}\sin 2\alpha \end{cases} \tag{6-7}$$

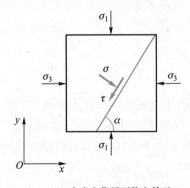 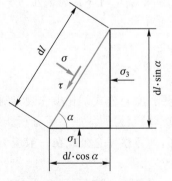

(a) 主应力作用下的土单元　　　　(b) 隔离体上的应力状态分析

图 6-5　土中一点的应力状态

整理式(6-7)消去 α 得到关于 σ 与 τ 的方程

$$\left(\sigma - \frac{\sigma_1 + \sigma_3}{2}\right)^2 + \tau^2 = \left(\frac{\sigma_1 - \sigma_3}{2}\right)^2 \tag{6-8}$$

式(6-8)是一个圆的方程,它表示单元体任意角度截面上正应力与剪应力的关系,由德国工程师莫尔于 1882 年提出,称作莫尔应力圆,简称莫尔圆。在 τ-σ 坐标系中,其圆心坐标为 $((\sigma_1 + \sigma_3)/2,\ 0)$,半径为 $(\sigma_1 - \sigma_3)/2$,如图 6-6 所示。莫尔圆上的一点对应于某个平面,莫尔圆与横轴的右交点 B 的坐标 $(\sigma_1,\ 0)$ 对应于作用在 $\alpha = 0°$ 平面上的应力,即正应力与剪应力分别为大主应力 σ_1 和 0;而与横轴的左交点 $C(\sigma_3,\ 0)$ 对应于作用在 $\alpha = 90°$ 平面上正应力为 σ_3,剪应力为 0;莫尔圆上的点从 B 点开始绕圆心逆时针旋转 2α 角达到 A 点,其坐标 $(\sigma,\ \tau)$ 对应于与大主应力作用面成 α 角的斜面上的正应力与剪应力,且可以证明 AC 与横轴的夹角为 α。由此可知,与大主应力作用面成任一角度 α 的斜面上的应力状态都可以通过莫尔圆上点的坐标进行表征。

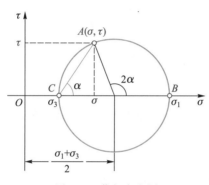

图 6-6　莫尔应力圆

2. 土中一点的应力及其稳定状态

在正应力和剪应力坐标系里,莫尔圆上一点的坐标表示单元体内某一平面上正应力和剪应力。如果这个平面与大主应力作用面的夹角为 α,则这一点的坐标可记作 $(\sigma_\alpha,\ \tau_\alpha)$。随着 α 的变化,所考察的平面改变,坐标点在圆上的位置发生相应变化。莫尔圆即某一特定应力状态下所有平面上正应力和剪应力坐标的轨迹,它表示土中一点完整的应力状态。

库仑公式是土在不同应力状态下发生破坏时,破坏面上正应力和剪应力的关系。在与上述相同的坐标系里,可以表示成"以破坏面上的正应力和剪应力为坐标"的点的集合,即破坏应力状态的轨迹。这是一条直线,称作库仑强度包线,简称库仑线。

要判断土是否稳定,则可以考察当前应力状态与破坏应力状态的关系,即莫尔圆与库仑线之间的关系。莫尔圆和库仑线的相对位置关系有三种,如图 6-7 所示。

(1) 相离:莫尔圆(圆 Ⅰ)位于库仑线下方,圆上任一点的剪应力都没有达到抗剪强度,土体不会发生剪切破坏,是安全的。

（2）相切：莫尔圆（圆Ⅱ）与库仑线相切，圆上点 A 的剪应力刚好达到了抗剪强度。如前所述，该点对应于土单元内某一平面，在这个平面上达到极限平衡条件。土处于极限平衡状态时所对应的莫尔圆，称为极限平衡状态下的莫尔应力圆，简称极限应力圆。

（3）相交：莫尔圆（圆Ⅲ）与库仑线相交，在库仑线以上圆弧部分已超过抗剪强度包线。此时，莫尔圆所反映的应力状态与"一定正应力下土单元所能抵抗剪切破坏的极限能力"的强度定义相矛盾，这一应力状态实际上是不可能存在的。

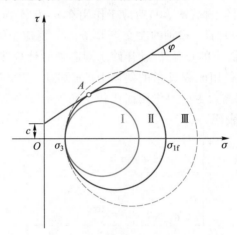

图 6-7　莫尔圆与库仑线的关系

3. 土中一点的极限平衡状态

根据上面的分析，当莫尔圆与库仑线相切时，土单元即达到了极限平衡状态，这个莫尔圆称为极限应力圆。库仑线就应当是多个极限应力圆的公切线。下面根据莫尔圆与库仑线相切的几何关系，推导土的破坏准则。

假设土在 (σ_1, σ_3) 作用下达到破坏，破坏面与大主应力作用面夹角为 α_f，如图 6-8(a)所示。图 6-8(b)表示出极限莫尔圆和库仑线的相切关系，相关参数和角度见图上的标注。根据图中三角形 ADE 的几何关系知

$$\sin \varphi = \frac{AD}{DE} = \frac{\dfrac{\sigma_1 - \sigma_3}{2}}{\dfrac{\sigma_1 + \sigma_3}{2} + c\cot\varphi} = \frac{\sigma_1 - \sigma_3}{\sigma_1 + \sigma_3 + 2c\cot\varphi} \tag{6-9}$$

整理得

$$\sigma_1 = \sigma_3 \frac{1 + \sin \varphi}{1 - \sin \varphi} + 2c \sqrt{\frac{1 + \sin \varphi}{1 - \sin \varphi}} \tag{6-10}$$

或

$$\sigma_3 = \sigma_1 \frac{1 - \sin \varphi}{1 + \sin \varphi} - 2c \sqrt{\frac{1 - \sin \varphi}{1 + \sin \varphi}} \tag{6-11}$$

进一步，利用三角函数关系 $(1 + \sin \varphi)/(1 - \sin \varphi) = \tan(45° + \varphi/2)$ 或 $(1 - \sin \varphi)/(1 + \sin \varphi) = \tan(45° - \varphi/2)$，可将式（6-10）和式（6-11）进一步整理为

$$\sigma_1 = \sigma_3 \tan^2(45°+\varphi/2) + 2c\tan(45°+\varphi/2) \tag{6-12}$$

或
$$\sigma_3 = \sigma_1 \tan^2(45°-\varphi/2) - 2c\tan(45°-\varphi/2) \tag{6-13}$$

对于无黏性土，$c=0$，式(6-12)和式(6-13)可以表示为
$$\sigma_1 = \sigma_3 \tan^2(45°+\varphi/2) \tag{6-14}$$

或
$$\sigma_3 = \sigma_1 \tan^2(45°-\varphi/2) \tag{6-15}$$

式(6-12)至式(6-15)表示土单元达到破坏时的极限平衡条件，即莫尔-库仑破坏准则。若已知土单元的应力状态与抗剪强度指标 c、φ，就可以利用莫尔-库仑破坏准则判断土体单元是否破坏。

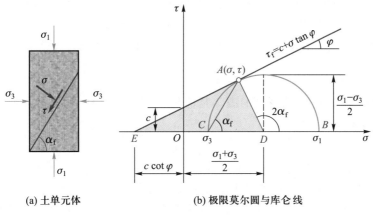

(a) 土单元体　　　　　(b) 极限莫尔圆与库仑线

图 6-8　土中一点的极限平衡状态

延伸阅读：根据莫尔-库仑破坏准则判断一点是否破坏时，小主应力(σ_3)一定，求破坏时的大主应力(σ_{1f})，式(6-12)全是加号；反过来，由大的(σ_1)求小的(σ_{3f})，式(6-13)全是减号。括弧中的角度由破坏面的位置决定。

莫尔-库仑破坏准则实际上同时给出了破坏面的位置。从图 6-8 可以看出，极限应力圆与库仑线的交点 A 所对应的平面为剪切破坏面。考虑到圆心角是对应于同弧圆周角的两倍，即 $\angle ADB = 2\angle ACD = 2\alpha_f$；且三角形 ADE 的外角等于与其不相邻的两内角之和，$\angle ADB = \angle EAD + \angle AED = 90°+\varphi$，即 $2\alpha_f = 90°+\varphi$，于是破坏面与大主应力作用面之间的夹角

$$\alpha_f = 45° + \frac{\varphi}{2} \tag{6-16}$$

根据式(6-16)，可通过内摩擦角 φ 计算得出破坏面与大主应力作用面之间的夹角 α_f。根据大、小主应力之间的正交关系，破坏面与小主应力作用面之间的夹角即为 $(90°-\alpha_f) = (45°-\varphi/2)$。

延伸阅读：从莫尔圆上可以看出，与大主应力作用面成45°的面是最大剪应力作用面，但土的破坏面并不是这个面。因此，土的破坏不由最大剪应力控制，剪切破坏并不发生在最大剪应力作用面上，而是发生在剪应力与正应力的最不利组合作用面上。

例题 6-1

已知土的内摩擦角 $\varphi = 30°$，黏聚力 $c = 10$ kPa。若地基中某点的大主应力 $\sigma_1 = 380$ kPa，土发生剪切破坏时，小主应力是多少？判断当前小主应力为 210 kPa 时，土处于何种状态？土的破坏面和最大剪应力分别出现在哪个面上？

【解答】

（1）当 $\sigma_1 = 380$ kPa 时，土体如果发生破坏，所需要的小主应力为

$$\sigma_{3f} = \sigma_1 \tan^2(45° - \varphi/2) - 2c\tan(45° - \varphi/2)$$
$$= 380 \times \tan^2(45° - 30°/2) - 2 \times 10 \times \tan(45° - 30°/2) = 115.1 \text{ kPa}$$

（2）$\sigma_{3f} < \sigma_3 = 210$ kPa，土体处于弹性平衡状态，是安全的。

（3）土体破坏面与大主应力作用面夹角为 60°，最大剪应力与大主应力夹角为 45°。

4. 莫尔–库仑强度包线

莫尔于 1910 年研究发现，材料的破坏是剪切破坏，破坏面上的抗剪强度 τ_f 与正应力 σ 之间存在着单值函数关系

$$\tau_f = f(\sigma) \tag{6-17}$$

当正应力范围较大时，抗剪强度 τ_f 与 σ 之间的函数关系在 τ–σ 坐标系中是一条与材料有关的曲线，如图 6-9 所示。这条曲线是一系列极限状态莫尔应力圆的外包线，称为莫尔包络线或抗剪强度包线。库仑公式也是这样一种单值函数，它所表达的抗剪强度包线是一条直线，即前述的库仑线。对于土而言，库仑公式在一定应力范围内成立。

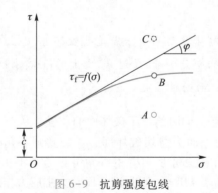

图 6-9　抗剪强度包线

土体在一定应力状态下，如果任何一个面上的正应力 σ 和剪应力 τ 的坐标点 (σ, τ) 都落在图 6-9 中所示强度包线下面如 A 点，表明在正应力作用下，应力状态下所有面上的剪应力都小于土的抗剪强度 τ_f，土体不会发生剪切破坏；如果刚好有一个点 (σ, τ) 落在强度包线上如 B 点，表明在这个面上剪应力等于抗剪强度，土体单元处于极限平衡状态；如果有任何应力状态点落在强度包线以上的区域如 C 点，表明某些面上的剪应力超过土的强度，这种应力状态是不会存在的，参考第二种情况，因为土一定在最不利的情况下已经发生破坏了。

土单元体中只要有一个截面达到极限平衡，称为极限平衡状态。研究表明，土体在应力变化范围不大时，强度包线可以用库仑强度公式表示，即土的抗剪强度与正应力成线性函数

关系。以库仑线作为抗剪强度包线,以莫尔圆与库仑强度包线相切作为极限平衡条件,进而获得破坏准则的理论,称为莫尔-库仑强度理论。此外,在以上分析中认为,中主应力(σ_2)对土抗剪强度的影响被忽略。

> 莫尔-库仑强度理论:
>
> (1)土的破坏是剪切破坏。
>
> (2)在一定的应力范围内,破坏面上的抗剪强度τ_f与该面上作用的正应力σ可以用库仑公式表示为$\tau_f = c + \sigma \tan \varphi$。
>
> (3)土单元的任一个平面上剪应力τ达到抗剪强度τ_f,土单元就发生破坏。
>
> (4)土的抗剪强度与中主应力无关。

§6.2 土的抗剪强度试验

土的抗剪强度直接决定着构筑物的土工稳定性,通过试验确定土在特定条件下的抗剪强度,或者获取强度指标,对工程实践具有重要的意义。以上统称为强度试验,可分为室内试验和原位试验。

室内试验的特点是边界条件比较明确,且试验过程容易控制。然而,从具体工程的角度来说,室内试验要求从工程现场采取试样,在取样和运输过程中不可避免地引起土结构的扰动,这是室内试验不可避免的缺点。目前,室内试验主要有直接剪切试验、三轴压缩试验和无侧限抗压试验。

为弥补室内试验的不足,可在施工现场进行原位试验。原位试验的优点是直接在工程场地原位测试,无须取样,因而能够在尽可能保持原有应力条件、不扰动土结构和构造的前提下进行试验。对无法进行或很难进行室内试验的土,如粗粒土、极软黏土及原位岩土接触面等的抗剪强度测定,可采用原位试验,以取得必要的力学指标。目前应用最为广泛的是原位十字板剪切试验。

6.2.1 直接剪切试验

1. 试验仪器

直接剪切试验(direct shear test)是测定土的抗剪强度指标最简单的室内试验方法,可测得给定剪切面上土的抗剪强度与正应力的关系,进而获得强度指标。试验所使用的仪器称为直接剪切仪,简称直剪仪,分为应变控制式和应力控制式两种。前者对试样采用恒定的位移速率进行剪切,并测定剪应力随位移的发展;后者则是对试样分级施加恒定的剪应力进行剪切,测定相应的剪切位移。我国普遍采用应变控制式直剪仪,其结构如图 6-10 所示,包括装样装置、加荷装置以及测量装置。其中,装样装置包括固定上盒、可移动下盒和透水石,试样置于剪切盒内,试样上、下各放一块透水石以利于试样排水;加荷装置包括垂直加荷框架和传压板用以施加正压力,以及轮轴推进杆用以施加剪切推力;测量装置包括量力环、水平位移量表以及竖向变形量表,现代许多直剪仪采用了应力和应变传感器,自动采集数据。以下试验均采用应变控制式直剪仪。

2. 试验方法

试验过程中试样的受力状态与测量方法如图 6-11 所示。首先通过加荷框架对试样施加竖向压力 P,然后等速转动轮轴推动下盒,使试样在上、下盒水平接触面处产生剪切位移 δ,并通过量力环与水平位移量表计算得出支座反力,即水平剪切力 Q,如图 6-11 所示。在剪切过程中,试样剪切面上作用的正应力为 σ($=P/A$,A 为试样截面面积),剪应力为 τ($=Q/A$)。随着上、下盒相对剪切变形的发展,土样的抗剪能力逐渐发挥,直至剪应力达到试样的抗剪强度,试样发生破坏。通过试验可以获得剪应力 τ 与剪切位移 δ 的关系曲线,如图 6-12 所示。当 τ-δ 关系曲线有峰值时,取峰值剪应力作为该级竖向应力作用下的抗剪强度 τ_f;当 τ-δ 关系曲线无峰值时,可取剪切位移 4 mm 处所对应的剪应力为抗剪强度。

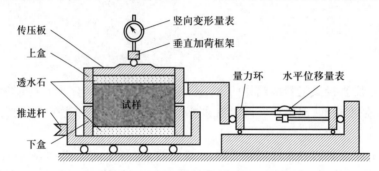

图 6-10 应变控制式直剪仪结构示意图

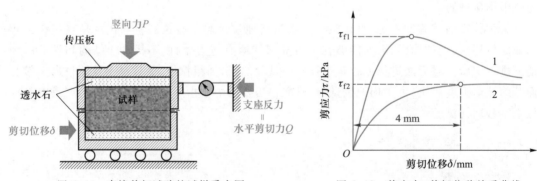

图 6-11 直接剪切试验的试样受力图   图 6-12 剪应力-剪切位移关系曲线

对同一种土进行不同级别竖向应力 σ 作用下的一系列直接剪切试验,可获得不同竖向应力对应的抗剪强度,将试验结果绘制到 τ_f-σ 坐标系中。同一种土至少取 4 个试样,分别在四个级别的竖向应力(σ 通常取为 100 kPa、200 kPa、300 kPa 和 400 kPa)作用下进行剪切试验。试验结果如图 6-13(a)所示,获得相应的抗剪强度 τ_{f1}、τ_{f2}、τ_{f3} 和 τ_{f4},并绘制 τ_f-σ 关系曲线,即为土的抗剪强度曲线,也就是库仑强度包线,如图 6-13(b)所示。

3. 试验类型

直接剪切试验并没有专门设置控制排水条件的装置,而是通过控制剪切速率近似模拟

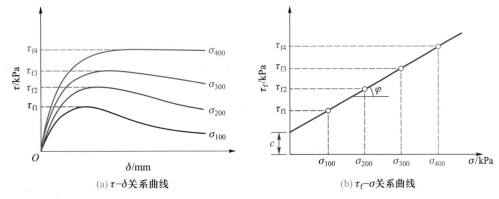

(a) τ-δ关系曲线   (b) τ_f-σ关系曲线

图 6-13　直接剪切试验结果

排水条件,可分为固结慢剪试验、固结快剪试验和快剪试验 3 种。

（1）固结慢剪试验

固结慢剪试验又称为慢剪试验,大致流程为:试样上下面贴上可透水的滤纸后,将试样进行保湿处理;施加垂直压力使试样充分固结;待竖向变形稳定后施加水平推力,使试样产生水平位移,剪切过程中试样内部的超静孔隙水压力完全消散。采用应变控制式直剪仪时,剪切速率应小于 0.02 mm/min。

（2）固结快剪试验

固结快剪试验适用于渗透系数较小的细粒土,试验大致流程为:试样上下面贴上可透水的滤纸后,将试样进行保湿处理;施加垂直压力使试样充分固结;待竖向位移稳定后施加水平推力,使试样产生剪切位移。剪切速率宜控制在 0.8~1.2 mm/min,剪切过程须在 3~5 min 内完成。

（3）快剪试验

快剪试验适用于渗透系数较小的细粒土,试验大致流程为:试样上下面贴上不透水薄膜后,施加竖向压力后立即施加水平推力,使试样产生剪切变形。剪切速率宜控制在 0.8~1.2 mm/min,剪切过程须在 3~5 min 内完成。

4. 直剪试验仪的优缺点

直剪试验仪是一种常用试验仪器,其优点与缺点都十分明显,具体内容如表 6-1 所示。

表 6-1　直剪试验仪的优缺点

优点	构造简单,试样容易制备和安装,操作简便;通过不同类型直剪试验能够迅速获得土的抗剪强度。
缺点	（1）剪切面被人为限制在上、下盒之间的平面上,而该平面可能并非是试样抗剪能力最弱的剪切面。
	（2）剪切过程中试样面积逐渐减小,且垂直荷载发生偏心;但计算抗剪强度时却保持受剪面积不变和剪应力均匀分布的设定。
	（3）不能严格控制排水条件,因而不能准确获知试样中的孔隙水压力。
	（4）剪切过程中试样内的剪应变与剪应力分布不均匀。
	（5）根据试样破坏时的正应力和剪应力,虽可算出大、小主应力 σ_1、σ_3 的数值,但中主应力 σ_2 无法确定。

6.2.2 三轴压缩试验

1. 试验仪器

土工三轴压缩试验仪(三轴仪)是一种能较好地测定土的抗剪强度的试验设备。与直剪仪相比,三轴仪试样中的应力相对比较均匀和明确。传统的三轴仪也分为应变控制和应力控制两种,目前由计算机和传感器等组成的自动化控制系统可同时具有两种模式,图 6-14 给出了三轴仪的简图。三轴仪的核心部分是压力室,它是由一个金属活塞、底座和透明有机玻璃圆筒组成的封闭容器;试样用薄乳胶膜套起来,以使试样中的孔隙水与压力室的液体(水)完全隔开,装进密闭的压力室里,通过阀门进入压力室内的压力水使试样表面承受周围压力 σ_3,简称围压;试样中的孔隙水通过其底部的透水面与孔隙水压力测量系统连通,并由孔隙水压力阀门控制;轴向加压系统用以对试样施加轴向偏差应力,并可控制轴向应变的速率。试样处于轴对称应力状态,竖向应力 σ_z 一般是大主应力,径向应力与周向应力总是相等,$\sigma_r = \sigma_\theta$,亦即 $\sigma_1 = \sigma_z$;$\sigma_2 = \sigma_3 = \sigma_r =$ 常数。

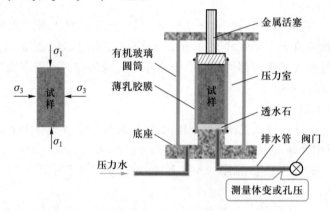

图 6-14　三轴仪简图

2. 试验方法

试验过程中,试样的轴向应变 ε_1 可根据其顶部刚性试样帽的轴向位移和试样起始高度算得,试样的侧向应变 $\varepsilon_2 = \varepsilon_3$,可根据其体积应变 ε_v 和轴向应变 ε_1 间接算得。对饱和试样而言,试样在试验过程中的排水量即为其体积变化量。排水量可通过打开量水管阀门,让试样中的水排入量水管,并由量水管中水位的变化算出。在不排水条件下,关闭排水阀,则可测定试样中的孔隙水压力。三轴压缩试验可根据工程实际情况的不同,采用不同的排水条件进行试验。在试验中,如果轴向应力为大主应力,则可令试样沿轴向压缩;如果围压为大主应力,则可令其沿轴向伸长。通过试验,可测得试样的轴向应力、轴向应变、体积应变或者孔隙水压力变化等。

> 延伸阅读:三轴压缩试验也叫三轴剪切试验,英文都是 triaxial compression test。试验采用饱和试样,剪切过程中打开排水阀,进出试样的水量即为体积变化量,关掉排水阀则可测得孔隙水压力,同一试验中不可兼得。这里介绍的三轴压缩试验是轴对称应力条件,三个主应力能够完全独立控制的试验叫作真三轴压缩试验,真三轴仪结构复杂得多。

一般将常规三轴压缩试验分为两个阶段。

（1）施加围压固结阶段。试验时，先打开围压系统阀门，使试样在各向受到的围压达 σ_3，并维持不变，如图 6-15（a）所示。在这个阶段中，如果打开排水阀，让试样中由围压产生的超静孔隙水压力完全消散，孔隙水排出，伴以土的体积压缩，这一过程称为固结。反之，如果关闭排水阀，不允许试样孔隙水排出，试样内保持有超静孔隙水压力，这个过程称为不固结。

（2）施加轴压剪切阶段。σ_1 不断增大而 σ_3 维持不变，通过轴向活塞对试样施加轴向偏差应力（$\sigma_1-\sigma_3$）进行剪切，直至破坏，如图 6-15（b）所示。剪切过程中，如果打开排水阀，允许试样内的孔隙水自由进出，并根据土样渗透性的大小控制加荷速率，使试样内不产生超静孔隙水压力，这一个过程称为排水。反之，剪切过程中关闭排水阀，不允许试样内的孔隙水进出，试样内保持有超静孔隙水压力，这个过程称为不排水。在不排水剪切过程中，饱和土试样的体积保持不变。

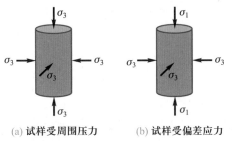

(a) 试样受周围压力　　　　(b) 试样受偏差应力

图 6-15　三轴压缩试验试样受力特征

三轴压缩试验可以完整反映土样受力变形直到破坏的全过程，因此既可以研究土的强度特性，也可以研究土的应力-应变特性。在强度试验中，需要确定试样的破坏点，通常有如下两种方法。测量相应的轴向应变 ε_1，绘制（$\sigma_1-\sigma_3$）-ε_1 关系曲线，以偏应力 $\sigma_1-\sigma_3$ 的峰值为破坏点（图 6-16）；无峰值时，取轴向应变 $\varepsilon_1=15\%$ 对应的偏应力值作为破坏点（图 6-16）。

在试样剪切过程中，$\sigma_1-\sigma_3$ 不断增大而 σ_3 维持不变，实际上是试样的轴向应力（大主应力）σ_1 不断增大，其莫尔应力圆亦逐渐扩大至极限应力圆，试样最终被剪切破坏。极限应力圆可由试样剪切破坏时的 σ_{1f} 和 σ_3 作出（图 6-17 中从虚线圆 I 开始，经过虚线圆 II，达到实线圆 III 土样破坏）。

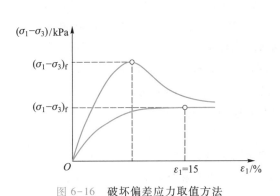

图 6-16　破坏偏差应力取值方法

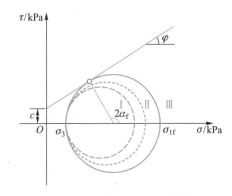

图 6-17　莫尔圆的发展演化

延伸阅读:应力-应变曲线上无峰值时取轴向应变 15%所对应的点为破坏点,可见,土的破坏也可以看成应变发展达到一定阶段的应力状态。强度和变形不能割裂开来,工程中更是如此,这将在第 7 章地基承载力部分得到充分体现。

在给定的围压 σ_3 作用下,一个试样的试验只能得到一个极限应力圆。同种土样至少需要 3 个以上试样在不同的 σ_3 作用下进行试验,方能得到一组极限应力圆。由于这些试样均被剪切破坏,分别绘制它们所对应的极限应力圆,其公切线为该土样的抗剪强度包线。在工程常用的应力范围内,通常是一条直线,与横坐标的夹角即为土的内摩擦角 φ,与纵坐标的截距即为土的黏聚力 c(图 6-18)。

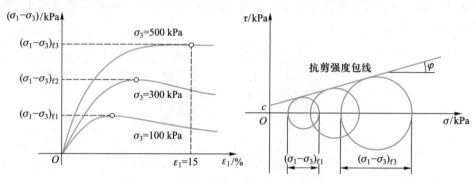

图 6-18   由常规三轴压缩试验确定的抗剪强度包线

思考辨析:三轴压缩试验应力-应变曲线的纵坐标是 $(\sigma_1-\sigma_3)$,是轴对称应力状态下的广义剪应力(deviatoric stress),是莫尔圆直径,即 45°面上的剪应力 2 倍。它不是莫尔-库仑理论中的强度,可以用它获得极限应力状态莫尔圆,以获得抗剪强度包线。

3. 试验类型

根据施加围压固结和轴压剪切阶段排水条件的不同,常规三轴压缩试验可以分为固结排水试验(CD 试验)、固结不排水试验(CU 试验)和不固结不排水试验(UU 试验)。

(1)固结排水试验(CD 试验):打开排水阀,施加围压 σ_3 后充分固结,超静孔隙水压力完全消散;打开排水阀,慢慢施加偏差应力 $\sigma_1-\sigma_3$ 以便充分排水,避免产生超静孔隙水压力。

(2)固结不排水试验(CU 试验):打开排水阀,施加围压 σ_3 后充分固结,超静孔隙水压力完全消散;关闭排水阀,很快剪切破坏,在施加偏差应力 $\sigma_1-\sigma_3$ 的过程中不排水。

(3)不固结不排水试验(UU 试验):基于某初始状态,关闭排水阀,围压 σ_3 下不固结;继续保持排水阀关闭状态,很快剪切破坏,在施加偏差应力 $\sigma_1-\sigma_3$ 的过程中不排水。

4. 三轴压缩试验的优缺点

三轴压缩试验可研究土在复杂应力条件下的抗剪强度特性,具有突出优点。

(1)与直接剪切试验相比,试样中的应力状态相对明确和均匀,测量简单可靠,破坏面非人为固定,可较容易地判断试样的破坏。

（2）试验中能严格控制试样的排水条件。在不排水条件下，可准确测定试样在剪切过程中孔隙水压力的变化，从而定量获得土中有效应力的变化。

（3）可以完整地反映试样受力变形直到破坏的全过程，可以模拟不同的工况，进行不同应力路径的试验。因此，既可获得强度参数，也可用作应力-应变关系研究。

然而，三轴压缩试验也存在一定的缺点。首先是试样制备和试验操作比较复杂；其次，尽管比起直接剪切试验，试样中的应力与应变均匀许多，但仍然存在局部不均匀的缺点。这是由于试样上、下端的侧向变形分别受到刚性试样帽和底座的限制，而试样的中间部分却不受约束。因此，当试样接近破坏时，试样常被挤成鼓形。此外，目前所谓的"三轴压缩试验"，一般都是在轴对称的应力-应变条件下进行的。许多研究报告表明，土的抗剪强度受到应力状态的影响。在实际工程中，油罐和圆形建筑物地基的应力分布属于轴对称应力状态，而路堤、土坝和长条形建筑物地基的应力分布属于平面应变状态（$\varepsilon_2 = 0$），一般方形和矩形建筑物地基的应力分布则属三向应力状态（$\sigma_1 \neq \sigma_2 \neq \sigma_3$）。研究表明，同种土在 3 种不同应力状态下的强度指标并不相同。例如，对砂土进行的许多对比试验表明，平面应变的砂土的 φ 值比轴对称应力状态下要高出约 3° 左右。因而，三轴压缩试验结果不能全面反映中主应力（σ_2）的影响。三轴压缩试验优缺点对比如表 6-2 所示。

表 6-2　三轴压缩试验的优缺点

优点	（1）应力状态及其变化明确，破坏面非人为固定。
	（2）排水条件清楚，可控制。
	（3）能够模拟不同工况。
缺点	（1）设备较复杂，现场难以试验，有时测试时间长。
	（2）不能反映中主应力 σ_2 的影响。

6.2.3　无侧限抗压强度试验

无侧限抗压强度试验等效于 $\sigma_3 = 0$ 时的三轴不固结不排水试验。由于试验过程中试样侧向不受限制，故称无侧限抗压强度试验。无黏性土在无侧限条件下试样难以成型，故该试验仅适用于能够成形的黏性土。试验时将圆柱形试样放在图 6-19(a) 所示的无侧限压缩仪中，该仪器主要由加压框架、升降螺杆、手轮、量力环和量表构成。通过手轮控制升降螺杆上升给试样施加轴向压力 σ_1，并使用量力环和量表测量轴向力大小。σ_1 不断增大（图 6-19(b)），直至发生剪切破坏。剪切破坏时试样所能承受的最大轴向应力称为无侧限抗压强度。

在无侧限抗压强度试验中，试样破坏时的判别标准与三轴压缩试验类似。无侧限抗压强度 q_u 相当于三轴压缩试验中试样在 $\sigma_3 = 0$ 条件下破坏时的大主应力 σ_{1f}，故由式(6-12)可得

$$q_u = \sigma_{1f} = 2c\tan\left(45° + \frac{\varphi}{2}\right) \tag{6-18}$$

式中，q_u 为无侧限抗压强度。

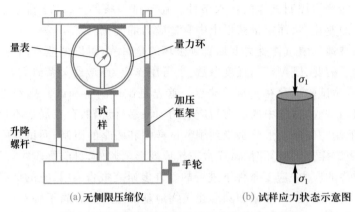

(a) 无侧限压缩仪 (b) 试样应力状态示意图

图 6-19　无侧限压缩仪及试样应力状态示意图

无侧限抗压强度试验只能获得一个极限应力圆（$\sigma_{1f}=q_u$，$\sigma_3=0$），因此，无法得到强度包线。6.3 节讲述不固结不排水抗剪强度时我们会看到，饱和黏土的无侧限抗压强度试验是其中的一个特例，总应力的强度包线为截距为 c_u 的水平切线，如图 6-20 所示。

$$c_u = \frac{q_u}{2} \tag{6-19}$$

值得注意的是，由于土样在取样过程中受到扰动，原位应力被释放，所测得的不排水强度通常低于原位不排水强度。无侧限抗压试验的优缺点见表 6-3。

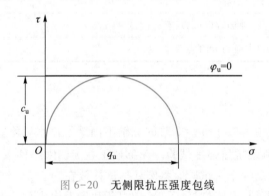

图 6-20　无侧限抗压强度包线

表 6-3　无侧限抗压强度试验的优缺点

优点	操作简单，尤其适用于饱和软黏土。
缺点	试样的中段部分完全不受约束，当试样接近破坏时，往往被压成鼓形，这时剪切面上的剪应力分布不均匀。

6.2.4　十字板剪切试验

室内的抗剪强度试验要求取得原状土试样，由于试样在取样、保存和运送等方面不可避免地受到扰动,特别是对于高灵敏度的软黏土,会显著影响试验结果的精度。因此,发展原位测试土性的仪器具有重要意义。在土的抗剪强度现场原位测试中,最常用的是十字板剪切试验。它无须钻孔取得原状土样,土体受扰动较少,试验时土的排水条件、受力状态等与实际条件十分接近。十字板剪切试验一般适用于测定软黏土的不排水强度。

十字板剪切试验仪的构造如图6-21(a)所示,主要由十字板头、轴杆、扭力设备和测力装置组成。十字板剪切试验的工作原理是钻孔到指定的土层,插入十字形的探头然后在地面上对轴杆施加扭转力矩至土体破坏。十字板头的四翼矩形片旋转时与土体间形成圆柱体表面形状的剪切面,受剪切土体的受力示意如图6-21(b)所示。通过测力设备测出最大扭转力矩M_{max},据此计算土的抗剪强度。

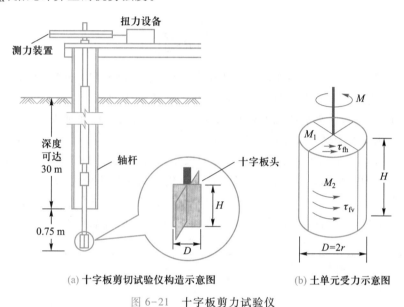

(a)十字板剪切试验仪构造示意图　　　(b)土单元受力示意图

图6-21　十字板剪力试验仪

土体剪切破坏时,其最大抗扭力矩由圆柱体上、下表面和侧面土的抗剪强度产生的抗扭力矩两部分构成,即

$$M_{max} = M_1 + M_2 \tag{6-20}$$

(1)圆柱体上、下表面上的抗扭力矩M_1:

$$M_1 = 2\int_0^{D/2} \tau_{fh} \times 2\pi r \times r\mathrm{d}r = \frac{\pi D^3}{6} \times \tau_{fh} \tag{6-21}$$

式中

　　D——圆柱体的直径(m);

　　r——距圆中心距离(m);

　　τ_{fh}——圆柱体上、下面的抗剪强度(kPa)。

(2)圆柱体侧面上的抗扭力矩M_2:

$$M_2 = \pi D H \times \frac{D}{2} \times \tau_{fv} \tag{6-22}$$

式中

H——十字板的高度（m）；

τ_{fv}——圆柱体侧面的抗剪强度（kPa）。

为简化起见，式（6-21）和式（6-22）的推导中假设了土的抗剪强度为各向相同，即剪切破坏时圆柱体侧面和上、下表面土的抗剪强度相等，即

$$\tau_{fh} = \tau_{fv} = \tau_f \tag{6-23}$$

因此

$$M_{max} = M_1 + M_2 = \frac{\pi D^3}{6}\tau_f + \frac{\pi H D^2}{2}\tau_f \tag{6-24}$$

于是，由十字板原位测定的土的抗剪强度 τ_f 为

$$\tau_f = \frac{M_{max}}{\frac{\pi D^2}{2}\left(H + \frac{D}{3}\right)} \tag{6-25}$$

对饱和软黏土来说，与室内无侧限抗压试验一样，十字板剪切试验所得成果即不排水抗剪强度 c_u，且主要反映土体垂直面上的强度。在实际土层中，τ_{fv} 和 τ_{fh} 是不同的，天然土层的抗剪强度是非等向的，即水平面上的抗剪强度大于垂直面上的抗剪强度。这主要是由于水平面上的固结压力大于侧向固结压力的缘故。

除土的各向异性外，土的成层性、十字板的尺寸、形状、高径比和旋转速率等因素对十字板剪切试验结果均有影响。此外，十字板剪切面上的应力条件十分复杂，十字板剪切不是简单沿着一个面产生，而是存在着一个具有一定厚度的剪切区域。因此，十字板剪切的 c_u 值与原状土室内的不排水剪切试验结果有一定差别。这种试验的优缺点见表6-4。

表6-4　十字板剪切试验的优缺点

优点	缺点
（1）构造简单，操作方便。 （2）无须钻孔取得原状土样，对土的结构扰动也较小。	对于不均匀土层，测试结果可能失真。

§6.3　土的抗剪强度指标和工程应用

理论上讲，对于一种特定的土，其基本性质已基本确定，抗剪强度仅与作用于土上的应力状态有关。只要测得土的抗剪强度指标，利用莫尔-库仑破坏准则就可以计算得到土的强度，从而判断土体的稳定性。然而，由于土这种材料是多孔、多相、松散介质，其强度指标的获取和选用是一个非常复杂的问题。前文已述及，破坏准则的表示方法有总应力和有效应力表达式；强度参数的测试手段有直接剪切试验和三轴压缩试验；在同一类试验中，如三轴压缩试验，还有不同的试验方法或控制条件。由于土的力学性质具有较强的应力历史和应力路径依赖性，同一种土的抗剪强度指标并不是一个定值。因此，正确理解不同条件下抗剪强度指标的物理含义，对实际工程应用具有重要意义。

6.3.1 应力路径

1. 应力路径的概念

在常规三轴压缩试验中,土样所受到的围压 σ_3 保持不变,轴向压力 σ_1 不断增大,导致土所受到的剪应力不断增大,直到土样达到破坏,这一过程可以用图 6-22 中半径不断增大的应力圆表示。

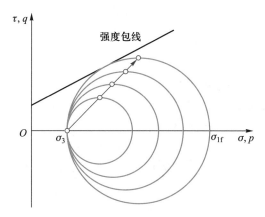

图 6-22　应力状态与应力路径

如果规定

$$
\begin{cases}
p = \dfrac{\sigma_1 + \sigma_3}{2} \\[2mm]
q = \dfrac{\sigma_1 - \sigma_3}{2}
\end{cases}
\tag{6-26}
$$

在 $p\text{-}q$ 坐标系里,(p,q) 表示某一应力圆上的一个点(即圆的顶点),于是应力的连续变化就可以用这些点的移动来表示。将这些点连起来,形成应力连续变化走过的轨迹线,叫作应力路径。

> **知识衔接**:迄今为止已经讲述过关于土应力的四个概念,分别是:
> (1)**应力状态**:分别用应力分量、主应力、莫尔圆或者莫尔圆上的一个点表示。
> (2)**应力历史**:土在历史上受到的最大有效固结应力,用前期固结压力 p_c 和超固结比 *OCR* 表示。
> (3)**应力水平**:可以用当前应力与强度或承载力的比值表示。(第5章规范法计算地基沉降时,所用到的修正系数 Ψ_s 就与应力水平有关,当附加应力接近承载力特征值的时候,容易发生更大的沉降变形,Ψ_s 取值就应当大一些。)
> (4)**应力路径**:应力走过的路径,在 p、q 平面上用莫尔圆的顶点连线表示。

2. 应力路径的用途

通过强度试验,找到一系列极限应力圆,它们的公切线就是强度包线,又叫作 τ_f 线,如图

6-23(a)所示。根据应力路径的概念,如果找到一系列极限应力圆的顶点,将其连成一条线,这条线就是破坏应力走过的路径,叫作破坏主应力线,称作K_f线;土沿着K_f线从一个破坏应力状态走向另一个破坏应力状态。此外,在侧限压缩过程中,保持K_0状态不断增大竖向压力,莫尔圆逐渐右移且不断增大,将所有应力圆的顶点连起来形成的轨迹线,叫作K_0线。

首先来分析τ_f线K_f线之间的关系。假设τ_f线的截距和斜率分别为c和$\tan \varphi$,K_f线的截距和斜率分别为a和$\tan \alpha$,如图6-23(b)所示。由几何关系容易获得

$$\begin{cases} \tan \alpha = \sin \varphi \\ a = c\cos \varphi \end{cases} \tag{6-27}$$

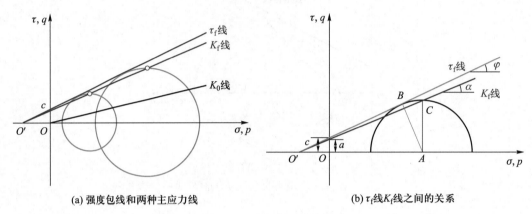

(a) 强度包线和两种主应力线　　　　　(b) τ_f线K_f线之间的关系

图6-23　应力路径的应用

其次来分析K_f线K_0线之间的关系。由式(6-27)可知,K_f线的方程为

$$q = c\cos \varphi + p\sin \varphi \tag{6-28}$$

对于K_0状态,有

$$\sigma_3 = K_0\sigma_1 \tag{6-29}$$

又因为

$$K_0 = 1 - \sin \varphi \tag{6-30}$$

所以有

$$\begin{cases} p = \dfrac{\sigma_1 + \sigma_3}{2} = \dfrac{\sigma_1(2 - \sin \varphi)}{2} \\ q = \dfrac{\sigma_1 - \sigma_3}{2} = \dfrac{\sigma_1 \sin \varphi'}{2} \end{cases} \tag{6-31}$$

因此,K_0线的方程为

$$q = \frac{\sin \varphi'}{2 - \sin \varphi'}p \tag{6-32}$$

比较式(6-28)和式(6-32)就可以发现,在p相同的情况下,K_f线上的q值恒大于K_0线,因此,K_0状态是安全的。

3. 总应力路径与有效应力路径

根据有效应力原理$\sigma' = \sigma - u$可知

$$\begin{cases} p' = \dfrac{1}{2}(\sigma_1' + \sigma_3') = \dfrac{1}{2}(\sigma_1 - u + \sigma_3 - u) = \dfrac{1}{2}(\sigma_1 + \sigma_3) - u = p - u \\[2mm] q' = \dfrac{1}{2}(\sigma_1' - \sigma_3') = \dfrac{1}{2}(\sigma_1 - u - \sigma_3 + u) = \dfrac{1}{2}(\sigma_1 - \sigma_3) = q \end{cases} \qquad (6\text{-}33)$$

由式(6-33)可见,总应力圆左移孔隙水压力 u 的距离就得到有效应力圆,如图 6-24(a)所示。

在常规三轴压缩试验中,施加各向均等的围压 $\sigma_3 (= \sigma_1)$,此时 $p = \sigma_3$,$q = 0$;然后保持围压不变,增大轴向压力直到破坏,在这个过程中

$$\begin{cases} \Delta p = \dfrac{1}{2}\Delta\sigma_1 \\[2mm] \Delta q = \dfrac{1}{2}\Delta\sigma_1 \end{cases} \qquad (6\text{-}34)$$

在总应力 $p\text{-}q$ 坐标系中,应力路径是沿 45°线增加达到总应力 K_f 线。如果测得孔隙水压力 u,有效应力向左平移 u,将以另外一条路径达到有效应力 K_f' 线,如图 6-24(b)所示。

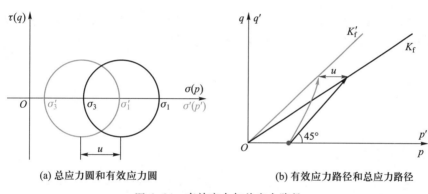

(a) 总应力圆和有效应力圆　　　　　　(b) 有效应力路径和总应力路径

图 6-24　有效应力与总应力路径

6.3.2　三轴压缩试验的强度指标

表 6-5 列出了三轴压缩试验的试验方法中,试样在固结和剪切过程中的孔隙水压力变化、剪切破坏时的应力条件以及所得到的强度指标。下面分别介绍 3 种试验方法所获得的强度指标。

表 6-5　3 种试验方法中的孔隙水压力变化、剪切破坏时的应力条件和强度指标

试验方法	孔隙水压力 u 的变化		剪切破坏时的应力条件		强度指标
	剪切前	剪切过程中	总应力	有效应力	
CD 试验	$u_1 = 0$	$u = u_2 = 0$ (任意时刻)	$\sigma_{1f} = \sigma_3 + \Delta\sigma$ $\sigma_{3f} = \sigma_3$	$\sigma_{1f}' = \sigma_3 + \Delta\sigma$ $\sigma_{3f}' = \sigma_3$	$c_d \backslash \varphi_d$
CU 试验	$u_1 = 0$	$u = u_2 \neq 0$ (不断变化)	$\sigma_{1f} = \sigma_3 + \Delta\sigma$ $\sigma_{3f} = \sigma_3$	$\sigma_{1f}' = \sigma_3 + \Delta\sigma - u_f$ $\sigma_{3f}' = \sigma_3 - u_f$	$c_{cu} \backslash \varphi_{cu}$

试验方法	孔隙水压力 u 的变化		剪切破坏时的应力条件		强度指标
	剪切前	剪切过程中	总应力	有效应力	
UU 试验	$u_1>0$	$u=u_1+u_2\neq 0$ （不断变化）	$\sigma_{1f}=\sigma_3+\Delta\sigma$ $\sigma_{3f}=\sigma_3$	$\sigma'_{1f}=\sigma_3+\Delta\sigma-u_f$ $\sigma'_{3f}=\sigma_3-u_f$	c_u、φ_u

1. CD 试验

在固结排水试验的全过程中,孔隙水压力始终为0,总应力与有效应力相同。因此,总应力指标与有效应力指标一致,即 $c_d=c'$,$\varphi_d=\varphi'$。

（1）松砂和正常固结黏土

松砂和正常固结黏土的应力-应变曲线表现为硬化型,随着轴向应力增大,体积应变逐渐增大,表现为体缩,如图 6-25(a)所示,体积应变以压缩为正。总应力圆与有效应力圆重合,总应力包线与有效应力强度包线重合,如图 6-25(b)所示。

> 延伸阅读:剪缩的过程中,土体变得越来越密实,承受剪应力的能力越来越大,应力-应变曲线近似双曲线形,这种应力-应变曲线的形态为硬化型。

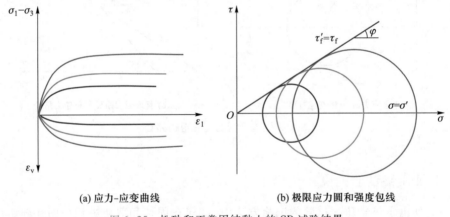

(a) 应力-应变曲线　　　　　　　　(b) 极限应力圆和强度包线

图 6-25　松砂和正常固结黏土的 CD 试验结果

值得注意的是,松砂和正常固结黏土的强度包线过原点,黏聚力 c 为0。对于砂土来说,$c=0$ 容易理解。对于软黏土来说,前期固结压力为0的正常固结黏土,即历史上从来没有在任何应力下发生固结,这种土可以认为是泥浆,其剪切强度为0,所以正常固结黏土的强度包线过原点。然而,$c=0$ 并不意味着曾经发生过固结的正常固结黏土没有黏聚力。实际上,黏聚力随着固结程度增加而增大,只不过在这种试验条件下,显示不出来。原因是随着固结程度的增大,土的密度增大,经过不同压力固结后的土物理性质并不一致,是这种试验方法掩盖了黏聚力。

（2）密砂和超固结黏土

密砂在围压较小的时候,应力-应变曲线表现为应变软化型。三轴压缩试验中软化型的应力-应变曲线通常是伴随着土体的剪胀,剪胀过程中颗粒翻滚错动形成了破坏面,导致土样不能承受更大的剪应力,因此剪应力在达到曲线峰值后开始下降,如图 6-26(a)中蓝色的曲线所示。而相对密实的砂土在较大的围压下表现出的应力-应变行为与围压相对小条件下的松砂的应力-应变行为相似,为应变硬化型。因此,砂土的"松"和"密"在一定程度上是相对于应力来说的。由于砂土中排水充分,图 6-26(b)中的总应力圆与有效应力圆重合,总应力包线与有效应力强度包线重合,砂土的黏聚力为 0。

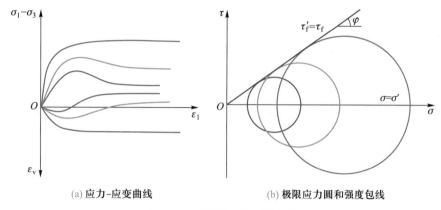

(a) 应力-应变曲线　　　　　(b) 极限应力圆和强度包线

图 6-26　密砂的 CD 试验结果

超固结黏土的应力-应变曲线与密砂相似,其极限应力圆和强度包线如图 6-27(a)所示,可见超固结黏土具有黏聚力。回顾超固结土的压缩曲线,当应力小于前期固结压力 p_c 时,土表现出超固结特性;当应力超过 p_c 时,土进入正常固结阶段。同理,在三轴压缩试验中,固结应力在前期固结压力前后,土将分别表现出超固结土和正常固结土的剪切特性,如图 6-27(b)所示。这种情况下,强度包线由两段构成,通常进行多个固结应力下的试验,近似取一条线来获得强度参数。

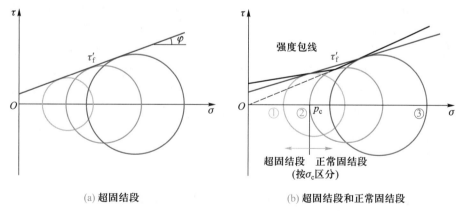

(a) 超固结段　　　　　　(b) 超固结段和正常固结段

图 6-27　超固结黏土的极限应力圆和强度包线

2. CU 试验

土在围压作用下完成固结后关闭排水阀,施加轴向压力开始剪切,剪切过程中会出现超

静孔隙水压力 Δu。由于砂土的渗透系数较大,在剪切过程中超静孔隙水压力很容易消散。因此,固结不排水试验通常针对黏土,只有在研究中或者特殊情况下才考虑砂土的 CU 试验,这里只介绍黏土。

正常固结黏土的 CU 试验应力-应变曲线如松砂和正常固结黏土的 CD 试验,如图 6-25(a)所示,但其极限应力圆有总应力圆(图 6-28 中实线所示)和有效应力圆(图 6-28 中虚线所示)之分,如图 6-28(a)所示。可见,两种极限应力圆所对应的强度包线不同,$\varphi_{cu}<\varphi'$,$c=0$。由于黏土的渗透系数较低,CD 试验耗时长,在实际工程中,经常用 CU 试验获得有效内摩擦角,大量试验表明,二者相差不大。超固结土的 CU 试验应力-应变曲线如 CD 试验,如图 6-26(a)所示,其强度包线如图 6-28(b)所示,可见 $c_{cu}>c'$,$\varphi_{cu}<\varphi'$。

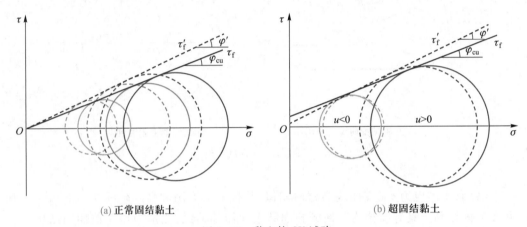

(a) 正常固结黏土　　　　　　　　　　　　　(b) 超固结黏土

图 6-28　黏土的 CU 试验

3. UU 试验

针对一定状态下的饱和土样,从其初始状态开始,关闭阀门施加围压 σ_3,不允许发生进一步固结;施加 $\Delta(\sigma_1-\sigma_3)$ 的过程中阀门继续保持关闭状态,剪切过程中可以测得超静孔隙水压力 Δu。UU 试验的"不固结"是指保持原有的状态,不允许在更大围压下发生进一步固结。施加围压时孔隙水不排出,施加下一级更大的围压 σ_3,增大的围压只能由更大的孔隙水压力承担,有效应力不会发生变化,抗剪强度不会增大。这种试验的总应力圆是一系列半径相等、圆心发生变化的圆,而有效应力圆只有一个,如图 6-29 所示。因此,UU 试验的总应力强度包线是一条 σ 轴的平行线,离横轴的距离 c_u 为其黏聚力,而 $\varphi_u=0$;由于只能获得一个有效应力圆,无法得到有效应力强度包线,因此无法获得有效应力参数。正如前文提到,无侧限压缩试验相当于一个围压 $\sigma_3=0$ 的 UU 试验。

4. 黏性土的强度参数讨论

前面看到,正常固结黏土在 CD 试验和 CU 试验中所得到的黏聚力都为 0,在 UU 试验中得到的黏聚力为 c_u,而内摩擦角为 0。这实际上是在剪切过程中受试验条件控制的试验行为,而非材料特性。

如果在黏土层中深度为 0 处取一个黏土样,由于它没有经过固结,可以看成泥浆;将它取回实验室进行 UU 试验,毫无疑问,其强度为 $c_{u0}=0$,如图 6-30 所示。假设某一定深度处

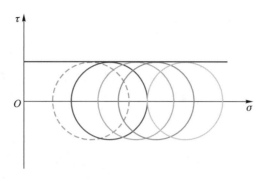

图 6-29　黏土的 UU 试验

的土样,在压力 p_1 下完成固结,将此土样取回实验室,在相应的围压下进行 UU 试验,得到其抗剪强度为 c_{u1}。在更大深度处,土样在压力 $p_2(>p_1)$ 下完成固结,同样对试样进行相应围压下的 UU 试验,可以得到抗剪强度为 c_{u2},以此类推。可见,正常固结黏土在 UU 试验中是可以测得黏聚力的,但是某一特定固结状态下的 UU 试验中得到的内摩擦角是 0。现在做这一系列 UU 试验极限应力圆的公切线,这其实就是 CU 试验的强度包线,它是一条过原点有一定斜率的直线,可见正常固结黏土的 CU 试验得到的黏聚力为 0,内摩擦角不为零。因此,CU 试验实际上是多个不同固结状态土样 UU 试验的组合。

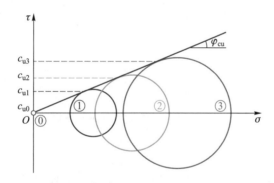

图 6-30　黏性土的强度参数在 UU 试验与 CU 试验中的反映

思考辨析:从物理意义上讲,经过一定程度固结的黏性土,既有黏聚力,也有内摩擦角。不同的试验揭示出来的参数不同,是因为不同试验中土的密度和固结状态发生了变化,它们实际上已经不是同一个土样。因此,所获得的参数是试验属性,而不是材料属性。然而,如果试验能够准确反映实际工程中的应力状态和剪切过程,强度计算是准确的,例如黏土的快速滑坡,这是在特定固结状态下,不再发生进一步固结、快速剪切的过程,那么实验室可以用 UU 试验反映,所获得的参数 c_u 就可以准确反映滑动面上的抗剪能力。

6.3.3 强度指标的工程应用

1. 有效应力指标和总应力指标

由于有效应力反映土骨架的真实剪切特性,因此凡是能测得孔隙水压力的,都应当获得有效应力强度指标,并在工程中优先选用。

2. 直接剪切试验和三轴压缩试验指标

由于直接剪切试验规定了破坏面,它不一定是最软弱面,通常所获得的强度参数偏大,在工程中偏于危险。同时,直接剪切试验用剪切速率控制排水,即快剪对应于排水条件,慢剪对应于不排水条件,实际上很难有效控制剪切面上的孔隙水压力,所获得的强度指标与真实情况有一定差距。相反,三轴压缩试验没有事先规定破坏面,试验过程中能够精确控制排水条件,所获得的强度参数更为合理。因此,优先选用三轴压缩试验获得的参数。

3. 峰值强度和残余强度指标

应变软化型的应力-应变曲线有峰值,通常情况下工程中的强度是指构筑物能承受的最大剪应力,应当取峰值点为极限应力状态时获得的强度参数。这种曲线通常也有残余强度,如图 6-31,对于古旧滑坡以及大变形问题,则需要取残余强度所对应的强度参数。

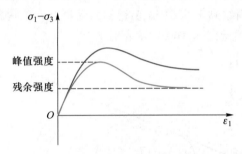

图 6-31 应变软化型曲线的峰值和残余强度

4. 强度指标的工程应用

在实验室获取强度参数是为了工程应用,因此试验必须真实反映实际工程条件,采用相应的试验。软土地基上快速填方、快速施工建筑物,以及前述黏土层中的快速滑坡等,可以采用不固结不排水试验获得 c_u;填方工程中,如果第一层填完经过长时间固结后,快速填筑第二层,或者黏土地基预压固结后,快速施工建筑物,都可以采用固结不排水试验,获得 c_{cu} 和 φ_{cu};黏土地基上分层慢速填方或者慢速施工建筑物都需要进行固结排水试验,获得 c_d 和 φ_d。

思考和习题

6-1 比较直接剪切试验中的三种方法和三轴压缩试验中的三种方法的异同点与适用场合。

6-2 简述由剪应力引起的土体破坏为什么不发生在最大剪应力面上。

6-3 影响砂土抗剪强度的因素有哪些?

6-4 什么是应力路径？应力路径有哪两种表示方法？两种方法之间关系如何？

6-5 对饱和无黏性土进行三轴固结排水试验,得到有效抗剪强度参数 $c'=0$, $\varphi'=28.3°$；对同一种试样进行固结不排水试验,三轴压力室内围压为 200 kPa,破坏时轴向主应力差为 150 kPa。求固结不排水抗剪强度指标 φ_{cu},破坏时的孔隙水压力 u_f。

6-6 某饱和黏土进行三轴固结不排水试验,施加围压 $\sigma_3=200$ kPa,破坏时的主应力差为 300 kPa,测得抗剪强度参数有效内摩擦角为 $\varphi'=28°$,有效黏聚力 $c'=50$ kPa,试求破坏面上的正应力和剪应力以及试件中的最大剪应力。

6-7 某土样进行直接剪切试验,在法向应力 100 kPa、200 kPa、300 kPa 和 400 kPa 下,测得抗剪强度 τ_f 分别为 55 kPa、86 kPa、118 kPa、149 kPa。(1) 确认该土的抗剪强度指标；(2) 如果土中某一平面上作用正应力为 260 kPa,剪应力为 90 kPa,该平面是否会剪切破坏？

6-8 某正常固结饱和黏土试样,其不固结不排水强度为 $\varphi_u=0$,$c_u=10$ kPa,进行固结不排水试验,得到有效抗剪强度指标为 $c'=0$,$\varphi'=30°$。(1) 如试样在不固结不排水条件下破坏,求破坏时的有效大主应力和小主应力；(2) 如某一个面正应力瞬间增加到 100 kPa,正应力刚增加时这面的抗剪强度是多少？经过很长时间后该面抗剪强度是多少？

6-9 在 p-q 平面绘出下列常见的三轴压缩试验应力路径(试样先在围压 σ_3 下固结)：(1) σ_3 为常数,增大 σ_1 到试样剪切破坏；(2) σ_1 为常数,减小 σ_3 到试样剪切破坏；(3) 保持平均应力 $p=1/3(\sigma_1+2\sigma_3)$ 为常数,增加主应力差 $\sigma_1-\sigma_3$ 至试样剪切破坏。

第 6 章习题答案

第7章 土工稳定性分析

导读:本章讲述与土体稳定性有关的几种工程问题,分别是挡土墙上的土压力、地基承载力以及土坡稳定性,这三个问题都是土强度理论的应用,区别在于应用场景不同。本书将其合并到一章讲述,希望初学者了解其共同点,并注意其差别。

§7.1 挡土墙上的土压力

7.1.1 概述

挡土墙是用来支撑土体以保持稳定性,或使部分侧向荷载传递和分散到土体上的一种结构物,简称挡墙。因此,挡土墙上的土压力可能来自土体自重(图7-1(a)),也可能来自土体上部荷载引起结构物的侧向挤压(图7-1(b))。挡土墙的土压力影响因素众多,主要包括以下三个方面。

(1)土的性质:墙后土的种类、性质及填土表面形状等。

(2)墙的性质:墙背的形状、高度、结构形式、倾斜程度,以及墙的光滑程度等。

(3)土和墙的相对移动:挡土墙的移动方向,以及挡土墙和土的相对位移量等。

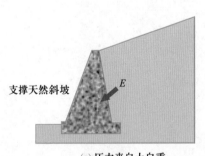
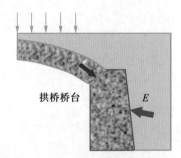

(a)压力来自土自重   (b)压力来自结构物侧向挤压

图7-1 挡土墙上的土压力

根据墙体与土之间相对位移的方向、位移量以及墙后填土所处的状态,可将土压力分为静止土压力、主动土压力和被动土压力。可见,挡土墙所受土压力并不是一个定值,而是随位移的变化而变化,下面分别简要介绍这三种土压力。

1. 静止土压力

挡土墙静止不动,土体处于弹性平衡状态时的土压力称为静止土压力,用 E_0 表示,如图 7-2(a)所示。地下室侧墙和涵洞侧墙等均受静止土压力的作用。

2. 主动土压力

挡土墙向离开土体的方向移动,随着位移增加,墙上受到的土压力逐渐减小,直至达到极限平衡状态,此时墙上的土压力达到最小值,称为主动土压力,用 E_a 表示,如图 7-2(b)所示。一般情况下,挡土墙会有向外的微小位移或者趋势,故挡土墙设计多按主动土压力计算。

3. 被动土压力

挡土墙向土内移动,随着位移增加,墙上的土压力逐渐增大,直至达到被动极限平衡状态,此时土压力达到最大值,称为被动土压力,用 E_p 表示,如图 7-2(c)所示。桥台所受土压力一般按被动土压力计算。

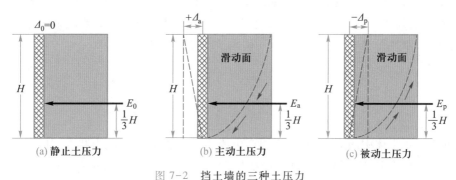

图 7-2 挡土墙的三种土压力

4. 土压力与挡土墙位移的关系

上述三种土压力,在相同条件下,主动土压力最小,被动土压力最大,静止土压力居中,且与位移关系密切,如图 7-3 所示。达到相应土压力时,位移与挡墙高度 H 常满足如下关系

$$\Delta_a = (0.1\% \sim 0.5\%)H \qquad (7-1)$$

$$\Delta_p = (1\% \sim 5\%)H \qquad (7-2)$$

可见,产生被动土压力所需要的位移量远大于产生主动土压力所需要的位移量,即 $\Delta_p \gg \Delta_a$。表 7-1列出了不同土类在不同挡土墙位移形式下,产生主动和被动土压力时所需的位移量,同样遵循上述规律。有时产生被动土压力所需的位移量很大,工程上一般不允许,在进行类似设计时应按被动土压力的某一百分数来考虑。

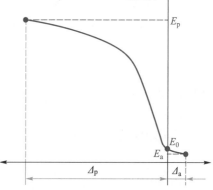

图 7-3 挡土墙位移与土压力的关系

表 7-1　产生主动和被动土压力所需的位移量

土压力状态	土的类别	挡土墙位移形式	约需位移量
主动	砂性土	平移	$0.001H$
		绕墙趾转动	$0.001H$
	黏性土	平移	$0.004H$
		绕墙趾转动	$0.004H$
被动	砂性土	平移	$0.05H$
		绕墙趾转动	$>0.1H$

思考辨析:所谓静止、主动和被动,所言对象都是土。主动与被动都是考虑两种最危险的情况,是指土处于极限平衡状态时对墙的压力,土压力常称为土压力强度。如果静止土压力对挡墙来说太大,挡墙就会被推离土体,剪切面上土体黏聚力和摩擦力产生抵抗力,墙上受到的力逐渐减小;达到极限平衡时,土体强度充分发挥,墙上的压力最小,这时候墙上的压力叫做主动土压力;如果墙体还是撑不住,就会失稳倒塌。土压力计算一般按平面问题考虑,合力取单位墙长计算,故 E_0、E_a 和 E_p 的单位取 kN/m。

7.1.2　静止土压力

1. 静止土压力系数 K_0

根据第 3 章土体中的应力,水平土层产生静止土压力为侧限应力状态,如图 7-4 所示。地表下深度 z 处某 M 点土体的水平向应力为

$$\sigma_h = K_0 \sigma_v \qquad (7-3)$$

式中,$K_0 = \nu/(1-\nu)$ 为静止土压力系数。

由于土的泊松比 ν 很难确定,K_0 常用经验公式计算,见式(7-4)。

（1）砂土和正常固结黏土

砂土和正常固结黏土的静止土压力系数表示为 K_0,用下式计算:

$$K_0 = 1 - \sin \varphi' \qquad (7-4)$$

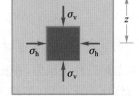

图 7-4　土的侧限应力状态

式中,φ' 为土的有效内摩擦角。可见,正常固结土的 K_0 小于 1。

（2）超固结黏土

对于超固结黏土,其静止土压力系数一般用 K_0^{OCR} 表示,可用下式计算:

$$K_0^{OCR} = K_0 \, (OCR)^{0.5} \qquad (7-5)$$

式中,OCR 为土的超固结比。

超固结黏土的静止土压力系数与 OCR 密切相关,对于高超固结土,由于 OCR 很大,致使其静止侧压力系数可大于 1,甚至达到 3。

2. 静止土压力的计算

根据第 3 章关于土自重应力的计算方法,挡土墙后地表下深度 z 处的静止土压力 σ_0 为

$$\sigma_0 = K_0 \gamma z \qquad (7\text{-}6)$$

式中

K_0——静止土压力系数;

γ——墙后填土的重度。

由式(7-6)知:

在均质土的地表面处:$z = 0$,$\sigma_0 = 0$。

深度为 H 处:$z = H$,$\sigma_H = K_0 \gamma H$。

因此,静止土压力沿墙高为三角形分布
(图 7-5),单位墙长的总土压力为三角形的面积,总
静止土压力的计算公式如下:

$$E_0 = \frac{1}{2} K_0 \gamma H^2 \qquad (7\text{-}7)$$

合力作用点为三角形的形心,位于距墙底 $H/3$ 处。

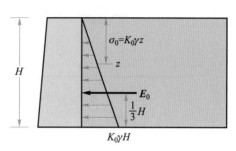

图 7-5　静止土压力分布

7.1.3　朗肯土压力理论

静止土压力的计算简单,它与另外两种土压力形成一个完整的序列,即主动-静止-被动。区别于静止时的弹性平衡状态,主动和被动都是极限平衡状态,所对应的应力称为强度,因此也叫静止土压力强度。下面讲述主动土压力理论和被动土压力理论,成熟的理论有两种,分别由朗肯和库仑提出。首先介绍朗肯土压力理论。

> **延伸阅读**:朗肯(Rankine,1820—1872),英国科学家,在热力学、流体力学及土力学等领域均有杰出的贡献。朗肯一生发表了大量学术论著,并编写了大量的教科书及手册,有的直到 20 世纪还在作为标准教科书使用。他建立的土压力理论,至今仍在广泛应用。

1. 基本条件和假定

朗肯土压力理论是根据半无限空间土体的应力状态和土中一点的极限平衡条件而得出的土压力计算方法。

(1)基本条件:墙背竖直、光滑,墙后填土面水平。

(2)基本假设:墙后各点均处于极限平衡状态。

(3)适用土类:无黏性土、黏性土和粉土。

2. 朗肯主动土压力

(1)朗肯主动土压力的概念

挡土墙静止不动时,墙后土体处于弹性平衡状态,地表下深 z 处 M 点土体的竖向应力为 $\sigma_z = \gamma z$,水平向应力为 $\sigma_x = K_0 \gamma z$,如图 7-6(a)所示。由于墙背竖直、光滑,竖直截面和水平截面上的剪应力都等于零,因此 σ_z 和 σ_x 都是主应力,且 σ_z 是大主应力 σ_1,σ_x 是小主应力 σ_3。

现在令挡土墙墙背 aa 向离开土体方向平移,在这个过程中 $\sigma_1 = \sigma_z$ 不变,土体中的强度逐

渐发挥,导致 $\sigma_3 = \sigma_x$ 逐渐减小,莫尔应力圆一端不动,另一端逐渐向左扩展。当此平移量足够大时,土体强度发挥到最大,$\sigma_3 = \sigma_x$ 减小至主动土压力,极限应力圆与强度包线相切,如图7-6(b)所示。土体达到主动极限平衡状态,此时的水平向主应力为挡土墙上的主动土压力。

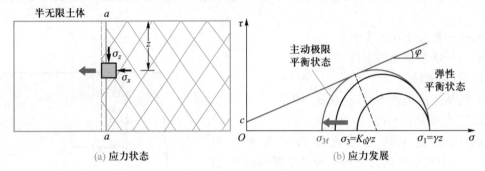

(a) 应力状态   (b) 应力发展

图7-6 主动极限平衡状态

（2）主动土压力的计算

首先看填土为无黏性土的情况。当挡土墙后深度为 z 处的土体处于极限平衡状态时,σ_z 为大主应力 σ_1 保持不变,挡土墙上的 σ_x 为小主应力 σ_3,且逐渐减小为主动土压力,如图7-7所示。这是一个大主应力保持不变,求极限平衡状态小主应力的问题,如图7-8所示。

$$\sigma_1 = \sigma_z = \gamma z \tag{7-8}$$

根据莫尔-库仑准则

$$\sigma_3 = \sigma_1 \tan^2(45° - \varphi/2) \tag{7-9}$$

将式（7-8）代入式（7-9）,可得

$$\sigma_a = \sigma_3 = \gamma z \tan^2(45° - \varphi/2) \tag{7-10}$$

定义 K_a 为主动土压力系数,$K_a = \tan^2(45° - \varphi/2)$,则上式可写为：

$$\sigma_a = K_a \gamma z \tag{7-11}$$

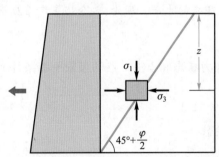

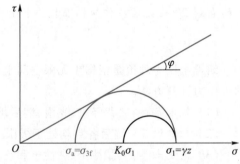

图7-7 主动极限平衡状态下墙后土单元受力分析   图7-8 无黏性土主动极限平衡状态

与静止土压力相比,主动土压力系数由 K_0 变为 K_a,主动土压力仍呈三角形分布,如图7-9(a)所示。墙后土体破裂面与水平面之间的夹角为 $45° + \varphi/2$,如图7-9(b)所示。沿单位墙长的主动土压力合力大小为该三角形的面积,合力作用点为三角形的形心,位于距墙底 $1/3H$ 处,如图7-9(c)所示。

对均质单层土,总主动土压力合力 E_a 为

$$E_a = \frac{1}{2} K_a \gamma H^2 \qquad\qquad (7-12)$$

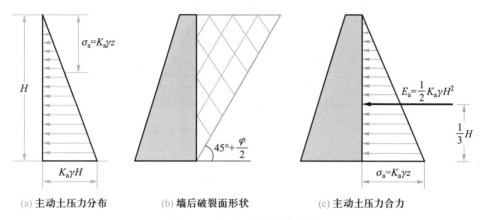

(a) 主动土压力分布   (b) 墙后破裂面形状   (c) 主动土压力合力

图 7-9   主动土压力计算图示

再来看填土为黏性土的情况,其主动土压力强度推导方法同无黏性土,区别在于黏性土有黏聚力,如下式:

$$\sigma_a = \gamma z \tan^2\left(45°-\frac{\varphi}{2}\right) - 2c\tan\left(45°-\frac{\varphi}{2}\right) = \gamma z K_a - 2c\sqrt{K_a} \qquad (7-13)$$

由式(7-13)可以看出,在地表面处,$z=0$,主动土压力 $\sigma_{a0}=-2c\sqrt{K_a}<0$。从计算公式来看,黏性土在地表附近可以承受一定拉应力,然而一般认为土体不能承受拉应力,土体将出现开裂,如图7-10所示。令 $\sigma_a=0$,即

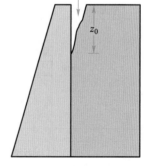

图 7-10   黏性土地表土体开裂

$$\sigma_a = \gamma z K_a - 2c\sqrt{K_a} = 0 \qquad (7-14)$$

可得开裂深度为

$$z_0 = \frac{2c}{\gamma\sqrt{K_a}} \qquad (7-15)$$

在深度为 z_0 处,$\sigma_{a0}=0$,即土中既不出现拉裂缝,也不会对墙体造成土压力;在 $z>z_0$ 的区域内的深度为 H 处,$\sigma_{aH}=\gamma H K_a - 2c\sqrt{K_a}$,因此,黏性土的主动土压力在张拉裂缝临界深度以下呈三角形分布。沿单位墙长的主动土压力合力大小为该三角形的面积,作用点为其形心,位于距墙底$(H-z_0)/3$处,如图7-11所示。对于均质单层土,黏性土的总主动土压力合力大小计算公式如下:

$$E_a = \frac{1}{2}(H-z_0)\left(\gamma H K_a - 2c\sqrt{K_a}\right) = \frac{1}{2}\gamma H^2 K_a - 2cH\sqrt{K_a} + \frac{2c^2}{\gamma} \qquad (7-16)$$

3. 朗肯被动土压力

(1) 朗肯被动土压力的概念

与主动土压力的分析相似,从墙体静止不动出发,土体处于弹性平衡状态。墙后地表下

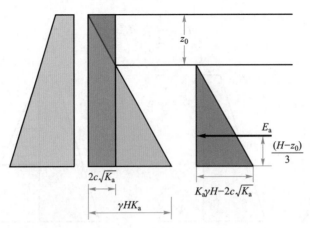

图 7-11　黏性土主动土压力计算图示

深度 z 处 M 点土体的竖向应力为 $\sigma_1 = \sigma_z = \gamma z$，水平向应力为 $\sigma_3 = \sigma_x = K_0 \gamma z$，如图 7-12（a）所示。

当挡土墙的墙背 aa 向墙内平移时，σ_z 为自重应力保持不变，σ_x 逐渐增大。当 σ_x 超过 σ_z 后，变成了大主应力 σ_1，而竖向压力 σ_z 变成了小主应力 σ_3。莫尔应力圆逐渐向右扩展，当平移足够大时，墙体推力克服剪切面上的强度发生破坏。$\sigma_3 = \sigma_z$ 不变，$\sigma_1 = \sigma_x$ 增加至被动土压力，如图 7-12（b）所示。此时认为土体处于被动极限平衡状态，水平向大主应力即为被动土压力。

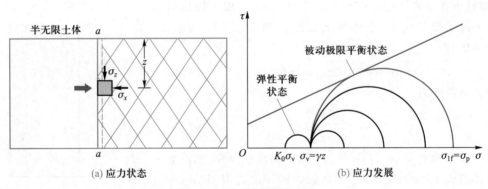

图 7-12　被动极限平衡状态

（2）朗肯被动土压力计算

先来看填土为无黏性土的情况。由前述可知，这是一个 σ_z 为小主应力 σ_3 保持不变、增大横向应力 σ_1 达到被动极限平衡的问题，如图 7-13、图 7-14 所示。根据莫尔-库仑破坏准则，有

$$\sigma_p = \sigma_{1f} = \sigma_x = \gamma z \tan^2(45° + \varphi/2) \tag{7-17}$$

定义 K_p 为被动土压力系数，$K_p = \tan^2(45° + \varphi/2)$，则上式可写为：

$$\sigma_p = K_p \gamma z \tag{7-18}$$

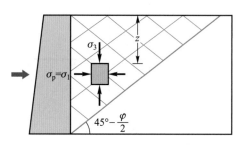

图 7-13 无黏性土被动土压力的应力状态

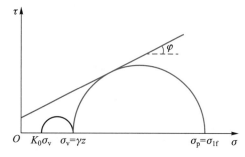

图 7-14 无黏性土被动极限平衡状态

同理,被动土压力也呈三角形分布,如图 7-15(a)所示;墙后土体破裂面与小主力作用面之间的夹角为 $45°-\varphi/2$,如图 7-15(b)所示;沿单位墙长的主动土压力合力为该三角形的面积,合力作用点为三角形的形心,位于距墙底 $H/3$ 处,如图 7-15(c)所示。对于均质单层土,总被动土压力合力的计算公式如下:

$$E_p = \frac{1}{2}\gamma H^2 K_p \qquad (7-19)$$

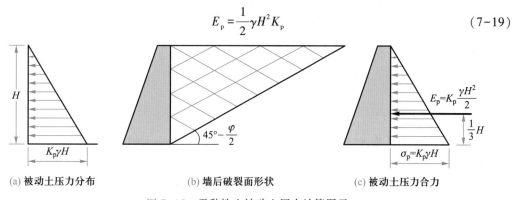

(a) 被动土压力分布　　　　(b) 墙后破裂面形状　　　　(c) 被动土压力合力

图 7-15 无黏性土被动土压力计算图示

再来看填土为黏性土的情况,如图 7-16 所示。参考前述推导,可得到黏性土被动土压力强度计算公式:

$$\sigma_p = \gamma z \tan^2\left(45°+\frac{\varphi}{2}\right) + 2c\tan\left(45°+\frac{\varphi}{2}\right) = \gamma z K_p + 2c\sqrt{K_p} \qquad (7-20)$$

在地表面处 $z=0$,$\sigma_p = 2c\sqrt{K_p}>0$;地面下深度为 H 处,$\sigma_p = \gamma H K_p + 2c\sqrt{K_p}$。可见,被动土压力强度为梯形分布,如图 7-17 所示。沿单位墙长的主动土压力合力为该梯形的面积,对于均质单层土,总被动土压力的计算公式如下:

$$E_p = \frac{1}{2}\left(2c\sqrt{K_p}+2c\sqrt{K_p}+K_p\gamma H\right)H = \frac{1}{2}\gamma H^2 K_p + 2cH\sqrt{K_p} \qquad (7-21)$$

其合力作用点的位置为梯形形心,形心距离底边的距离为 z_p,根据形心定义得

$$z_p = \frac{H}{3}\frac{2a+b}{a+b} \qquad (7-22)$$

式中,a、b 分别为梯形的上、下底边长。

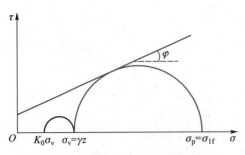

图 7-16 黏性土被动极限平衡状态
下的应力圆与强度包线

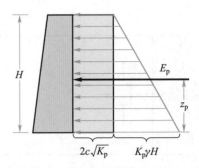

图 7-17 黏性土被动土压力分布

> **延伸阅读:**对于墙后填土面作用有连续均布荷载 q 的情况,需在竖向自重应力的基础上加上该荷载,再进行相应的土压力计算。对于成层土的土压力计算,由于不同土层强度参数不同,在同一深度处,上层土的下底面和下层土的上顶面处,土压力可能发生跳跃。对于填土中有水位的情况,如果适用于土水分算,用有效重度产生的竖向应力进行相关土压力计算,水的压力恒作用于墙上,二者相加为挡土墙上的土压力;对于土水合算的情况,用饱和重度进行相应的计算,不再赘述。

例题 7-1

有一挡土墙墙背竖直、光滑,填土面水平,无地下水,地面荷载 $q = 49.4 \text{ kPa}$,拟使用两种墙背填土,一种为黏土,其重度 $\gamma = 19 \text{ kN/m}^3$、黏聚力 $c = 20 \text{ kPa}$、内摩擦角 $\varphi = 12°$;另一种是砂土,其重度 $\gamma = 21 \text{ kN/m}^3$、黏聚力 $c = 0$、内摩擦角 $\varphi = 30°$。问墙高 H 等于多少时,采用砂土填料的墙背被动土压力合力是黏土填料主动土压力合力的 8 倍?

【解答】

(1) 对黏土,求其在有地面荷载作用下的主动土压力

主动土压力系数:$K_{a1} = \tan^2\left(45° - \dfrac{\varphi_1}{2}\right) = \tan^2\left(45° - \dfrac{12°}{2}\right) = 0.656$

由于第一层土为黏土,首先要判断其是否开裂。

令 $\sigma_a = (\gamma_1 z + q) K_a - 2c_1 \sqrt{K_a} = 0$

解得 $z_0 = \left(\dfrac{2c_1}{\sqrt{K_a}} - q\right) / \gamma_1 = \left(\dfrac{2 \times 20}{\sqrt{0.656}} - 49.4\right) / 19 \text{ m} \approx 0$

说明在有上覆荷载的作用下,该层土体未出现开裂,拉裂区高度 $z_0 = 0$。

$z = 0$ 时:$\sigma_a = (\gamma_1 z + q) K_a - 2c_1 \sqrt{K_a} = 0$

$z = H$ 时:$\sigma_a = (\gamma_1 z + q) K_a - 2c_1 \sqrt{K_a} = (\gamma_1 H + q) K_a - 2c_1 \sqrt{K_a}$,三角形分布。

$E_a = \dfrac{1}{2}(H - z_0)\left[0 + \left((\gamma_1 H + q) K_a - 2c_1 \sqrt{K_a}\right)\right] = \dfrac{1}{2}\gamma_1 H^2 K_a + \dfrac{1}{2}H(q K_a - 2c_1 \sqrt{K_a})$

$$= \frac{1}{2}\gamma_1 H^2 K_a + \frac{1}{2}H \times 0 = \frac{1}{2}\gamma_1 H^2 K_a$$

（2）对砂土，求其在有外界荷载作用下的被动土压力

被动土压力系数：$K_p = \tan^2\left(45° + \frac{\varphi_2}{2}\right) = \tan^2\left(45° + \frac{30°}{2}\right) = 3$

$z = 0$ 时：$\sigma_p = (\gamma_2 z + q)K_p = qK_p$

$z = H$ 时：$\sigma_p = (\gamma_2 z + q)K_p = (\gamma_2 H + q)K_p$，梯形分布

$$E_p = \frac{1}{2}H\left[qK_p + (\gamma_2 H + q)K_p\right] = \frac{1}{2}\gamma_2 H^2 K_p + qHK_p$$

（3）题中要求 $8E_a = E_p$

即：$8 \times \frac{1}{2} \times 19 \times H^2 \times 0.656 = \frac{1}{2} \times 21 \times H^2 \times 3 + 49.4 \times H \times 3$

解得：$H = 8.1$ m

注意：在黏性土主动土压力计算中，若地表无荷载，则拉裂区高度不会等于 0。

例题 7-2

某挡土墙高度 $H = 8.0$ m，墙背直立、光滑，填土面水平，墙后填土由 2 部分组成，填土的物理力学指标如图 7-18 所示。试求作用在墙背上的主动土压力合力 E_a 及其作用点位置。

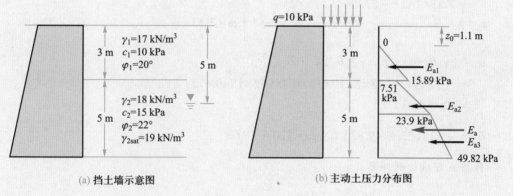

(a) 挡土墙示意图　　　　　　(b) 主动土压力分布图

图 7-18　例题 7-2 图

【解答】

第一层土土压力计算：

$$K_{a1} = \tan^2\left(45° - \frac{\varphi_1}{2}\right) = \tan^2 35° = 0.49$$

拉裂区高度计算：

$$z_0 = \frac{2c_1 - q\sqrt{K_{a1}}}{\gamma_1 \sqrt{K_{a1}}} = \frac{2 \times 10 - 10 \times 0.7}{17 \times 0.7} \text{ m} = 1.1 \text{ m} > 0，呈三角形分布$$

$z = z_0$ 处，$\sigma_{a1\pm} = 0$

$$\sigma_{a1\mathrm{下}} = (\gamma_1 H_1 + q) K_{a1} - 2c_1 \sqrt{K_{a1}}$$
$$= [(17 \times 3 + 10) \times 0.49 - 2 \times 10 \times 0.7] \text{ kPa} = 15.89 \text{ kPa}$$

$$E_{a1} = \left[\frac{1}{2} \times 15.89 \times (3 - 1.1) \right] \text{ kN/m} = 15.1 \text{ kN/m}$$

作用点距底边距离：$z_1 = \left(\dfrac{3 - 1.1}{3} + 5 \right)$ m $= 5.63$ m

第二层土土压力计算：

$$K_{a2} = \tan^2\left(45° - \frac{\varphi_2}{2}\right) = \tan^2 34° = 0.455$$

$$\sigma_{a2\pm} = (\gamma_1 H_1 + q) K_{a2} - 2c_2 \sqrt{K_{a2}} = [(17 \times 3 + 10) \times 0.455 - 2 \times 15 \times 0.675] \text{ kPa} = 7.51 \text{ kPa}$$

地下水位处的主动土压力强度：

$$\sigma_{a2\mathrm{水面}} = (\gamma_1 H_1 + q + \gamma_2 H_2) K_{a2} - 2c_2 \sqrt{K_{a2}}$$
$$= [(17 \times 3 + 10 + 18 \times 2) \times 0.455 - 2 \times 15 \times 0.675] \text{ kPa} = 23.9 \text{ kPa}$$

$$E_{a2} = \frac{1}{2} \times 2 \times (7.51 + 23.9) \text{ kN/m} = 31.41 \text{ kN/m}$$

作用点距底边的距离：

$$z_2 = \left[\frac{7.51 \times 2 \times 1 + \dfrac{1}{2}(23.9 - 7.51) \times 2 \times \dfrac{2}{3}}{31.41} + 3 \right] \text{ m} = 3.83 \text{ m}$$

$$\sigma_{a2} = (\gamma_1 H_1 + q + \gamma_2 H_2 + \gamma_{2\mathrm{sat}} H_3) K_{a2} - 2c_2 \sqrt{K_{a2}}$$
$$= [(17 \times 3 + 10 + 18 \times 2 + 19 \times 3) \times 0.455 - 2 \times 15 \times 0.675] \text{ kPa}$$
$$= 49.82 \text{ kPa}$$

$$E_{a3} = \frac{1}{2} \times 3 \times (23.9 + 49.82) \text{ kN/m} = 110.6 \text{ kN/m}$$

作用点距底边的距离：

$$z_3 = \frac{23.9 \times 3 \times \dfrac{3}{2} + \dfrac{1}{2}(49.82 - 23.9) \times 3 \times \dfrac{3}{3}}{110.6} \text{ m} = 1.324 \text{ m}$$

主动土压力合力：

$$E_a = (15.1 + 31.41 + 110.6) \text{ kN/m} = 157.11 \text{ kN/m}$$

作用点距底边的距离：

$$z = \frac{E_{a1} z_1 + E_{a2} z_2 + E_{a3} z_3}{E_a}$$
$$= \frac{15.1 \times 5.63 + 31.41 \times 3.83 + 110.6 \times 1.324}{157.11} \text{ m} = 2.24 \text{ m}$$

注意:该题涉及地表有荷载、分层土和有地下水时土压力的计算,需注意土层分界面和地下水位处计算的区别。

7.1.4 库仑土压力理论

1. 基本原理

假定墙后填土为理想散体,产生主动土压力或被动土压力时,墙后土体中会出现一个沿墙背和土中某滑面向上或向下滑动的楔形体,如图 7-19 所示,库仑通过建立极限状态的楔形体的静力平衡方程,求解得到土压力。

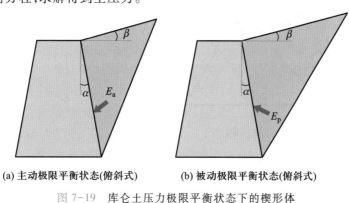

(a) 主动极限平衡状态(俯斜式)　　　(b) 被动极限平衡状态(俯斜式)

图 7-19　库仑土压力极限平衡状态下的楔形体

2. 基本假定与适用条件

库仑土压力的基本假定为:滑裂面为平面,破坏土楔为刚体,滑动楔体在两个平面上处于极限平衡状态。

适用条件:墙背倾斜,倾角为 α(俯斜取正号,仰斜取负号);填土一侧为墙背,墙背粗糙,与填土摩擦角为 δ;墙后填土与水平面夹角为 β;墙后填土为理想散体,黏聚力 $c=0$,内摩擦角为 φ。

> **延伸阅读**:仰斜和俯斜的判定主要看挡土墙墙背倾角 α,若墙背倾角 α 为正,即为俯斜;若墙背倾角 α 为负,即为仰斜。也可形象地认为,取填土一侧墙背,人面对墙背靠填土站立,脸能看见天就是仰斜,能看见地就是俯斜。图 7-19 的两种情况均为俯斜。

3. 库仑主动土压力计算

若墙后填土中的滑动土楔形体 ABC 处于主动极限平衡状态,如图 7-20(a)所示,对其进行受力分析。假定滑动面与水平面夹角为 θ,θ 一经确定,土楔形体 ABC 唯一确定,可以得到作用在该楔形体上的重力 W,方向竖直向下;滑动面 BC 下方稳定土体对楔形体的支撑力 R,其方向与滑动面 BC 外法线方向间的夹角为土体内摩擦角 φ;墙背对楔形体的反力为 E,其方向与墙背的外法线方向间的夹角为 δ,在主动极限平衡状态下,土楔形体有下滑的趋势,故 E 的作用线位于墙背外法线的下方。与 E 大小相等、方向相反的作用力即为挡土墙上的土压力。

在上述力的作用下,土楔形体 ABC 处于静力平衡状态,力矢三角形如图 7-20(b)所示。该三角形中,W 与 R 间的夹角为 $\theta-\varphi$,W 与 E 间的夹角 $\psi=90°-\delta-\alpha$,各角度意义同前。

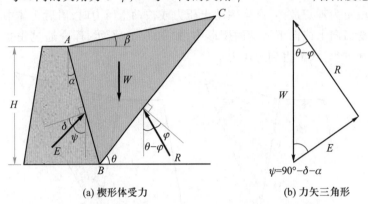

(a) 楔形体受力   (b) 力矢三角形

图 7-20 主动极限平衡状态时土楔形体 ABC 的受力分析

根据正弦定理,即各边与其对角的正弦比值相等,可推得 E 的表达式如下:

$$E = \frac{W\sin(\theta-\varphi)}{\sin[180°-(\theta-\varphi+\psi)]} = \frac{1}{2}\gamma H^2 \frac{\cos(\alpha-\beta)\cos(\theta-\alpha)\sin(\theta-\varphi)}{\cos^2\alpha\sin(\theta-\beta)\cos(\theta-\varphi-\delta-\alpha)} \tag{7-23}$$

式(7-23)中,滑动面 BC 与水平面的夹角 θ 是任意假定的;除此之外,α、β、φ、δ、γ 和 H 均已知,故式(7-23)仅为 θ 的函数。

墙外移过程中,其上作用的土压力逐渐减小,首先出现的滑动面必然对应最大的土压力 E_{max}。如果有比此更大的土压力,楔形体就应当沿着和那一个压力对应的面滑动了。满足以上条件,能让土发生滑动的楔形体对应的最大 E_{max} 即为主动土压力 E_a。

根据上述分析,对式(7-23)取极值,$\mathrm{d}E/\mathrm{d}\theta=0$,求得 θ,代入式(7-23)即得到挡土墙上的主动土压力 E_a。

$$E_a = \frac{1}{2}\gamma H^2 K_a \tag{7-24}$$

$$K_a = \frac{\cos^2(\varphi-\alpha)}{\cos^2\alpha\cos(\alpha+\delta)\left[1+\sqrt{\dfrac{\sin(\varphi+\delta)\sin(\varphi-\beta)}{\cos(\alpha+\delta)\cos(\alpha-\beta)}}\right]^2} \tag{7-25}$$

K_a 为库仑主动土压力系数,可根据填土内摩擦角 φ、墙背倾角 α、墙后填土面与水平面的夹角 β 和土对墙背的摩擦角 δ 查表确定。其中 δ 根据挡土墙情况查表得到,与填土的内摩擦角有关,是内摩擦角的函数,相关表格参见工程地质手册。

沿墙高的土压力分布强度 σ_a 为

$$\sigma_a = \frac{\mathrm{d}E_a}{\mathrm{d}z} = \frac{\mathrm{d}}{\mathrm{d}z}\left(\frac{1}{2}\gamma z^2 K_a\right) = \gamma z K_a \tag{7-26}$$

土压力 σ_a 沿墙高的分布为三角形分布,方向与墙背的外法线方向夹角为 δ,且位于墙背外法线方向上方。合力作用点的位置为距离墙底 $H/3$ 处,如图 7-21 所示。

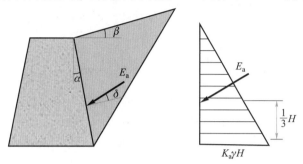

图 7-21　库仑主动土压力分布

4. 被动土压力计算

求解方法类似主动土压力,也是根据土楔形体 ABC 的静力平衡条件推导得出。需要注意的是,与主动土压力计算图示不同,E 和 R 分别作用于 AB 和 BC 滑动面外法线的上方,如图 7-22(a)所示;且墙内移过程中,土压力逐渐增加,首先出现的滑动面必是对应土压力最小的 $E_{\min}$。如果有比此更小的土压力,楔形体就已经沿着那个压力对应的面滑动了。满足以上条件的那个能让土发生滑动的楔形体对应的最小 $E_{\min}$ 即为被动土压力 E_p。

W、R、E 形成一个力矢三角形,如图 7-22(b)所示,该三角形中,W 与 R 间的夹角为 $\theta+\varphi$,W 与 E 间的夹角 $\psi = 90°-\alpha+\delta$。同样,θ 为滑动面 BC 与水平面的夹角,其余符号意义同前。

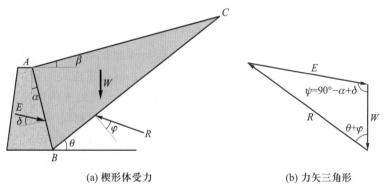

(a) 楔形体受力　　　　　(b) 力矢三角形

图 7-22　被动极限平衡状态下土楔形体 ABC 的受力分析

根据正弦定理即各边和其对角的正弦比值相等,即可推得 $E=f(\theta)$,仅是 θ 的函数,对其求极小值,即可得到被动土压力 E_p:

$$E_p = \frac{1}{2}\gamma H^2 K_p \tag{7-27}$$

其中

$$K_p = \frac{\cos^2(\varphi+\alpha)}{\cos^2\alpha\cos(\alpha-\delta)\left[1-\sqrt{\dfrac{\sin(\varphi+\delta)\sin(\varphi+\beta)}{\cos(\alpha-\delta)\cos(\alpha-\beta)}}\right]^2} \tag{7-28}$$

库仑被动土压力为

$$\sigma_p = \frac{dE_p}{dz} = \frac{d}{dz}\left(\frac{1}{2}\gamma z^2 K_p\right) = \gamma z K_p \tag{7-29}$$

压力 σ_p 沿墙高的分布为三角形,方向与墙背的外法线方向夹角为 δ,且位于墙背外法线下方。合力作用点的位置为距离墙底 $H/3$ 处,如图 7-23 所示。

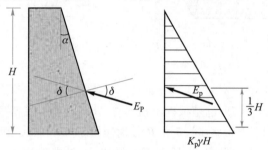

图 7-23　库仑被动土压力分布

5. 黏性土的库仑土压力计算

库仑土压力假设土体为理想散体材料,理论上来说只适用于无黏性土,使用范围受限。以下两种计算方法可扩大其在黏性土中的应用。

（1）等效内摩擦角法

为满足库仑土压力理论中 $c=0$ 的假设,需要将黏性土的黏聚力进行等效处理。

方法之一是将黏聚力折算成内摩擦角。首先,在 σ-τ 坐标系绘制黏性土的强度包线,是一条有截距的直线;其次,计算出墙底处土中的竖向应力 σ（自重应力加附加应力）;该 σ 点作垂线与黏土的强度包线相交,交点与坐标原点的连线和 σ 轴的夹角即为等效内摩擦角。这种方法实际上采用了等效内摩擦角,使其在一定正应力下达到相同的强度。

方法之二是根据土压力相等的概念计算等效内摩擦角。假设墙背竖直、光滑,墙后填土面水平,对某黏性土先用朗肯主动土压力公式计算出主动土压力 σ_a;继续利用朗肯土压力理论,令黏聚力为 0,计算主动土压力为 σ_a 的某内摩擦角为 φ_D,即为等效内摩擦角。

（2）规范推荐方法

《建筑边坡工程技术规范》（GB 50330—2013）中对土质边坡采用重力式挡土墙支护时,关于土压力的计算,推荐的方法是在库仑土压力理论的基础上,考虑填土面超载 q、填土黏聚力 c 等因素。在平面滑裂面的假定下,采用楔形体试算法求解,该方法也可适用于黏性土和粉土,具体公式如下:

$$E_a = \psi_c \frac{1}{2}\gamma H^2 K_a \tag{7-30}$$

式中

ψ_c——主动土压力增大系数,当坡高<5 m 时宜取 1.0;坡高为 5~8 m 时宜取 1.1;坡高>8 m 时宜取 1.2;

K_a——主动土压力系数,是 q、c、α、θ、δ、β 的函数,符号意义同前。

7.1.5 朗肯土压力理论和库仑土压力理论的比较

朗肯土压力理论和库仑土压力理论既有联系又有区别,下面从两种理论的分析方法、适用条件和计算误差 3 个方面进行简单比较。

1. 分析方法

两者都采用极限平衡状态进行分析,其中朗肯土压力理论认为墙后土体达到极限平衡,土内各点均处于极限平衡状态;库仑土压力理论认为墙后土体形成一刚性楔形体,该楔形体在滑动面上处于极限平衡状态。

2. 适用条件

朗肯土压力理论适用于墙背竖直、光滑、墙后填土面水平的无黏性土、黏性土和粉土;而库仑土压力理论中,墙背可倾斜或垂直、可粗糙或光滑,墙后填土与水平面水平或有夹角,且墙后填土为理想散体,黏聚力为 0。对于无黏性土,朗肯土压力理论是库仑土压力理论的特例。

3. 计算误差

朗肯土压力理论假设墙背竖直、光滑,但实际上墙背总有一定粗糙度和摩擦性,相关计算表明,其主动土压力稍微偏大;而被动土压力严重偏小,是忽略墙土摩擦所致。库仑土压力理论中,由于实际滑裂面不一定是平面,且沿平面滑动更困难,因此主动土压力偏小;然而,被动土压力严重偏大。

§ 7.2　地基承载力

7.2.1 概述

地基承载力是指地基土承受荷载的能力。如果地基在荷载作用下达到破坏,建筑物倒塌,这说明荷载明显超出了地基承载能力;但是,如果地基变形达到一定程度,即便没有倒塌,建筑物也可能失去了正常使用功能,这种情况也认为是荷载超出了地基的承受能力。因此,建筑物地基设计既包括稳定要求,也包括变形要求。稳定要求规定地基上的荷载小于地基土的破坏应力,即土层不能发生破坏,与地基土的强度有关;变形要求规定地基变形不超过设计的允许值,即土层沉降(或差异沉降)不能太大,与土的压缩性有关。

> 知识衔接:回顾三轴压缩试验确定土强度的方法,应力-应变曲线上有峰值时取峰值,无峰值则取 $\varepsilon_1 = 15\%$ 对应的应力状态,可见变形是土单元破坏的判据之一。地基承载力的概念也表明,地基的破坏与变形不能完全割裂开来。值得注意的是,变形允许值有时候可能很小,与建筑物的功能有关。

地基承载力在数值上用地基单位面积上所能承受的荷载来表示,是一个基底压力。由于土的复杂性,确定地基承载力是一项非常复杂的工作,需要综合考虑水文地质与工程地质条件以及工程类别等因素,并兼顾强度和变形综合给出,常用的确定方法有三种。

(1)理论计算法

根据极限平衡原理,推导获得临界荷载 $p_{1/4}$ 和 $p_{1/3}$;或者根据刚塑性假定,推导获得极限承载力 p_u。对以上理论数值进行相应修正获得地基承载力,相关概念将在 7.2.3 节和 7.2.4 节介绍。

(2)原位测试法

根据载荷试验得到荷载-沉降(p-s)曲线,确定临塑荷载 p_{cr} 和极限荷载 p_u,进而确定地基承载力特征值 f_{ak}。经过深度和宽度修正得到修正后的地基承载力特征值 f_a 用于实际工程,相关概念将在 7.2.5 节介绍。

(3)工程经验法

根据室内试验得到土的物理力学性质指标,查表 7-4 并修正得到地基承载力特征值 f_a。这种方法主要考虑地区经验,进行工程类比,综合统计分析来确定地基承载力。

本书重点讲述与地基承载力相关的基本概念以及确定地基承载力涉及的基本原理和方法,包括地基破坏形式和载荷试验曲线、临塑荷载、临界荷载和极限荷载,以及相关物理量的求解等。

> 延伸阅读:对于地基承载力,不同地区和不同时期规范的规定有所差异。与承载力相关的术语有承载力基本值、标准值、允许值、设计值和特征值等,它们分别是不同时期或不同行业规范中采用的术语,初学者不必花费太多时间去对比。《建规》中的"承载力特征值",是表述地基土体特征状态的数值,并不具有严格的数学含义。

7.2.2 地基受力失稳过程

1. 地基破坏过程

由于土不是完全均匀的,地基在建筑物荷载作用下,通常不会立即完全破坏,而是随着荷载作用的增大,逐渐破坏。地基受力变形过程中,当某一点的剪应力达到土的抗剪强度时,这一点的土就处于极限平衡状态;随着荷载增大,变形增大,土体中某一区域内各点都达到极限平衡状态,就形成极限平衡区,或称为塑性区;如荷载继续增大,地基内极限平衡区的发展范围也随之增大,局部的塑性区发展成为连续贯穿到地表的整体滑动,基础下一部分土体将沿滑动面产生整体滑动,地基失稳破坏。可见,这是一个随荷载增加变形增大直到破坏的过程。根据荷载-沉降(p-s)曲线(图 7-24),可将地基破坏过程用以下三阶段表示。

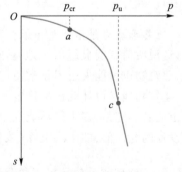

图 7-24 平板载荷试验的 p-s 曲线

(1)压密阶段 Oa:也称为线弹性变形阶段,该阶段内曲线接近于直线,各点剪应力均小于剪切强度,沉降主要由地基土的压密变形引起。a 点达到弹性极限,即将进入塑性阶段。

（2）剪切阶段 ac：也称为弹塑性变形阶段，该阶段内沉降增长率随荷载 p 的增加而增大，地基土局部范围内剪应力达到土的抗剪强度，此范围内土体发生剪切破坏；随着荷载 p 继续增加，破坏区的范围逐步扩大，如图 7-25 所示。在本阶段，沉降主要由地基土塑性区的变形引起。

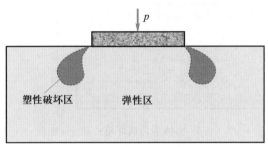

图 7-25　剪切阶段形成塑性破坏区

（3）破坏阶段：曲线超过 c 点以后，塑性区不断扩展，最后在土中形成连续滑动面，如图 7-26 所示，此时基础急剧下降或向一侧倾斜。

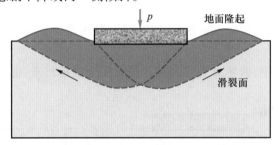

图 7-26　破坏阶段形成滑裂面和地面隆起

> **延伸阅读**：对地基破坏过程的分析中将土视为理想弹塑性材料。土体在上覆压力的作用下，有的区域产生破坏发生塑性变形（可理解为剪损），此时其他区域还在弹性阶段。当剪损区域扩大到一定范围形成连续滑动面时，才叫作地基破坏。

2. 界限荷载

从图 7-24 可以看出，$p\text{-}s$ 曲线上有两个特征点，分别为 a 点、c 点，其中 a 点对应的荷载称为临塑荷载 p_{cr}，也称为比例界限荷载，是弹性阶段与剪切阶段的界限荷载；c 点对应的荷载为极限荷载 p_u，是剪切阶段与破坏阶段的界限荷载。这两个界限荷载对研究地基承载力有重要意义，将在后文详细介绍。

7.2.3　地基的破坏形式

实际工程中地基的破坏形式多种多样，总体上可以归纳为三种。

1. 整体剪切破坏

如图 7-27 所示，这类地基破坏有如下特点：

（1）基础边缘至地表有连续滑动面，两侧土体有较大隆起；

（2）$p\text{-}s$ 曲线开始近直线，随后沉降陡增，基础急剧下沉；

（3）基础埋深较浅且土质较坚实，如密实砂土或硬黏土地基，易出现整体剪切破坏。

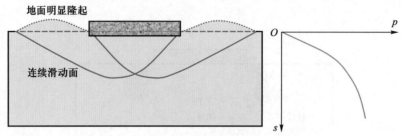

图 7-27　整体剪切破坏模式和 $p\text{-}s$ 曲线

2. 局部剪切破坏

如图 7-28 所示，这类地基破坏有如下特点：

（1）滑动面未延伸至地表，地面有较小隆起。$p\text{-}s$ 曲线开始就是非线性，没有明显骤降段；

（2）基础埋深较大，土质介于密实和松软之间，如中密砂土或一般黏土地基，易出现局部剪切破坏；

（3）局部剪切破坏中，破坏面上的强度并没有完全发挥出来，但是变形发展很大，因此判断为达到破坏。

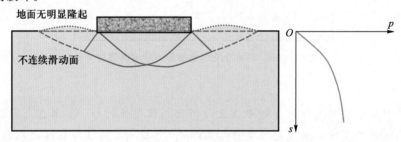

图 7-28　局部剪切破坏模式和 $p\text{-}s$ 曲线

3. 冲剪破坏

如图 7-29 所示，这类地基破坏有如下特点：

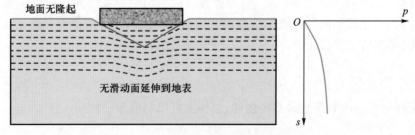

图 7-29　冲剪破坏模式和 $p\text{-}s$ 曲线

（1）无明显破坏区和滑动面，两侧无土体隆起；基础产生较大沉降、无明显倾斜；$p\text{-}s$ 曲线突然增大；

（2）基础埋深无论深浅，如果地基土质松软，如松砂和软土地基，易出现冲剪破坏。

根据上面分析可知，地基破坏形式主要与三个方面有关，分别为：土性，如土的压缩性和抗剪强度；基础，如基础形式、埋深和尺寸等；以及荷载，如荷载大小、方向和加荷速率。

> 延伸阅读：地基的破坏是一系列复杂因素共同导致的，并不能确切地说某种情况一定对应什么破坏形式，只能说某种组合倾向于导致某种形式的破坏。理解了这一点，请正确解读以下关于埋深与地基破坏关系的描述：若基础埋深较浅、荷载快速施加时，将趋向于发生整体剪切破坏；若基础埋深较大，无论是砂性土或黏土地基，最常见的破坏形式是局部剪切破坏；若基础埋深大、下部土层松软，或者瞬时加荷较大，可能会发生冲剪破坏。

7.2.4　地基的临塑荷载和临界荷载

前文述及，地基的临塑荷载 p_{cr} 为地基土压密阶段与剪切阶段的界限荷载，此时地基中任一点都未达到但即将达到塑性状态。地基的临界荷载为基础下极限平衡区发展到某一深度范围所对应的荷载，如 $p_{1/4}$ 和 $p_{1/3}$ 分别为塑性区最大深度等于基础宽度的 1/4 和 1/3 时所对应的荷载。设计中常以临塑荷载 p_{cr} 或比其稍大的临界荷载 $p_{1/4}$ 或 $p_{1/3}$ 作为依据，经修正得到承载力特征值。这个荷载使地基局部区域进入塑性状态，但地基仍有足够的安全储备而不至于整体失稳。在这种情况下，地基中处于极限平衡区的范围不大，可近似当成弹性半无限空间体，用弹性理论计算地基中的应力，以便与计算变形量采用相同的理论。

下面以条形基础为例，分析临塑荷载和临界荷载。如图 7-30 所示，基础宽度为 b，埋深为 d，基底压力为 p，基础埋深范围内土的加权平均重度为 γ_m，基底下土的重度为 γ、内摩擦角为 φ、黏聚力为 c。

1. 塑性区边界方程

对埋深 d 小于基础宽度 b 的浅基础，可把基底面当成地基表面，如图 7-30 所示，在这个平面以上基础两侧的土体，可看成均布荷载 $q=\gamma_m d$ 作用于地基表面，如图 7-31 所示。

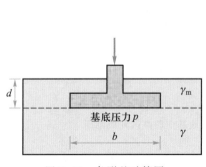

图 7-30　条形基础简图

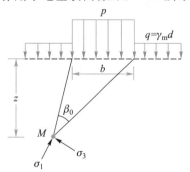

图 7-31　均布条形荷载作用下地基中任一点的附加应力

根据以上条件,基础下深度 z 处 M 点的自重应力表达如下:

$$\sigma_{z1} = \gamma_m d + \gamma z$$
$$\sigma_{z3} = K_0(\gamma_m d + \gamma z) \tag{7-31}$$

根据弹性力学解,M 点在均布条形荷载作用下的附加应力(主应力)为:

$$\sigma_{1,3}^s = \frac{p - \gamma_m d}{\pi}(\beta_0 \pm \sin \beta_0) \tag{7-32}$$

式中

$p - \gamma_m d$——基底附加压力;

β_0——M 点与基础底面两边缘点连线间的夹角,用弧度表示。

为了使问题简化,假设土的侧压力系数 $K_0 = 1.0$,将土的自重应力视为各向均等的静水压力。式(7-31)表示的自重应力与式(7-32)表示的附加应力相加,即得到 M 点的大、小主应力。

$$\sigma_{1,3} = \frac{p - \gamma_m d}{\pi}(\beta_0 \pm \sin \beta_0) + \gamma_m d + \gamma z \tag{7-33}$$

如果 M 点恰好达到极限平衡,根据莫尔-库仑破坏准则,将 σ_1,σ_3 代入极限平衡条件:

$$\frac{\sigma_1 - \sigma_3}{\sigma_1 + \sigma_3 + 2c\cot \varphi} = \sin \varphi \tag{7-34}$$

整理得

$$z = \frac{p - \gamma_m d}{\gamma \pi}\left(\frac{\sin \beta_0}{\sin \varphi} - \beta_0\right) - \frac{c}{\gamma}\cot \varphi - \frac{\gamma_m}{\gamma}d \tag{7-35}$$

基底压力一定时,假定不同的 β_0 值代入上式,就得到塑性区的边界线,其包围的区域即图 7-32 中塑性区的开展范围。因此,式(7-35)就是塑性区边界方程,它是满足极限平衡条件的区域界线方程。当条形基础的宽度、土性指标以及荷载确定时,塑性区边界上任意一点的坐标仅与 β_0 有关。

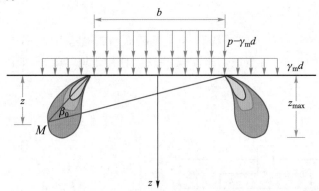

图 7-32 均布条形荷载作用下地基中塑性区开展范围

2. 塑性区最大发展深度

工程中主要关心极限平衡区的最大深度,称为塑性区最大发展深度 z_{max},从数学上讲这是式(7-35)中 z 的极值问题。取 $\mathrm{d}z/\mathrm{d}\beta_0 = 0$,可得

$$\frac{\mathrm{d}z}{\mathrm{d}\beta_0} = \frac{p-\gamma_\mathrm{m}d}{\gamma\pi}\left(\frac{\cos\beta_0}{\sin\varphi}-1\right) = 0 \qquad (7-36)$$

$$\cos\beta_0 = \sin\varphi \qquad (7-37)$$

$$\beta_0 = \frac{\pi}{2}-\varphi \qquad (7-38)$$

将式(7-38)代入塑性区边界方程,得塑性区最大发展深度计算公式

$$z_\mathrm{max} = \frac{p-\gamma_\mathrm{m}d}{\gamma\pi}\left[\cot\varphi-\left(\frac{\pi}{2}-\varphi\right)\right]-\frac{c}{\gamma}\cot\varphi-\frac{\gamma_\mathrm{m}}{\gamma}d \qquad (7-39)$$

从式(7-39)可以看出,当其他因素一定时,塑性区最大发展深度随着基底压力的增大而增大。

3. 临塑荷载的确定

当塑性区最大发展深度 $z_\mathrm{max} = 0$ 时,表示地基中即将要形成塑性区,此时所对应的基底压力为临塑荷载 p_cr。

令式(7-39)等于 0,解得

$$p_\mathrm{cr} = N_\mathrm{q}\gamma_\mathrm{m}d+N_\mathrm{c}c \qquad (7-40)$$

式中,$N_\mathrm{q} = 1+\dfrac{\pi}{\cot\varphi+\varphi-\dfrac{\pi}{2}}$,$N_\mathrm{c} = \dfrac{\pi\cot\varphi}{\cot\varphi+\varphi-\dfrac{\pi}{2}}$,为承载力系数,$\varphi$ 用弧度计算。

可见,临塑荷载与基础埋深、埋深范围内土的重度和强度参数有关,与基础宽度、持力层土的重度无关;临塑荷载的承载力系数 N_q、N_c 仅与基底以下土的内摩擦角有关。

4. 临界荷载的确定

如果只允许地基达到临塑荷载,显然不够经济。实际工程中完全可以在保证建筑物安全的情况下,允许土层在一定范围内出现塑性区,以期让土层承受更大的压力。允许的塑性区深度越大,地基承载力就越大;而地基中塑性区允许深度的确定,与建筑物的等级、类型、荷载性质与土的特性等因素有关。

常用基础下极限平衡区发展的最大深度等于基础宽度 b 的 1/4 和 1/3 时所承担的荷载作为地基的临界荷载。将 $z_\mathrm{max} = b/4$ 和 $z_\mathrm{max} = b/3$ 分别代入式(7-39),可得

$$p_{1/4} = N_{1/4}\gamma b+N_\mathrm{q}\gamma_\mathrm{m}d+N_\mathrm{c}c \qquad (7-41)$$

$$p_{1/3} = N_{1/3}\gamma b+N_\mathrm{q}\gamma_\mathrm{m}d+N_\mathrm{c}c \qquad (7-42)$$

式中

$$N_{1/4} = \frac{\pi}{4\left(\cot\varphi+\varphi-\dfrac{\pi}{2}\right)},\quad N_{1/3} = \frac{\pi}{3\left(\cot\varphi+\varphi-\dfrac{\pi}{2}\right)},\quad N_\mathrm{q} = 1+\frac{\pi}{\cot\varphi+\varphi-\dfrac{\pi}{2}},\quad N_\mathrm{c} = \frac{\pi\cot\varphi}{\cot\varphi+\varphi-\dfrac{\pi}{2}}$$

$p_{1/4}$——地基塑性区最大深度为基底宽度 1/4 所对应的荷载;

$p_{1/3}$——地基塑性区最大深度为基底宽度 1/3 所对应的荷载;

γ——持力层(与基础底面直接相接的土层)土的重度;

c、φ——持力层土的黏聚力和内摩擦角,φ 用弧度计算;

γ_m——埋深范围内土的加权平均重度,地下水位以下透水层中用有效重度;

   d——基础埋深;

   b——基础宽度。

5. 关于临塑荷载与临界荷载的讨论

从以上临塑荷载和临界荷载的计算公式可以看出,临塑荷载随 φ、c、d、γ_m 增大而增大,与基础宽度 b 和持力层土的重度 γ 无关;而临界荷载随 φ、c、γ_m、d、γ、b 的增大而增大,与基础宽度 b 和持力层土的重度 γ 有关。

上述公式适用于条形基础,可近似用于矩形基础,其结果偏于安全。需要指出的是,计算土中的自重应力时,公式推导中假定 $K_0 = 1.0$ 与实际不符;计算临界荷载 $p_{1/4}$,$p_{1/3}$ 时土中已出现塑性区,此时仍按弹性理论计算土中应力,在理论上的矛盾会导致误差,误差随塑性区范围的扩大而增加。

思考辨析:地基的局部区域达到极限平衡发生剪损,会形成一定范围的塑性区,理解为局部剪损。如果没有形成连续的破坏面,而塑性变形超过允许值,定义为达到局部破坏。因此,局部剪损并不一定就意味着局部破坏。

例题 7-3

某条形基础宽 3 m,置于均匀分布的砂土层上,基础埋深 3 m,地下水位于地表下 2 m 处;已知砂土的天然重度 $\gamma = 18$ kN/m³,饱和重度 $\gamma_{sat} = 19$ kN/m³,抗剪强度指标 $c = 10$ kPa、内摩擦角 $\varphi = 30°$,请计算该地基的临塑荷载 p_{cr}、临界荷载 $p_{1/4}$。

【解答】

根据 $\varphi = 30°$,计算地基承载力系数如下:

$$N_q = \frac{\cot\varphi + \varphi + \frac{\pi}{2}}{\cot\varphi + \varphi - \frac{\pi}{2}} = \frac{\cot 30° + \frac{\pi}{6} + \frac{\pi}{2}}{\cot 30° + \frac{\pi}{6} - \frac{\pi}{2}} = \frac{3.83}{0.68} = 5.63$$

$$N_c = \frac{\pi\cot\varphi}{\cot\varphi + \varphi - \frac{\pi}{2}} = \frac{\pi\cot 30°}{\cot 30° + \frac{\pi}{6} - \frac{\pi}{2}} = \frac{5.44}{0.68} = 8.00$$

$$N_{1/4} = \frac{\pi}{4\left(\cot\varphi + \varphi - \frac{\pi}{2}\right)} = \frac{\pi}{4 \times \left(\cot 30° + \frac{\pi}{6} - \frac{\pi}{2}\right)} = \frac{3.14}{4 \times 0.68} = 1.15$$

埋深范围内有地下水,故 $\gamma_m = \frac{19 \times 1 + 18 \times 2}{3}$ kN/m³ = 18.33 kN/m³

$p_{cr} = N_q \gamma_m d + N_c c = (5.63 \times 18.33 \times 3 + 8.00 \times 10)$ kPa = 389.59 kPa

基础底面位于地下水位以下,$N_{1/4}\gamma b$ 中的 γ 取浮重度:

$p_{1/4} = N_{1/4}\gamma b + N_q\gamma_m d + N_c c = (1.15 \times 9 \times 3 + 5.63 \times 18.33 \times 3 + 8.00 \times 10)$ kPa = 420.64 kPa

注意:在地基承载力计算中,$N_{1/4}\gamma b$ 中的 γ 取持力层土的重度,地下水位以下取浮重度,以上取天然重度;$N_q\gamma_m d$ 中的 γ_m 为基础埋深范围内土的加权平均重度;$N_c c$ 中的 c 为持力层土的黏聚力。

7.2.5 地基的极限承载力

地基的极限承载力是地基发生剪切破坏即将失稳时所能承受的荷载 p_u,也是剪切阶段与破坏阶段的界限荷载。地基极限承载力 p_u 的理论公式很多,多是按地基整体剪切破坏模式推导得到的,局部剪切破坏或冲剪破坏的情况则需在此基础上进行修正得到,使用时应注意假定和适用条件。确定地基极限承载力一般基于刚塑性假设,不考虑变形,求解方法有两大类,一是按极限平衡理论求解,二是按假定滑动面求解。

1. 无重光滑地基极限承载力

普朗德尔(Prandtl,1920)假定基底以下土的重度 $\gamma=0$,基底完全光滑,基础置于地基表面,即基础埋深 $d=0$。基于上述假定,普朗德尔研究给出刚性体压入无重介质中,介质达到破坏时的地基极限平衡区与滑裂面的形状如图 7-33 所示。

普朗德尔将地基的极限平衡区分为三个区,其中 I 区为朗肯主动区,位于基底下,其上作用有竖向应力 p_u 为大主应力,破裂面 AC 与水平向夹角为 $(45°+\varphi/2)$;II 区为过渡区,位于 I 区和 III 区之间,破裂面为对数螺旋线,方程 $r=r_0\exp(\theta\tan\varphi)$;III 区为朗肯被动区,位于基础外侧,此时水平方向为大主应力,破裂面 EF 与水平向夹角为 $(45°-\varphi/2)$。

延伸阅读:根据朗肯土压力理论,竖向应力为大主应力时发生主动破坏。在 I 区,竖向应力 p_u 导致该区土体滑动,p_u 为大主应力,因此这是主动土压力区,大主应力 p_u 作用面与破坏面 AC 夹角为 $(45°+\varphi/2)$。同理,III 区受到水平向大主应力作用,使该区土体移动,则此为朗肯被动区,破坏面 EF 与水平面夹角为 $(45°-\varphi/2)$。

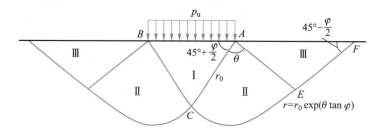

图 7-33　普朗德尔地基极限平衡区及滑裂面形状

根据以上分析,推导得到的地基极限承载力理论公式为

$$p_u = cN_c \tag{7-43}$$

式中,N_c 为承载力系数,是内摩擦角 φ 的函数。

$$N_c = \left[e^{\pi\tan\varphi}\tan^2\left(45°+\frac{\varphi}{2}\right) - 1 \right]\cot\varphi \tag{7-44}$$

可见,普朗德尔所得到的是无埋深光滑条形基础在无重介质上极限承载力的理论解,只适用于非常理想的情况。

雷斯纳(Reissner)在普朗德尔工作的基础上考虑基础埋深 d,并认为埋深较浅时可忽略这部分土的抗剪强度,而将这部分土作为均布荷载 $q=\gamma_m d$ 作用在基础底面上,其中 γ_m 为埋深范围内土的加权平均重度。据此,雷斯纳推得了极限荷载公式如下:

$$p_u = \gamma_m d N_q + c N_c \tag{7-45}$$

式中,N_q、N_c 为承载力系数,均是内摩擦角 φ 的函数,分别表达如下:

$$N_q = e^{\pi \tan \varphi} \tan^2 \left(45° + \frac{\varphi}{2}\right), N_c = (N_q - 1) \cot \varphi$$

尽管雷纳斯公式考虑了基础埋深的影响,但仍然对应的是无重、光滑的情况,误差仍然较大。

2. 太沙基地基极限承载力公式

太沙基假定条形基础在均布荷载作用下地基发生整体剪切破坏。不再忽略基底以下土的自重压力,并认为基底完全粗糙,滑动面与水平面夹角为 φ;不考虑基底以上土的抗剪强度,仅把它简化为上覆均布荷载 $q=\gamma_m d$;达到破坏时地基极限平衡区与滑裂面的形状如图 7-34 所示。

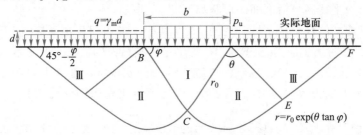

图 7-34　太沙基地基极限平衡区及滑裂面形状

太沙基认为地基土分为三个区,即 I 区为刚性核,是位于基底下的楔形土体,处于弹性压密状态,与基底一起移动。II 区为过渡区,位于 I 区和 III 区之间,滑动面假定由对数螺旋线和直线组成,土体处于塑性极限平衡状态,对数线方程为 $r = r_0 \exp(\theta \tan \varphi)$。III 区为朗肯被动区,滑动面为斜平面,与水平方向夹角 $45° - \varphi/2$,土体处于塑性极限平衡状态。

对于条形基础,地基整体剪切破坏时,太沙基给出极限承载力公式如下:

$$p_u = \frac{1}{2} \gamma b N_\gamma + q N_q + c N_c \tag{7-46}$$

式中,N_γ、N_q、N_c 为承载力系数,是内摩擦角 φ 的函数,可查表 7-2。

表 7-2　太沙基公式承载力系数

φ	0°	5°	10°	15°	20°	25°	30°	35°	40°	45°
N_γ	0	0.51	1.20	1.80	4.0	11.0	21.8	45.4	125	326
N_q	1.0	1.64	2.69	4.45	7.42	12.7	22.5	41.4	81.3	173.3
N_c	5.71	7.32	9.58	12.9	17.6	25.1	37.2	57.7	95.7	172.2

相关参数说明如下：

q——基础埋深范围内两侧的荷载，$q=\gamma_m d=\sum \gamma_i h_i$；

γ_m——埋深范围 d 内土层的加权平均重度，地下水位以下透水层中用有效重度；

γ——地基持力层土的重度，地下水位以下透水层中用有效重度；

b——基础宽度；

d——基础埋深；

c、φ——基底以下持力层土的黏聚力、内摩擦角。

式(7-46)是在条形基础下获得的，对于方形、圆形和矩形基础，地基整体剪切破坏时，太沙基给出了相应的半经验公式。

圆形基础：

$$p_u = 0.3\gamma D N_\gamma + q N_q + 1.2 c N_c \tag{7-47}$$

方形基础：

$$p_u = 0.4\gamma b N_\gamma + q N_q + 1.2 c N_c \tag{7-48}$$

式中

D——圆形基础的直径；

b——方形基础的边长。

对于矩形基础(宽度 b、长度 l)，可按 b/l 值在条形基础($b/l=0$)和方形基础($b/l=1$)各自计算的 p_u 之间用插值法求得。

对于地基发生局部剪切破坏的情况，太沙基则建议对土的抗剪强度指标 c、$\tan\varphi$ 进行折减，折减系数为 $2/3$，具体折减流程如图 7-35 所示。

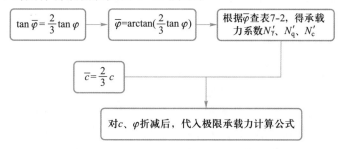

图 7-35　太沙基局部剪切破坏的折减流程

在太沙基的基础上，汉森(Hansen)假定基底光滑，考虑各种基础形状、埋深范围内土的强度、倾斜或偏心荷载修正得到极限承载力计算公式如下：

$$p_u = \frac{1}{2}\gamma b N_\gamma i_\gamma s_\gamma d_\gamma + q N_q i_q s_q d_q + c N_c s_c i_c d_c \tag{7-49}$$

式中，基础形状修正系数 s_c、s_q、s_γ，深度修正系数 d_c、d_q、d_γ，荷载倾斜修正系数 i_c、i_q、i_γ 等，均可查表获得，具体可参考工程地质手册；N_c、N_q、N_γ 为承载力系数，N_c、N_q 与普朗德尔公式相同，$N_\gamma = 1.8(N_q - 1)\tan\varphi$。

3. 地基极限承载力公式的讨论

(1) 通式和分项的物理含义

若不考虑基础形状和荷载作用方式，则地基极限承载力的通式为：

$$p_u = \gamma b N_\gamma + q N_q + c N_c \qquad\qquad (7-50)$$

式中

$\gamma b N_\gamma$——滑动土体自重产生的摩擦抗力,取决于基底下持力层的重度 γ、内摩擦角 φ 和基础宽度 b;

$q N_q$——两侧均布荷载 $\gamma_m d$ 产生的抗力,与基础埋深范围内土的加权平均重度 γ_m、基础埋深 d 和基底下持力层土的内摩擦角 φ 有关;

$c N_c$——滑裂面上的黏聚力产生的抗力,与基底下土的黏聚力 c 和内摩擦角 φ 有关。

(2)极限承载力公式的局限性

所有的极限承载力公式都是在土体刚性假定条件下推导出来的,至于土在荷载作用下必然会产生的压缩变形和剪切变形,公式中均未考虑。当变形较大时,计算误差较大,需进行变形验算。

(3)临塑荷载、临界荷载和极限荷载对比

临塑荷载、临界荷载和极限荷载辨析如表 7-3 所示。

表 7-3 临塑荷载、临界荷载和极限荷载辨析

荷载形式	破坏	影响因素	无关因素
临塑荷载	绝无一接近	随 φ、c、d、γ_m 增大	基础宽度和持力层土重度
临界荷载	一定范围剪损(塑性)	随 φ、c、γ_m、d、γ、b 增大	—
极限荷载	整体或者局部	随 φ、c、γ_m、d、γ、b 增大	—
公式中的所有承载力系数都仅与持力层土的内摩擦角有关			

7.2.6 地基承载力的确定

地基承载力为地基承受荷载的能力,地基设计有两种极限状态,一种为承载能力极限状态(强调承受的最大基底压力),即地基达到最大承载能力的状态,是地基不失稳条件下可能承受的最大荷载。此时可将临塑荷载、临界荷载,或者极限荷载除以安全系数作为地基承载力,然而这种做法虽能保证地基不产生失稳破坏,但不能保证地基因变形过大而引起上部建筑物结构破坏或失去使用功能。采用上述方法来确定地基承载力,还需要计算地基沉降量,要保证这两个方面都满足要求。另一种为正常使用极限状态,即地基达到变形限值的状态,地基不失稳,且建筑物沉降也不超允许值。这种情况对应的承载力为允许承载力,即确保地基不发生剪切破坏而失稳,同时又保证建筑物的沉降不超过允许值的最大荷载。

延伸阅读:允许承载力是地基的强度、变形均满足要求的承载力。地基允许承载力的确定是长期工程实践的结果,反映了一个国家在地基设计方面的研究水平。以《建规》为例,其名称在 1957、1974、1989、2002 和 2011 年的规范中曾经称为地耐力、标准值、设计值,以及目前采用的"特征值"。《铁规》目前仍采用地基允许承载力的说法,并提供相应确定方法。二者概念上无实质区别,只是不同规范中的表述和确定方法不同。

1. 地基承载力特征值确定方法

《建规》给出了如下几种地基承载力特征值的确定方法。

(1) 理论公式法

当偏心距 $e \leqslant l/30$(l 为偏心方向基础边长)时,可以采用以地基临界荷载 $p_{1/4}$ 作为基础的理论公式来计算地基承载力特征值,计算公式如下:

$$f_a = M_b \gamma b + M_d \gamma_m d + M_c c_k \tag{7-51}$$

式中

M_b、M_d、M_c——承载力系数,与 φ_k 相关,查《建规》获得;

c_k、φ_k——基底下一倍基宽深度范围内土的黏聚力、内摩擦角标准值;

γ——基底以下土的重度,地下水位以下取有效重度;

b——基底宽度,大于 6 m 时按 6 m 取值;对于砂土,小于 3 m 时按 3 m 取值;

γ_m——基础底面以上土的加权平均重度,地下水位以下取有效重度;

d——基础埋置深度。

该理论公式是基于中心荷载下,可允许地基塑性区最大深度为 $b/4$ 对应的临界荷载 $p_{1/4}$ 基础上推导而来,尽管考虑了一定的塑性变形区深度,但并没有和建筑物对地基变形的要求直接对应,对工程安全性和可靠性定量的概念不足,因此确定基础底面尺寸后,还要进行地基变形验算。

当受到较大的水平荷载而使合力的偏心距过大时,地基反力分布将很不均匀,《建规》要求增加限制条件进行承载力计算。

(2) 原位试验测试法

地基承载力特征值可由载荷试验或其他原位测试,并结合工程实践经验等方法综合确定。载荷试验或其他原位测试可直接对地基土进行地基承载力测定,是最直接、可靠的方法。试验方法多样,可根据具体需求采用浅层或深层平板载荷试验、标准贯入试验、静力触探试验和旁压试验等,这里仅介绍最常用的浅层平板载荷试验。

浅层平板载荷试验,即在现场通过面积 $0.25 \sim 0.50 \ \text{m}^2$ 的正方形载荷板对扰动较少的地基土体直接分级施加荷载。试验过程中测量施加的荷载 p 和地基沉降量 s,绘制 $p\text{-}s$ 曲线。低压缩性土中的 $p\text{-}s$ 曲线多呈陡降型,中、高压缩性土中 $p\text{-}s$ 曲线多呈缓变型,根据曲线形态判定地基承载力特征值 f_{ak}。

对陡降型曲线,承载力特征值 f_{ak} 取值主要由地基强度控制,一般取 $p\text{-}s$ 曲线中的临塑荷载 p_{cr};对于少数呈"脆性"破坏的土,p_{cr} 与极限荷载 p_u 往往很接近,当 $p_u < 2p_{cr}$ 时,可取 $p_u/2$。

对缓变型曲线,承载力特征值 f_{ak} 取值主要由地基允许变形控制,当承压板面积为 $0.25 \sim 0.50 \ \text{m}^2$ 时,规定取 $s = (0.01 \sim 0.015)b$(b 为承压板边长)所对应的荷载,但其值不应大于最大加荷量的一半。

当试验荷载没有达到极限荷载 p_u 时,应取试验最大荷载的一半。

思考辨析:$p\text{-}s$ 曲线与地基变形、破坏以及界限荷载的关系分析如下:

(1) $p\text{-}s$ 曲线描述了地基土变形到破坏的全过程。不同的地基破坏形式,对应的 $p\text{-}s$ 曲线形状具有一定的定性特征。

(2) $p\text{-}s$ 曲线上的 p_{cr} 和 p_u 分别是载荷试验条件下的临塑荷载和极限荷载,其临界荷载介于二者之间,用到实际工程中需要进行修正。

（3）临界荷载和局部破坏，二者不具有对应关系。前者是地基发生塑性变形达到一定范围对应的荷载，地基局部达到剪损；后者是地基发生破坏的一种形式，未达到破坏，但是超过了变形允许值，称为局部破坏。

研究表明，平板载荷试验所测得的数据一般只能反映相当于 1.5~2 倍荷载板宽度的深度以内，即浅层地基土的平均性质。因此，根据载荷试验曲线确定的地基承载力特征值 f_{ak}，不能直接用于基础埋深大于 0.5 m 的情况，而应根据实际埋深进行深度修正。此外，荷载板尺寸小于基础实际尺寸时，需考虑尺寸效应，针对基础宽度大于载荷板宽度导致的实际承载力高的情况进行宽度修正。相应地，对于基础宽度大，附加荷载影响深度大导致变形较大的情况，还要进行变形验算。

因此，《建规》5.2.4 条指出，当基础宽度大于 3 m 或埋置深度大于 0.5 m 时，从载荷试验或其他原位测试、经验值等方法确定的地基承载力特征值，尚应按下式修正：

$$f_a = f_{ak} + \eta_b \gamma (b-3) + \eta_d \gamma_m (d-0.5) \qquad (7-52)$$

式中

f_a——修正后的地基承载力特征值；

η_b、η_d——基础宽度和深度修正系数，查表 7-4；

γ——基底以下持力层土的重度，地下水位以下取有效重度；

γ_m——基底以上土的加权平均重度，地下水位以下取有效重度；

b——基底宽度，大于 6 m 按 6 m 取值，小于 3 m 按 3 m 取值；

d——基础埋深，小于 0.5 m 时取 0.5 m。

表 7-4　承载力宽度和深度修正系数

土的类别		η_b	η_d
淤泥和淤泥质土		0	1.0
人工填土 e 或 I_L 大于等于 0.85 的黏性土		0	1.0
红黏土	含水比 $a_w > 0.8$	0	1.2
	含水比 $a_w \le 0.8$	0.15	1.4
大面积压实填土	压实系数大于 0.95、黏粒含量 $\rho_c \ge 10\%$ 的粉土	0	1.5
	最大干密度大于 2.1 t/m³ 的级配砂石	0	2.0
粉土	黏粒含量 $\rho_c \ge 10\%$ 的粉土	0.3	1.5
	黏粒含量 $\rho_c < 10\%$ 的粉土	0.5	2.0
e 或 I_L 均小于 0.85 的黏性土		0.3	1.6
粉砂、细砂（不包括很湿与饱和时的稍密状态）		2.0	3.0
中砂、粗砂、砾砂和碎石土		3.0	4.4

注：强风化和全风化的岩石，可参照所风化成的相应土类取值，其他状态下的岩石不修正；地基承载力特征值按深层平板载荷试验确定时，η_d 取 0；含水比是指土的天然含水率与液限的比值；大面积压实填土是指填土范围大于两倍基础宽度的填土。

2. 地基允许承载力确定方法

地基允许承载力是《铁规》的提法,应按下列原则确定。

当基础宽度不大于 2 m、埋深不大于 3 m 时,地基允许承载力[σ]可采用地基基本承载力 σ_0,σ_0 可根据岩土类别、状态及其物理力学特征指标查《铁规》中相应的表得到。

当基础宽度大于 2 m 或埋深大于 3 m 时,地基允许承载力[σ]可按下式计算确定:

$$[\sigma] = \sigma_0 + k_1\gamma_1(b-2) + k_2\gamma_2(h-3) \tag{7-53}$$

式中

σ_0——地基基本承载力;

b——基础底面的最小边宽度,小于 2 m 时取 2 m,大于 10 m 时取 10 m。圆形或正多边形基础取 $\sqrt{A}$,A 为基础面积;

h——基础底面的埋置深度;小于 3 m 时取 3 m,h/b 大于 4 时,取 $4b$;

γ_1——基底持力层土的天然重度,若持力层在水面以下且透水时取浮重度;

γ_2——基底以上土层的加权平均重度,若持力层在水面以下且不透水时取饱和重度,透水时水中部分应取浮重;

k_1、k_2——宽度、深度修正系数,根据持力层土的类别查《铁规》中的表得到。

软土地基的基础应满足稳定和变形要求,地基允许承载力[σ]应按下计算:

$$[\sigma] = 5.14c_u \frac{1}{m'} + \gamma_2 h \tag{7-54}$$

式中

m'——安全系数,可根据软土灵敏度及建筑对变形的要求等因素选 1.5~2.5;

c_u——不排水抗剪强度;其余符号意义同前。

综上,《建规》中地基承载力特征值确定方法和《铁规》中地基允许承载力确定方法并无本质上的区别,主要不同在于《建规》中确定承载力特征值后往往要进行变形验算,而《铁规》中除了软土地基考虑变形影响外,并没有过多强调变形问题,且 σ_0 的确定更多是基于实际经验。

例题 7-4

某矩形基础宽 2 m、长 4 m,置于均匀分布厚 5 m 的黏土层上,基础埋深 2 m;黏土层下为中砂层,厚度较大;地下水位于地表下 2 m 处。已知粉土的天然重度 $\gamma = 18$ kN/m³、饱和重度 $\gamma_{sat} = 19.5$ kN/m³,抗剪强度指标黏聚力 $c = 15$ kPa、内摩擦角 $\varphi = 15°$,试按太沙基理论计算地基整体剪切破坏和局部剪切破坏时的极限承载力,若取安全系数 $F_s = 2$(由公式 $[\sigma] = \dfrac{p_u}{F_s}$ 得),试计算地基允许承载力。

【解答】

(1)整体剪切破坏时

基础持力层为黏土层,已知其 $\varphi = 15°$ 查表 7-2 可得:

$N_\gamma = 1.80$,$N_q = 4.45$,$N_c = 12.9$

对于方形基础：$p_u = 0.4\gamma b N_\gamma + q N_q + 1.2 c N_c$

对于条形基础：$p_u = 0.5\gamma b N_\gamma + q N_q + c N_c$

那么对于题中 $b/l = 2/4 = 0.5$ 的矩形基础，需要对方形基础 $b/l = 1$ 和条形基础 $b/l = 0$ 的计算公式中各项的系数进行插值后求得，即

对于此矩形基础：$p_u = 0.45\gamma b N_\gamma + q N_q + 1.1 c N_c$

由于基础埋深 2 m、地下水也位于地下 2 m，即地下水位位于基础底面，故持力层土的重度取浮重度，埋深范围中土的重度取天然重度。则

$$p_u = 0.45\gamma' b N_\gamma + \gamma d N_q + 1.1 c N_c$$
$$= (0.45 \times 9.5 \times 2 \times 1.8 + 18 \times 2 \times 4.45 + 1.1 \times 15 \times 12.9) \text{ kPa}$$
$$= 388.44 \text{ kPa}$$

地基允许承载力为：

$$[\sigma] = \frac{p_u}{F_s} = \frac{388.44}{2} \text{ kPa} = 194.22 \text{ kPa}$$

（2）局部剪切破坏时

$$\bar{c} = \frac{2}{3}c = \frac{2}{3} \times 15 \text{ kPa} = 10 \text{ kPa}, \bar{\varphi} = \arctan\left(\frac{2}{3}\tan\varphi\right) = 10°$$

查表 7-2 可得：$N_\gamma = 1.2, N_q = 2.69, N_c = 9.58$

$$p_u = 0.45\gamma' b N_\gamma + q N_q + 1.1\bar{c} N_c$$
$$= (0.45 \times 9.5 \times 2 \times 1.2 + 18 \times 2 \times 2.69 + 1.1 \times 10 \times 9.58) \text{ kPa}$$
$$= 212.48 \text{ kPa}$$

$$[\sigma] = \frac{p_u}{F_s} = \frac{212.48}{2} \text{ kPa} = 106.24 \text{ kPa}$$

注意：此题为矩形基础，条形基础、方形基础则无须插值；另，需要对持力层土的重度和埋深范围中土的重度进行合理取值。

例题 7-5

在地下水很深的场地上，均质厚层细砂地基的平板载荷试验结果如表 7-5 所示，正方形荷载板面积为 0.5 m^2，埋置深度 $d = 1.5 \text{ m}$，根据载荷试验结果按 $s/b = 0.015$ 确定，且按《建规》的要求进行修正的地基承载力特征值为多少？已知细砂重度 $\gamma = 19 \text{ kN/m}^3$。

表 7-5　例题 7-5 平板载荷试验结果

p/kPa	25	50	75	100	125	150	175	200	250	300
s/mm	2.17	4.20	6.44	8.61	10.57	14.07	17.50	21.07	31.64	49.91

【解答】

地基土为均质厚层细砂，正方形荷载板的面积为 0.5 m^2，则边长为 0.707 m；

基础埋深 1.5 m,判定为浅层平板载荷试验;

根据所给的数据,可判定,$p-s$ 曲线为缓变型,当 $s/b=0.015$ 时,$s=0.015 \times 0.707$ mm $=$ 10.6 mm

此时对应的荷载根据插值可求得:

$$p_{0.015} = \left[150 - \frac{150 - 125}{14.07 - 10.57} \times (14.07 - 10.6) \right] \text{ kPa} = 125.2 \text{ kPa}$$

$$\frac{p_{max}}{2} = \frac{300}{2} \text{ kPa} = 150 \text{ kPa} > 125.2 \text{ kPa}$$

故取 $f_{ak} = 125.2$ kPa

按《建规》要求进行修正的地基承载力特征值

查表的细砂的 $\eta_b = 2, \eta_d = 3$

$$f_a = f_{ak} + \eta_b \gamma (b - 3 \text{ m}) + \eta_d \gamma_m (d - 0.5 \text{ m}) = \left[125.2 + 3 \times 19 \times (1.5 - 0.5) \right] \text{ kPa} = 182 \text{ kPa}$$

注意:本题中需要根据沉降数据判定曲线形态,进而确定 f_{ak}。

§7.3 土坡稳定性

7.3.1 概述

土坡是指具有倾斜坡面的土体,通常可分为天然土坡和人工土坡。由地质作用自然形成的土坡,如山坡和江河岸坡等,称为天然土坡;经人工开挖的土坡和填筑的土工建筑物边坡,如基坑和土坝等,称为人工土坡。

土坡表面倾斜,土体在自重及外荷载作用下,会出现自上而下的滑动趋势,一部分土体沿着剪切破坏面相对于另一部分土体发生滑动,这种现象称为滑坡,如图 7-36(a)所示。很显然,当下滑力大于抗滑力的时候就会发生滑坡。因此,导致土坡失稳的原因有两个:一是下滑力增大,二是抗滑力降低。前者如坡顶荷载增加、路堑或基坑的开挖、降雨导致土体自重增加,以及地震、打桩、爆破等振动引起的动荷载等;后者如雨水渗入坡体、岩土体风化作用、动荷载使得土体结构破坏或者孔隙水压力升高等。滑坡不仅造成直接损失,而且往往会

(a) 滑坡示意图

(b) 日本福岛山体滑坡

图 7-36　滑坡简介

造成次级灾害,例如2021年2月14日日本福岛山体滑坡阻断了公路,如图7-36(b)所示。滑坡是一种全球性的灾害,会对人们的生命财产造成严重危害,因此本节专门讲述。

> 延伸阅读:降雨和地震是滑坡的两大主要诱发因素。地震的作用一方面使斜坡体承受的惯性力发生改变,触发滑动;另一方面地震造成地表变形和裂缝的增加,降低了斜坡土体的强度指标;此外,地震还可能引起地下水位的上升和径流条件的改变,在一定情况下为滑坡的形成创造条件。降雨也可以从多个方面诱发滑坡,一是雨水渗入使土体含水率增大,重度增大,土体下滑力随之增大;二是沿斜坡形成向下渗流的情况下,向下的渗透力加大下滑力;三是如果地下水位升高,土体有效应力降低,导致抗滑力降低;此外,水分入侵,颗粒间的盐分溶解,土体黏聚力降低,均会导致抗滑力降低。

土坡失稳破坏实质是土体发生了剪切破坏,是与土抗剪强度特性相关的土工破坏问题。土坡稳定性的分析方法主要包括极限平衡法、有限元法和滑移线法,其中极限平衡法应用较为广泛,在工程实践中积累了大量的经验。本节将介绍极限平衡法分析无黏性土坡和黏性土坡稳定性的基本原理。

7.3.2 无黏性土坡的稳定性分析

如果土坡由均质土组成且顶面和底面都是水平的,坡面单一无变坡,坡顶延伸至无限远,则称为简单土坡,其几何形状和各部位名称如图7-37所示。

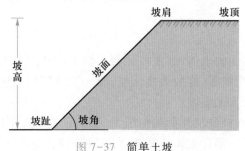

图7-37 简单土坡

1. 无渗流作用时的无黏性土坡

假设有一无黏性土简单土坡,坡角为α,土的内摩擦角为φ,黏聚力$c=0$,如图7-38(a)所示。由于土颗粒之间没有黏聚力,只有摩擦力,只要表层的土体单元稳定,整个土坡就是安全的。

在坡面上任取一侧面竖直、底面与坡面平行的土单元体A,自重为W,对于无限长的简单土坡,单元体两侧土体的作用力互相抵消。

单元体下滑力T来自重力在坡向的分力,可以表示为

$$T = W\sin \alpha \tag{7-55}$$

阻止单元体下滑的抗滑力R来自坡面的摩擦力,可以表示为

$$R = N\tan \varphi = W\cos \alpha \tan \varphi \tag{7-56}$$

土坡是否滑动取决于下滑力和抗滑力的比值,定义稳定安全系数

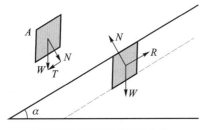

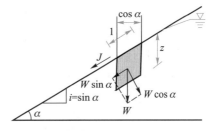

(a) 无渗流作用时的无黏性土坡   (b) 有渗流作用时的无黏性土坡

图 7-38   无黏性土坡沿平面滑动的受力分析

$$F_s = \frac{抗滑力}{下滑力} = \frac{R}{T} = \frac{W\cos\alpha\tan\varphi}{W\sin\alpha} = \frac{\tan\varphi}{\tan\alpha} \qquad (7-57)$$

如果 $F_s>1$，土体是稳定的。式(7-57)表明，对于均质无黏性土坡，理论上土坡的稳定性与其他因素无关，只要坡角小于土的内摩擦角($\alpha<\varphi$)，$F_s>1$。反之，当 $\alpha>\varphi$，$F_s<1$，土坡丧失稳定性。对于无黏性土坡来说，通常不会产生大规模整体滑塌，而是浅表层滑动，形如流砂；随着坡角减小，土坡趋于稳定。

进一步分析式(7-57)，当稳定安全系数 $F_s=1$ 时，抗滑力等于滑动力，土坡处于极限平衡状态，坡角与土的内摩擦角相等($\alpha=\varphi$)，此时的坡角称为无黏性土的自然休止角(图 7-39)。

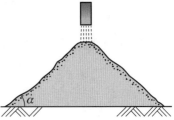

图 7-39   砂土的自然休止角

延伸阅读：自然休止角等于松散砂土堆积时能够保持稳定的最大坡角，数值上等于松砂的内摩擦角。如果边坡倾角超过自然休止角，土坡将不稳定；反之，如果边坡倾角小于自然休止角，则该土坡就可以保持稳定。

2. 有渗流作用时的无黏性土坡

由于降雨或其他原因，土坡内可能形成渗流场，下面考虑有渗流的情况。假设水流顺坡而下，如图 7-38(b)所示，水力梯度 $i=\sin\alpha$。在坡面上取土单元体，几何尺寸为 $1\times1\times z$，则体积 $V=z\cos\alpha$。在水位以下，考虑土颗粒间的相互作用时取有效重度，于是该土单元有效自重 $W'=\gamma'z\cos\alpha$。

土单元下滑力来自渗透力和重力沿坡向的分力。考虑到渗透力

$$J = \gamma_w iV = \gamma_w z\cos\alpha\sin\alpha \qquad (7-58)$$

因此，下滑力

$$T = J+W'\sin\alpha = (\gamma_w+\gamma')z\cos\alpha\sin\alpha = \gamma_{sat}z\cos\alpha\sin\alpha \qquad (7-59)$$

抗滑力由摩擦提供，即

$$T_f = W'\cos\alpha\tan\varphi = \gamma'z\cos^2\alpha\tan\varphi \qquad (7-60)$$

故，土坡的稳定安全系数为

$$F_s = \frac{T_f}{T} = \frac{\gamma' z \cos^2 \alpha \tan \varphi}{\gamma_{sat} z \cos \alpha \sin \alpha} = \frac{\gamma'}{\gamma_{sat}} \cdot \frac{\tan \varphi}{\tan \alpha} \qquad (7-61)$$

对比式(7-57)与式(7-61)发现,当无黏性土坡受到顺坡渗流作用时,安全系数降低到原来的 γ'/γ_{sat}。因此,有渗流的情况下,土坡的稳定与否,除跟坡角与摩擦角的比例有关,还跟土的密度有关。

> **例题 7-6**
>
> 一均质无黏性土坡,土的饱和重度为 19.8 kN/m³,内摩擦角为 30°。若这个斜坡稳定安全系数为 1.2,试问在干坡或完全浸水条件下及沿坡面有顺坡渗流时,土坡的安全坡角分别是多少?
>
> 【解答】
>
> 干坡或完全浸水时,由式(7-57)得:
>
> $$\tan \alpha = \frac{\tan \varphi}{F_s} = \frac{\tan 30°}{1.2} = \frac{0.577}{1.2} = 0.481, \therefore \alpha = 25.69°。$$
>
> 有顺坡渗流时,由式(7-61)得:
>
> $$\tan \alpha = \frac{\gamma' \tan \varphi}{\gamma_{sat} F_s} = \frac{(19.8-9.8) \times 0.577}{19.8 \times 1.2} = 0.243, \therefore \alpha = 13.66°。$$

7.3.3 黏性土坡的稳定性分析

黏性土颗粒之间有黏聚力,一点的移动将带动周围土体滑动,因此土坡的滑动面不像无黏性土是直面,而是曲面,如图 7-40(a)所示。通常在破坏前坡顶首先出现张裂缝,然后沿某一曲面产生整体滑动。黏性土坡常用的稳定性分析方法主要包括整体圆弧法和条分法。

1. 整体圆弧法

整体圆弧法又称瑞典圆弧法,是由瑞典人彼得森(Petterson)于 1915 年提出,后被广泛应用于工程实践。整体圆弧法将滑动面以上土体视为刚体,假定土坡失稳破坏时滑动面为一圆柱面(在土层坡面上为一段圆弧),如图 7-40(b)所示。考虑对滑动土体的极限平衡进行受力分析,定义土坡的稳定安全系数为滑动面上的平均抗剪强度与平均剪应力之比,即

$$F_s = \frac{\tau_f}{\tau} \qquad (7-62)$$

式(7-62)中,分子是土的抗剪强度。根据莫尔-库仑强度理论,$\tau_f = c + \sigma \tan \varphi$,对于均质的简单土坡,可以假定黏聚力 c 和内摩擦角 φ 是常数;然而,滑动面上正应力 σ 却是沿滑动面不断改变的,即抗剪强度 τ_f 是不断改变的。考虑到饱和黏土在不排水条件下,$\varphi_u = 0$,于是在快速滑动的假定下,滑动面上任一点的抗剪强度 $\tau_f = c_u$。

> 知识衔接:根据第 6 章对于土强度理论和指标的认识,将滑坡滑动看成土体发生快速剪切破坏,视为不固结不排水条件(UU)。这种条件下,强度包线是一条平行于正应力轴的直线,强度指标为 $\varphi_u = 0$,因此 $\tau_f = c_u$。

另一方面,式(7-62)分母中的滑动剪应力 τ 也是沿滑动面不断发生变化的,F_s 仍然无法求解。在圆弧假定条件下,滑动力和抗滑力作用的力臂都是圆弧的半径,因此式(7-62)可以写成抗滑动力矩 M_f 与滑动力矩 M_s 之比,即

$$F_s = \frac{M_f}{M_s} = \frac{\tau_f L_{\widehat{AC}} R}{\tau L_{\widehat{AC}} R} \tag{7-63}$$

对于给定的半径和圆弧,通过 UU 试验获得 c_u,式(7-63)分子可由 $M_f = \tau_f L_{\widehat{AC}} R = c_u L_{\widehat{AC}} R$ 计算求得;对于分母,假定滑动土体 ABC 重量为 W,重心离圆心到地面的垂线距离为 d,刚体 ABC 在自重作用下绕圆心 O 点沿 AC 圆弧下滑的滑动力矩 $M_s = \tau L_{\widehat{AC}} R = Wd$。于是假定圆心,给出圆弧,求得滑动土体的重量和几何尺寸,就可以得到这种条件下的安全系数。

$$F_s = \frac{M_f}{M_s} = \frac{\tau_f L_{\widehat{AC}} R}{Wd} \tag{7-64}$$

式中

$L_{\widehat{AC}}$——圆弧 AC 的长度;

d——滑动土体重心到圆心 O 点的水平距离;

W——滑动土体自重。

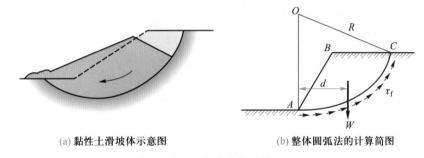

(a) 黏性土滑坡体示意图　　　　(b) 整体圆弧法的计算简图

图 7-40　均质黏性土坡滑动面

必须指出,上述计算安全系数时,滑动面是任意假定的,并不一定是最危险的滑动面。因此,计算过程中通常需要假定一系列滑动面,经过多次试算才能获得最小安全系数,对应于最危险的滑动面。

> 延伸阅读:整体圆弧法假定均质简单土坡发生快速滑动,土发生不固结不排水剪切破坏,此时强度只有黏聚力一项,即与剪切面上不断变化的正应力无关。然而,大多数情况下 $\sigma \tan \varphi \neq 0$,整体圆弧法不能给出理论解。于是人们提出了一种新的解决方案,将滑动土体分成条进行求解,即条分法,条分法实际上是一种离散化的计算方法。

2. 条分法

(1) 条分法基本原理

整体圆弧法适用于解决黏土体快速滑动的问题,此时滑动面上的剪切强度只与黏聚力有关;对于简单土坡,剪应力造成的滑动力矩可以用重量的力矩替代。通常情况下,滑动土体的摩擦角 $\varphi \neq 0$,且土坡几何外形和土层分布比较复杂,滑动体的自重及形心位置不易确

定,此时无法应用整体圆弧法。考虑到这些不足,费伦纽斯(Fellenius)等根据整体圆弧法的原理,提出了基于刚体极限平衡理论的条分法。该法将滑动体分成若干个垂直的刚性土条,分别计算各土条的抗滑力矩和滑动力矩,然后加和求取土坡的稳定安全系数。

假定有一均质黏性土坡,如图7-41(a)所示,将滑动体ABC分成n个垂直土条(图中是11个,通常圆心O点的铅直线所在的土条为0号,其左右两侧分别编号)。现取第i个土条进行受力分析,如图7-41(b)所示。

先来看未知数。每一个土条底部都具有正应力合力N_i和剪应力合力T_i,以及合力的作用点t_i,共计$3n$个未知数;n个土条间有$(n-1)$个作用面,每一个面上都作用有正应力P_i和剪应力H_i,并考虑其合力的作用点位置h_i,共计$3(n-1)$个未知数;此外,还有1个未知数,即拟求取的整体安全系数F_s。因次,未知数个数总计为:$3n+3(n-1)+1=6n-2$。

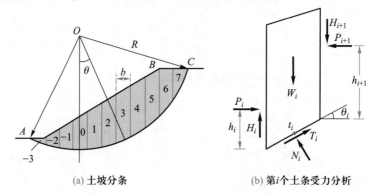

(a) 土坡分条   (b) 第i个土条受力分析

图7-41　条分法计算图式

再来看方程数。对每一个土条可以列出两个方向的静力平衡方程、一个力矩平衡方程,以及滑动面上的极限平衡方程,n个土条总计可得到$4n$个方程。

可见,未知数比方程数多出$(2n-2)$个。当$n=1$时,未知数和独立的方程数相等,问题有解,这就退化到了整体圆弧法。对于土条数较多的情况($n>1$),这是一个高次的超静定问题。要使问题有解,可以从两个方面入手。一是增加方程数,这就要求放弃刚性假定,引入应力-应变关系,计算得到滑动面上的应力分布,这其实是有限元法。二是减少未知数,通过进行合理的简化减少未知量的个数,下面主要讲述这种方法。

> **延伸阅读**:值得注意的是,在土条划定之后,其几何尺寸已确定,可以获得土条的体积,进而根据土的重度,计算得到土条的重力,因此W_i是已知的。需要注意的是,有的书籍中将土条底面受力的作用点假定为土条底边中点,t_i可以看成已知,于是未知数就少了n个,变成$(n-2)$个。

土力学界经过多年的探索,发展出了多种不同的条分法,其差别就在于简化和假定不同。下面介绍瑞典条分法、毕肖甫条分法以及简布普遍条分法。

（2）瑞典条分法

瑞典条分法是条分法中最简单最古老的一种,经过不断修改和实际应用,在工程实践中得到了广泛认可。

假定滑动面是圆弧,条间所有作用力都可以忽略,$P_i = H_i = h_i = 0$,且重力和底面的反作用力作用在土条中线上,如图 7-42 所示。在以上假定下,未知数只有每个土条底部的正应力和剪应力,n 个土条有 $2n$ 个,以及整体安全系数 1 个,总计$(2n+1)$个。可利用的方程包括 n 个土条的径向力的平衡、滑动面上的极限平衡,以及整体力矩平衡,总计也是$(2n+1)$个。

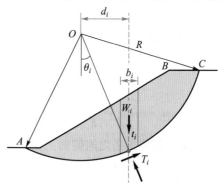

图 7-42　瑞典条分法分析原理

径向力平衡

$$N_i = W_i \cos \theta_i \qquad (7\text{-}65)$$

滑动面上极限平衡

$$T_i = \frac{c_i l_i + N_i \tan \varphi_i}{F_s} \qquad (7\text{-}66)$$

整体对圆心的力矩平衡

$$\sum_{i=1}^{n} W_i R \sin \theta_i = \sum_{i=1}^{n} T_i R = \frac{\sum_{i=1}^{n} (c_i l_i + W_i \cos \theta_i \tan \varphi_i)}{F_s} R \qquad (7\text{-}67)$$

因此

$$F_s = \frac{\sum_{i=1}^{n} (c_i l_i + W_i \cos \theta_i \tan \varphi_i)}{\sum_{i=1}^{n} W_i \sin \theta_i} \qquad (7\text{-}68)$$

瑞典条分法仍然要通过试算,找到最小的 F_s 值及对应的最危险滑动面。由于计算结果偏于安全,因此目前在实际工程中得到了较为广泛的应用。

> 延伸阅读:瑞典条分法由于忽略了条间力,不满足土条的静力平衡条件,只满足滑动土体的整体力矩平衡。正是由于这个原因,应用了径向的静力平衡,而不是横向和纵向两个分量的平衡关系式。

（3）毕肖甫条分法

毕肖甫(Bishop,1955)条分法是另一种假定圆弧滑动面的条分法,该方法考虑了土条侧面作用力,其分析原理如图 7-41(b)所示。

作用在第 i 个土条上的力有重力、滑动面上的法向力和切向力、土条侧面的作用力。令 $\Delta H_i = H_{i+1} - H_i$,考虑竖向静力平衡,则有

$$W_i + \Delta H_i = N_i \cos \theta_i + T_i \sin \theta_i \qquad (7\text{-}69)$$

得到:

$$N_i \cos \theta_i = W_i + \Delta H_i - T_i \sin \theta_i \qquad (7\text{-}70)$$

根据莫尔-库仑强度理论,在极限平衡状态下,土条 i 的滑动面上的抗剪力为

$$T_{fi} = c_i l_i + N_i \tan \varphi_i \qquad (7\text{-}71)$$

于是

$$T_i = \frac{T_{fi}}{F_s} = \frac{c_i l_i + N_i \tan \varphi_i}{F_s} \qquad (7\text{-}72)$$

式(7-72)代入式(7-70),整理得

$$N_i = \frac{1}{m_i}\left(W_i + \Delta H_i - \frac{c_i l_i \sin \theta_i}{F_s} \right) \qquad (7\text{-}73)$$

式中, $m_i = \cos \theta_i + \dfrac{\tan \varphi_i}{F_s} \sin \theta_i$。

考虑到相邻土条之间侧面上的 P_i 和 H_i 成对出现,大小相等、方向相反,对 O 点的力矩将相互抵消。各土条滑动面上的正应力作用线通过圆心,也不产生力矩。因此,只有重力 W_i 产生滑动力以及滑动面上的切向力产生抗滑力矩,且二者之间平衡。

$$\sum_{i=1}^{n} W_i d_i - \sum_{i=1}^{n} T_i R = \sum_{i=1}^{n} W_i R \sin \theta_i - \sum_{i=1}^{n} T_i R = 0 \qquad (7\text{-}74)$$

将式(7-72)、式(7-73)代入式(7-74),可得

$$F_s = \frac{\displaystyle\sum_{i=1}^{n} \frac{1}{m_i}\left[c_i b_i + (W_i + \Delta H_i)\tan \varphi_i \right]}{\displaystyle\sum_{i=1}^{n} W_i \sin \theta_i} \qquad (7\text{-}75)$$

式(7-75)是毕肖甫条分法计算边坡稳定安全系数的通式。这种方法考虑了侧面的法向力 P_i 和 P_{i+1},由于假定其成对出现,在通式中并未出现,是其巧妙之处。需要注意,在式(7-75)中 ΔH_i 仍是未知数,毕肖甫进一步假设 $\Delta H_i = H_{i+1} - H_i = 0$,使问题得到大大简化。简化后的毕肖甫条分法称为简化毕肖甫条分法,实践证明这种简化对边坡稳定安全系数 F_s 的影响较小。

> 延伸阅读:毕肖普条分法考虑了土条间切向力,隐含考虑了土条间水平向力,但是未考虑水平向力平衡;简化毕肖普条分法假定 $\Delta H_i = 0$,实际上忽略了土条间切向力。对比瑞典条分法分析中所采用的径向力平衡,毕肖普条分法则采用了竖向力平衡。

(4)简布普遍条分法

简布(Janbu,1954)提出了对任意滑动面形状的条分法,叫作简布普遍条分法。当土条划分后,假设土条间合力作用点已知,这样可以减少 $(n-1)$ 个未知量;进一步假定土条底面的合力作用在中点位置,于是又可以减少 n 个未知量。如前所述,一般条件下未知数比方程数多 $(2n-2)$ 个,通过以上假设,方程数多于未知量个数,因此问题有解答。在这种情况下,每个土条都满足全部静力平衡条件和极限平衡条件,滑动土体也满足整体力矩平衡条件。分析表明,土条间力作用点的位置对土坡稳定安全系数的大小影响并不大,一般可假定其作用于土条底面以上 1/3 高度处,这些作用点的连线称为推力线,如图 7-43(a)所示。取任意一个土条,其上作用力如图 7-43(b)所示,下面推导土坡稳定安全系数。

对每一个土条分别列出水平与竖直方向的力平衡方程,即

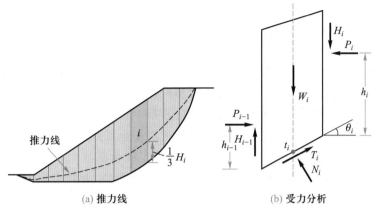

(a) 推力线　　　　　(b) 受力分析

图 7-43　简布普遍条分法

$$\begin{cases} \sum F_x = 0, \Delta P_i = T_i \cos \theta_i - N_i \sin \theta_i \\ \sum F_y = 0, W_i + \Delta H_i = N_i \cos \theta_i + T_i \sin \theta_i \end{cases} \tag{7-76}$$

根据土条底面极限平衡条件,可得

$$T_i = \frac{c_i l_i + N_i \tan \varphi_i}{F_s} \tag{7-77}$$

由边界条件 $P_1 = \Delta P_1, P_2 = P_1 + \Delta P_2 = \Delta P_1 + \Delta P_2$,可得推力条件

$$\begin{cases} P_i = \sum_{j=1}^{i} \Delta P_j \\ P_n = \sum_{i=1}^{n} \Delta P_i = 0 \end{cases} \tag{7-78}$$

通过对土条底面中点取力矩平衡,略去高阶微量,最后整理可得:

$$F_s = \frac{\sum\limits_{i=1}^{n} \left[c_i l_i \cos \theta_i + (W_i + \Delta H_i) \tan \varphi_i \right] \dfrac{1}{m_i \cos \theta_i}}{\sum\limits_{i=1}^{n} (W_i + \Delta H_i) \tan \theta_i} \tag{7-79}$$

式中, m_i 表达式与毕肖普条分法相同。

延伸阅读:简布的推力线法满足力多边形闭合、极限平衡和推力条件,适用于任意滑裂面,因此叫作普遍条分法;公式中 ΔH_i 利用土条力矩平衡条件解决,因而整个滑动土体的整体力矩平衡也得到满足。

思考辨析:实际上,以上各种方法并不是试图通过减少未知数列出所有方程,而是通过简化和假定,寻求对于所考虑未知数的足够方程数即可。比如,瑞典条分法用了径向静力平衡。

(5) 简单土坡最危险滑动面的确定方法

上述确定土坡稳定安全系数时,滑动面是任意假定的,并不是最危险滑动面。因此,通常在计算时需要假定一系列的滑动面,经过多次试算才能获得最小安全系数,此类工作计算量较大。为此,费伦纽斯通过大量计算分析,提出了确定最危险圆弧滑动面圆心的经验方法,一直沿用至今。

对于均质黏性土坡,当土的内摩擦角 $\varphi=0$ 时,其最危险滑动面常通过坡角,圆心位置可由图 7-44(a) 中 β_1 和 β_2 确定,β_1 和 β_2 具体取值可查表 7-6。

当 $\varphi>0$ 时,最危险滑动面的圆心位置可能在图 7-44(b) 中 DO 的延长线上,首先自 O 点向里取圆心 $O_1,O_2\cdots$,分别作滑弧,并求出相应的抗滑安全系数 $F_{s1},F_{s2}\cdots$,然后绘曲线找出最小值,即为所求最危险滑动面的圆心 O_m 和土坡稳定安全系数 F_s。当土坡非均质或者坡面形状及荷载情况比较复杂时,还需自 O_m 作 DO 线的垂直线,并在垂线上再取若干点作为圆心进行计算比较,才能找出最危险滑动面的圆心及土坡稳定安全系数。

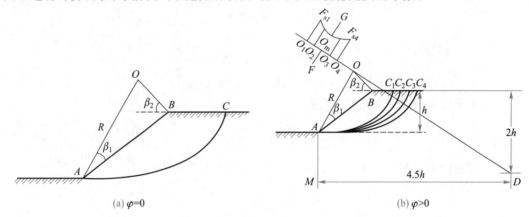

图 7-44　最危险滑动面圆心位置的确定

表 7-6　β_1、β_2 角的数值

土坡坡度	坡角	β_1 角	β_2 角
1:0.58	60°	29°	40°
1:1.0	45°	28°	37°
1:1.5	33°41′	26°	35°
1:2.0	26°34′	25°	35°
1:3.0	18°26′	25°	35°
1:4.0	14°03′	25°	36°

延伸阅读:在边坡的稳定计算分析中,如何正确地考虑孔隙水压力的影响,是一个十分复杂但又非常重要的问题。对于有效应力法,需要在法向力中减去孔隙水压力 $u_i l_i$,使用有效应力内摩擦角 φ_i'。总应力法则在法向力中不扣除孔隙水压力,使用总应力内摩擦角 φ_i。与强度指标的选用相同,有效应力法符合土体破坏的机理,在能够确定孔隙水

压力的情况下,应优先采用;在难以确定孔隙水压力的情况下,合理采用总应力法。此时,应根据现场土体中孔隙水压力的情况,正确选用合理的总应力抗剪强度指标,目前工程界这两种方法均有应用。

思考和习题

7-1 试述三种土压力发生的条件并列举工程实例。

7-2 朗背土压力理论与库仑土压力理论的基本原理和假定有什么不同?它们在什么条件下能得到相同的结果?

7-3 描述地基破坏过程的几个阶段。

7-4 影响地基极限承载力大小的因素有哪些?

7-5 原位测试测定地基承载力的方法有哪几种?

7-6 边坡圆弧滑动面整体稳定分析的原理是什么?如何确定最危险圆弧滑动面?

7-7 某墙背直立、光滑挡土墙高 5 m,土层参数如图 7-45 所示,求主动土压力并画出土压力分布图。

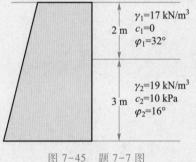

图 7-45 题 7-7 图

$\gamma_1=17$ kN/m^3
$c_1=0$
$\varphi_1=32°$
2 m

$\gamma_2=19$ kN/m^3
$c_2=10$ kPa
$\varphi_2=16°$
3 m

7-8 挡土墙高 6 m,墙背直立、光滑,墙后填土面水平,填土重度 $\gamma=18$ kN/m^3,$\varphi=30°$,$c=0$,试确定:

(1) 墙后无地下水时的主动土压力;

(2) 当地下水位离墙底 2 m 时,作用在挡土墙上的总压力(包括水压力和土压力),地下水位以下填土饱和重度为 19 kN/m^3。

7-9 挡土墙高 7 m,墙背倾斜角 $\alpha=20°$,填土面倾角 $\beta=10°$,填土重度 $\gamma=18.5$ kN/m^3,$\varphi=25°$,$c=0$,填土与墙背的摩擦角 $\delta=15°$,按库仑土压力理论求主动土压力大小、作用点位置和方向。

7-10 已知承受均布荷载的条形基础宽 2 m,埋深 1.5 m,地基土为粉质黏土,其中 $\varphi=15°$,$c=35$ kPa,$\gamma=19$ kN/m^3,试求:

(1) 地基的 p_{cr} 和 $p_{1/4}$;

(2) 当 $p=300$ kPa 时,地基内塑性变形区的最大深度。

7-11 不透水黏性土地基上的条形基础宽度 $b = 2$ m,埋深 $d = 2$ m,地基土比重 $d_s = 2.71$,孔隙比 $e = 0.7$,地下水位在基础埋置深度所在高程处,地下水位以上土的饱和度 $S_r = 0.8$;土的剪切强度指标 $\varphi = 15°$,$c = 20$ kPa。试分别采用太沙基公式和普朗德尔公式计算地基极限承载力 p_u。

第 7 章习题答案

第 8 章 特殊土性质与工程设计

> **导读:** 本章讲述湿陷性黄土、膨胀土、盐渍土和冻土四种典型特殊土,简要介绍各种特殊土的分布、成因、特殊工程性质以及工程设计原则。

特殊土是指分布在一定地域、具有特殊工程性质的土。世界上固然没有两种土是一模一样的,但是特殊土是指那些具有某些在工程中不可忽视的、其他土所不具备的特殊工程性质的土,它们在土的工程分类中单独分成一类。"特殊土"是多种具有特殊工程性质的土的总称,具体到每一种特殊土都需要单独研究。工程中最经常遇到的特殊土有湿陷性黄土、膨胀土、盐渍土和冻土,本章将分别介绍。

§8.1 湿陷性黄土

8.1.1 概述

黄土是一种在第四纪地质历史时期干旱气候条件下的沉积物,在全球约有 $1.3 \times 10^7 \ km^2$ 的面积。我国的黄土区域面积约 $6.4 \times 10^5 \ km^2$,主要分布在西北地区和黄河中下游的环形地带,其形成与地理位置和气候密切相关。黄土在堆积过程中,形成一些特殊的地形地貌,如图 8-1 所示。

(a) 黄土塬　　　　　　　　(b) 黄土梁　　　　　　　　(c) 黄土峁

图 8-1　典型的黄土地貌

黄土的成因是一个十分复杂的问题,存在多种假说,主要有风成说、水成说以及多种成因说。风成说认为,黄土是在干旱的大陆性气候的作用下,内陆干旱、半干旱区强大的反气旋风把大量的黄土物质吹送到外部区域逐渐堆积而成的。水成说认为,在一定的地质、地理环境下,成土物质可为各种形式的流水作用所搬运堆积,从而形成水成黄土。多种成因说则认为黄土的形成是综合因素作用的结果。总体来看,风成说历史最长、影响最大,其他学说也有一定证据支持。

> 延伸阅读:按照地质特征体系,一般认为第四纪更新世(Q1~Q3)为原生黄土,以风成为主;第四纪全新世(Q4)黄土为次生黄土,成因复杂,也经常称作黄土状土。

土的湿陷性是指土在上覆土层自重应力作用下,或者在自重应力和附加应力共同作用下,因浸水后结构破坏而发生显著附加变形的特性,因此,又可分为自重湿陷性黄土与非自重湿陷性黄土。湿陷变形是一种特殊的塑性变形,具有突变性、非连续性和不可逆性,对工程危害较大。我国的黄土约有 3/4 为湿陷性黄土,大部分分布在黄河上、中游地区。《湿陷性黄土地区建筑标准》(GB 50025—2018)根据我国黄土的工程性质特征,从西向东划分为陇西(含青海)地区、陇东—陕北—晋西地区、关中地区、山西—冀北地区、河南地区、冀鲁地区和边缘地区 7 个分区。

> 知识衔接:第 3 章曾经讲述过,对于一般土层,随着地下水位下降,有效应力增大会导致土层发生沉降;湿陷性黄土受水浸湿后则会发生湿陷。土层"减水"和"增水"都可能导致沉降变形,但发生条件和机理不同。

8.1.2　黄土的湿陷性评价

1. 湿陷系数的定义

黄土的湿陷系数是单位高度土样在一定压力作用下浸水后的湿陷量,可以通过室内压缩试验在一定压力下测定,用 δ_s 表示。

$$\delta_s = \frac{h_p - h_p'}{h_0} \tag{8-1}$$

式中

h_p——保持天然含水率和原状结构试样,加至一定压力时,压缩变形稳定后的高度(mm);

h_p'——一定压力下压缩变形稳定后的试样,在浸水饱和条件下,下沉稳定后的高度(mm);

h_0——试样的原始高度(mm)。

在室内压缩试验中试验压力应按土样深度和基底压力确定。试验压力若采用上覆土的饱和自重压力,测得的湿陷系数为自重湿陷系数,用 δ_{zs} 表示。

$$\delta_{zs} = \frac{h_z - h_z'}{h_0} \tag{8-2}$$

式中

h_z——保持天然湿度和原状结构的试样,加至该试样上覆土的饱和自重应力时,压缩变形稳定后的高度(mm);

h_z'——在上覆土的饱和自重应力下压缩变形稳定后的试样,在浸水饱和条件下,附加下沉稳定后的高度(mm);

h_0——试样的原始高度(mm)。

从以上规定可以看出,湿陷系数测定试验应采用原状土样,用固结仪分级加荷至试样的规定压力,压缩变形稳定后试样浸水饱和至附加下沉稳定,试验终止。试样浸水前和浸水后的稳定标准,应为下沉量不大于 0.01 mm/h。如果测定自重湿陷系数,上覆土的饱和自重压力应自天然地面算起,挖、填方场地应自设计地面算起。

测定湿陷起始压力和压力-湿陷系数曲线时,可采用单线法和双线法压缩试验。单线法压缩试验不应少于 5 个环刀试样,且均应在天然湿度下分级加荷,分别加至不同的规定压力,下沉稳定后,各试样浸水饱和,附加下沉稳定,试验终止。双线法压缩试验应取 2 个环刀试样,分别对其施加相同的第一级压力,下沉稳定后应将 2 个环刀试样的量表读数调整一致。然后,将一个试样保持在天然湿度下分级加荷,加至最后一级压力下沉稳定后,试样浸水饱和,附加下沉稳定,试验终止;另一个试样浸水饱和,附加下沉稳定后,在浸水饱和状态下分级加荷至下沉稳定,加至最后一级压力下沉稳定,试验终止。两种方法的试验曲线示意图如图 8-2 所示。

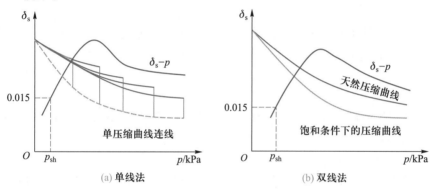

图 8-2　湿陷系数测定方法

思考辨析:单线法压缩试验要求试样组数为 5 组,而对于黄土而言,因垂直裂隙发育、结构松散等特点,黄土的均一性不能保证,致使统一深度的 5 组试验数据存在很大差异,数据离散性较大;双线法压缩试验要求试样组数为 2 组,对于试样的均一性控制较容易,试验结果的规律性良好,便于数据的处理,又由于试验方法简单,工作量少,对比性强等特点,尤其适用于大量试样的工程性试验。

2. 湿陷起始压力

从以上叙述可以看出,黄土的湿陷变形量是压力的函数。因此,存在一个压力界限值,当压力低于该界限值时,黄土只会产生压缩变形而不会产生湿陷现象。该界限值称为湿陷起始压力,用 p_{sh} 表示,可用室内压缩试验或现场载荷试验确定。采用室内压缩试验测定时,在 $p\text{-}s_s$ 线上取压实系数 $\delta_s = 0.015$ 所对应的压力作为湿陷起始压力值。

现场测定的原理与室内压缩试验相似,采用静载荷试验获得压力与浸水下沉量 $p\text{-}s_s$ 曲线来判定,取转折点所对应的压力作为湿陷起始压力值。曲线上的转折点不明显时,可取浸水下沉量(s_s)与承压板直径(d)或宽度(b)之比等于 0.017 所对应的压力作为湿陷起始压力值。

3. 湿陷性黄土判定和分类

很显然,湿陷系数越大,相同压力下土体受水浸湿后的湿陷量越大,因而对建筑物的危害就越大,湿陷性的强弱可以用湿陷系数判定。中国《湿陷性黄土地区建筑标准》(GB 50025—2018)规定,当湿陷系数 $\delta_s \geqslant 0.015$ 时,应定为湿陷性黄土。按湿陷系数大小划分黄土的湿陷程度如表 8-1 所示。

表 8-1 黄土的湿陷性程度划分

湿陷系数 δ_s	湿陷性类别
$0.015 \leqslant \delta_s \leqslant 0.030$	轻微
$0.030 < \delta_s \leqslant 0.070$	中等
$\delta_s > 0.070$	强烈

根据自重湿陷量实测值或计算值,分为自重和非自重湿陷性黄土场地。自重湿陷量实测值小于或等于 70 mm 时,应定为非自重湿陷性黄土场地。

8.1.3 黄土湿陷的机理

关于对黄土湿陷机理的研究,研究学者曾提出多个假说,从不同的方面解释了黄土湿陷的原因,主要有如下几种。

(1)黄土的结构学说

该学说认为黄土湿陷的根本原因是黄土具有粒状架空结构体系,如图 8-3 所示,在力和水的共同作用下架空结构破坏产生湿陷变形。

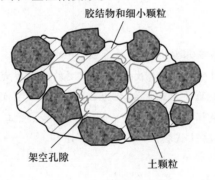

图 8-3 黄土的架空结构

(2)欠压密理论

风成黄土在沉积过程中,土层未能得到有效压密。由于气候的影响,盐类析出,化学胶结产生了固化凝聚力。上覆土层自重压力增大不足以产生进一步压缩,因而处于欠压密状态。一旦水浸入,固化凝聚力消失,就产生湿陷。欠压密论易于解释我国黄土为什么西北部湿陷性强、东南部弱这一规律。

（3）固化凝聚力降低假说

这种假说认为水膜楔入和胶结物溶解作用下，固化凝聚力受到破坏，导致土的结构破坏，因而发生湿陷。水膜楔入说能较好地解释黄土在水一进入就会立即发生湿陷这一现象，但是不足以解释各种复杂的湿陷现象如湿陷性的强弱、自重湿陷与非自重湿陷等。

（4）黏土粒膨胀假说

当湿陷性黄土含有大量的伊利石与蒙脱石等黏土颗粒时，在水的作用下，水分沿细微裂缝接触到黏土颗粒。黏土颗粒吸水膨胀，导致土结构破坏，使颗粒散化，再加上水膜的润滑作用，促使土颗粒滑动，于是产生湿陷。

8.1.4 湿陷性黄土地基处理

黄土湿陷是下沉量大，而且下沉速度快的失稳变形，经常导致地基的不均匀沉降。在湿陷性黄土地区进行建设，对建筑物地基需要采取处理措施。地基处理方法应根据建筑类别和场地工程地质条件，结合施工设备、进度要求、材料来源和施工环境等因素，经技术、经济比较后综合确定。可选用表 8-2 中的一种或多种方法组合。

表 8-2　湿陷性黄土的地基处理方法

方法名称	适用范围	可处理的湿陷性黄土层厚度/m
垫层法	地下水位以上	1~3
强夯法	$S_r \leqslant 60\%$ 的湿陷性黄土	3~12
挤密法	$S_r \leqslant 60\%$，$w \leqslant 22\%$ 的湿陷性黄土	5~25
预浸水法	湿陷程度中等至强烈的自重湿陷性黄土场地	地表下 6 m 以下的湿陷性土层
注浆法	可灌性较好的湿陷性黄土（需经试验验证注浆效果）	现场试验确定
其他方法	经试验研究或工程实践证明行之有效	现场试验确定

§8.2 膨 胀 土

8.2.1 概述

膨胀土是指浸水后体积剧烈膨胀，失水后体积显著收缩的黏性土，因此，也被称为胀缩性土。膨胀土的分布具有明显的气候和地理分带性。我国是世界上膨胀土分布范围最广、面积最大的国家，总分布面积超过 10^5 km²，几乎涵盖了除南海以外的所有陆地；主要分布在从西南云贵高原到华北平原之间各流域形成的平原、盆地、河谷阶地，以及河间地块和丘陵等地，尤以珠江流域、长江流域、淮河流域、黄河流域以及海河流域等地区最为集中。

膨胀土的成因类型可分为残积性和沉积性，前者主要来源于母岩矿物化学成分和化学风化，经过风化、蚀变、淋溶作用，分解成残积性膨胀土和在重力作用下形成坡积物；后者则受沉积作用（湖积、洪积、坡积、冲积）和沉积时代（固结程度）影响，以残积、冲积和湖积最为常见,主要形成于第三纪和整个第四纪。

从气候上来说,我国膨胀土的分布主要位于气候干湿交替显著的地区,这种气候有利于膨胀土中的蒙脱石类强亲水性矿物形成、富集,如我国东部、南部的广大地区,膨胀土广泛分布。从地形上来说,膨胀土主要分布在我国的第二阶梯与第三阶梯地区,第一阶梯的西北地区分布较少。

> 延伸阅读:膨胀土的成因与其分布密切相关,即具有典型的区域性,其他特殊土也有类似的情况。因此,特殊土也称作区域性特殊土。

8.2.2 膨胀土的工程性质

根据《膨胀土地区建筑技术规范》(GB 50112—2013),膨胀土中黏粒成分主要由亲水性矿物组成,是同时具有显著的吸水膨胀和失水收缩两种变形特性的黏性土,其典型的工程特殊性表现在如下几个方面。

1. 胀缩性

膨胀土中具有蒙脱石和伊利石等亲水性黏土矿物,吸水后体积增大,失水后体积缩小,表现出显著的膨胀收缩性,即胀缩性。膨胀土中的亲水性黏土矿物是物质基础,土中含水率的变化引起土体积的变化是外部因素。膨胀土的胀缩性的表观现象是膨胀和收缩变形,与此相对应,当土体吸水后如果外部约束阻止其发生膨胀,土体内部会产生内应力,即膨胀压力;另一方面,当土体失水后,其体积减小收缩至一定程度还会产生裂隙。因此,膨胀土的胀缩性是内外因共同作用、具有多种表观力学行为的复杂特性。

(1)膨胀率 δ_{ep}

膨胀率可用来反映具体膨胀土层的膨胀变形特性。采用环刀法直接从现场天然状态的膨胀土中取得的土样,在一定的压力下压缩稳定,浸水达到饱和后,试样高度的增加量与原高度的比值,如下式所示:

$$\delta_{ep} = \frac{h_w - h_0}{h_0} \times 100 \tag{8-3}$$

式中

δ_{ep}——某级荷载下的膨胀率(%);

h_w——某级荷载下土样在水中膨胀稳定后的高度(mm);

h_0——土样原始高度(mm)。

(2)自由膨胀率 δ_{ef}

自由膨胀率是膨胀土从完全分散、疏松、且无水的干燥状态,到孔隙中充满水的饱和状态,所增加的膨胀体积与原体积的比值,如下式所示。

$$\delta_{ef} = \frac{V_w - V_0}{V_0} \times 100 \tag{8-4}$$

式中

δ_{ef}——膨胀土的自由膨胀率(%);

V_w——土样在水中膨胀稳定后的体积(mL);

V_0——土样原始体积(mL)。

自由膨胀率是反映土体膨胀性强弱较为客观的指标,具有唯一性。根据《膨胀土地区建筑技术规范》(GB 5012—2013),可按自由膨胀率的大小将膨胀土分为 3 类,为了便于比较,表 8-3 中也列入非膨胀土作为第 4 类。

表 8-3　膨胀土的膨胀性强弱分类表

膨胀性	自由膨胀率	类别
强膨胀土	$\delta_{ef} \geqslant 90\%$	第 1 类
中等膨胀土	$65\% \leqslant \delta_{ef} < 90\%$	第 2 类
弱膨胀土	$40\% \leqslant \delta_{ef} < 65\%$	第 3 类
非膨胀土	$\delta_{ef} < 40\%$	第 4 类

延伸阅读:实际上所有的土遇水或者失水都具有一定的胀缩性,只有达到一定的程度,在工程上才予以重视。上节的湿陷性黄土定义为湿陷系数 0.015,膨胀土的判定应满足土的自由膨胀率大于等于 40%。

为了便于了解,表 8-4 对膨胀率 δ_{ep} 与自由膨胀率 δ_{ef} 进行比较。

表 8-4　两种膨胀率的区别

不同点	膨胀率 δ_{ep}	自由膨胀率 δ_{ef}
所用土体	地基中原状膨胀土,用膨胀土填筑的工程,可采用人工击实的膨胀土	碾碎、过筛、烘干而成的分散状土
初始含水率	试样处于自然状态,存在初始含水率	试样需烘干,初始含水率为 0
饱和土体积	试样处于紧密状态从下向上浸水达到饱和,饱和土体积变化较小。	土样由完全松散状态吸水到饱和状态,饱和土所占体积较大
大小与用途	数值较小,用于估算具体膨胀土地层的膨胀变形	数值较大,用于判别膨胀性强弱,划分膨胀土强弱的等级
唯一性	不具有唯一性,所取试样初始含水率、位置及深度均是变化的	具有唯一性,不受其他因素干扰

(3) 收缩率 δ_s 和收缩系数 λ_s

膨胀土蒸发失水发生收缩,收缩率 δ_s 定义为膨胀土试样因蒸发而产生的收缩量占试样原厚度中的百分比,收缩系数定义为收缩率与含水率变化之比。

$$\lambda_s = \frac{\Delta\delta_s}{\Delta w} \qquad (8-5)$$

式中

λ_s——膨胀土的收缩系数;

$\Delta\delta_s$——收缩过程中直线变化阶段与两点含水率之差对应的竖向线缩率之差(%);

Δw——收缩过程中直线变化阶段两点含水率之差(%)。

膨胀土产生裂隙经常是由于收缩不均匀所导致的。

（4）膨胀力 P_e。

膨胀力是试样吸水过程中受约束,无法发生膨胀时所产生的竖向应力。

2. 裂隙性

膨胀土中普遍发育的各种形态裂隙,按其成因可以分为原生裂隙和次生裂隙两类。原生裂隙具有隐蔽特征,多为闭合状的显微裂隙;次生裂隙具有张开特征,多为宏观裂隙,且多为原生裂隙发育而来。膨胀土中的垂直裂隙,通常是由于构造应力与土的胀缩效应产生的张拉应变而形成,水平裂隙大多由沉积间断与胀缩效应所形成的水平应力差而形成。裂隙的存在破坏了膨胀土的完整性和连续性,导致膨胀土的变形、强度、渗透等均呈现明显的各向异性特征,促进了水在土中的循环,加剧了土体的胀缩变形,加速了新的黏土矿物的生成,不利于土体的稳定。

3. 超固结性

膨胀土在反复胀缩变形过程中,由于上部荷载和侧向约束作用,土体在膨胀压力作用下反复压密,土体表现出较强的超固结特性,是膨胀土特有的性质。超固结膨胀土具有明显的应变软化特征。

知识衔接:第 5 章讲述过,超固结土是指当历史上受到的最大有效固结应力大于当前有效应力的土。绝大多数情况下,超固结是由于应力本身增减造成的。在上覆压力不变的情况下,长时间蠕变也会造成超固结效应。膨胀土的超固结特性又是另外一种情况,它是在上覆压力不变的情况下,遇水膨胀受限,由于膨胀力的反力造成的。目前我们学习了导致超固结的三种情况:压力增减、恒压蠕变、遇水膨胀受限,机理各不相同。

8.2.3　膨胀土地区工程设计

我国在膨胀土地区开展大量基础设施建设,在工程实践中遇到最多的是边坡稳定性问题和膨胀土地基问题。

1. 膨胀土的边坡稳定性

膨胀土的边坡稳定可基于常用的土坡稳定分析方法进行分析。膨胀土边坡失稳的关键原因是裂隙的发育,因此需要充分考虑膨胀土裂隙的产生和存在。膨胀土边坡失稳的特点有浅层性、牵引性、平缓性、长期性以及季节性,这些特点均与裂隙的发育紧密相关,如表 8-5 所示。

表 8-5　边坡失稳的特点

边坡失稳特点	说明
浅层性	膨胀土的裂隙最大深度为 3~4 m,在这个深度范围内膨胀土的抗剪强度低,由此产生的滑动面范围较浅。
牵引性	由于裂隙不深,产生的滑动体较薄,首先是小范围内坡体下滑,再牵动上面的坡体下滑,逐步向上发展,形成牵引性滑坡。

边坡失稳特点	说明
平缓性	由于裂隙的发展,较缓的边坡也会滑动。
长期性	裂隙缓慢发展,直到达到足够深度后,才会发生滑坡。
季节性	在雨季,雨水灌入裂隙中,使土体饱和度增大,强度降低,土体同时膨胀;转晴后,土体收缩,如此反复形成干湿循环,促进裂隙的发育。

膨胀土边坡的加固方法主要为覆盖法,即采用覆盖法加固土体以消除已有的裂隙,防止新裂隙的产生和发展,工程中常采用土工膜、掺灰土覆盖膨胀土边坡。在施工过程中防止施工开挖暴露产生裂隙,控制在短时间内开挖坡面,缩短膨胀土边坡的暴露时间。采取合理的边坡的防水和排水措施,防止雨水大量渗入边坡。

2. 膨胀土的地基处理

膨胀土地基上建筑物的设计应遵循预防为主、综合治理的原则。设计时,应根据场地的工程地质和水文地质以及气象条件,考虑地基基础的设计等级,结合当地经验,采取消除或减小地基胀缩变形量以及适应地基不均匀变形能力的建筑和结构措施,并应在设计文件中明确施工和维护管理的要求。基于此,我国的《膨胀土地区建筑技术规范》(GB 50112—2013)建议,膨胀土的地基设计需考虑如下因素。

(1)基础埋置深度

膨胀土的基础埋深依据场地类型、膨胀土地基胀缩等级、大气影响急剧层深度、建筑物结构类型、作用在地基上的荷载大小和性质、地下水位等因素确定。膨胀土地基上建筑物的基础埋置深度不应小于 1 m。

(2)变形

膨胀土的地基变形量依据场地天然地表下 1 m 处的含水率。地基所处环境的温度和湿度等因素,采用膨胀变形量、收缩变形量、胀缩变形量的计算公式进行计算。

(3)稳定性

位于坡地场地上的建筑物应验算其地基稳定性。土质较均匀时,按照圆弧滑动法验算;土层较薄时,土层与岩层间存在软弱层时,应取软弱层面为滑动面进行验算;层状构造的膨胀土,层面与坡面斜交,且交角小于 45°时,应验算层面的稳定性。

3. 工程处置措施

膨胀土地基处理需从上部结构与地基基础两方面考虑,抓住膨胀土胀缩的主要矛盾。考虑当地的气候条件、土质特性与胀缩等级、场地的工程地质情况和建筑物结构类型等因素,做到技术先进、经济合理。目前常用的膨胀土地基处理方法有换土法、土性改良法、预浸水法、帷幕保湿法,以及桩基础法等,具体处理方法请参考规范。

§8.3 盐 渍 土

8.3.1 概述

我国《盐渍土地区建筑技术规范》(GB/T 50942—2014)规定易溶性盐含量大于或等于0.3%且小于20%,并具有溶陷或盐胀等工程特性的土为盐渍土,包括各类盐土、碱土以及各种盐化、碱化土。此外,根据实践经验,对含中溶盐为主的盐渍土,可根据其溶解度和水环境条件进行折算。盐渍土不仅对环境具有重大影响,对工程建设和维护也造成巨大挑战,如图 8-4所示。

(a) 盐渍土的环境影响

(b) 盐渍土导致公路裂缝

图 8-4 盐渍土的环境和工程影响

1. 盐渍土的分布和成因

盐渍土在世界各地广泛分布,我国是世界上盐渍化最严重和盐渍土面积最大的国家之一。据统计,分布于我国境内的盐渍土面积达 14.8 亿亩(约 10^6 km^2),其中西北内陆地区分布较多,约占全国盐渍土总面积的 60%。我国盐渍土具有面积大、分布广、成分复杂、种类多等特点。

盐渍土的形成首先要有盐分,研究表明,盐渍土中所含的盐分主要来自岩石中盐类的溶解、工矿业废水的注入和海水的渗入;其次是盐分的运移及其在土中的重新分布,这主要是靠水流和风力等实现。可见,盐渍土的形成与分布由地理、气候及工程地质和水文地质条件等因素共同决定。此外,由于人类活动而改变原来的自然环境,也使本来不含盐的土层发生盐渍化,生成次生盐渍土。

2. 盐渍土的分类

盐渍土的分类方法很多,但一般都是根据盐渍土本身特点而进行分类。盐渍土对不同工程对象的危害特点和影响程度是不同的,所以各部门可根据各自的特点和需要来分类。《盐渍土地区建筑技术规范》(GB/T 50942—2014)规定,盐渍土分别可以从化学成分和含量两个角度进行分类。

（1）按含盐化学成分分类

地基土所含的盐类及其含量影响着盐渍土的工程性质,应对盐渍土中含盐成分按常规方法进行全量化学分析,确定各种盐的含量,然后再进行分类,以判断哪种或哪几种盐对盐渍土的工程性质起主导作用。目前,一般采用 0.1 kg 土中阴离子含量的比值作为分类标准。根据氯离子、硫酸根离子、碳酸根离子和碳酸氢根离子含量的比值,将盐渍土分为以下五类,如表 8-6 所示。

表 8-6　盐渍土按盐的化学成分分类

盐渍土名称	$\dfrac{c(Cl^-)}{2c(SO_4^{2-})}$	$\dfrac{2c(CO_3^{2-})+c(HCO_3^-)}{c(Cl^-)+2c(SO_4^{2-})}$
氯盐渍土	>2.0	—
亚氯盐渍土	>1.0, ≤2.0	—
亚硫酸盐渍土	>0.3, ≤1.0	—
硫酸盐渍土	≤0.3	—
碱性盐渍土	—	>0.3

注:$c(Cl^-)$、$c(SO_4^{2-})$、$c(CO_3^{2-})$、$c(HCO_3^{2-})$ 分别表示氯离子、硫酸根离子、碳酸根离子、碳酸氢根离子在 0.1 kg 土中所含毫摩尔数,单位为 mmol/0.1kg。

（2）按含盐量分类

将盐渍土按含盐量分为四种,如表 8-7 所示。

表 8-7　盐渍土按含盐量分类

盐渍土名称	盐渍土层的平均含盐量/%		
	氯盐渍土及亚氯盐渍土	硫酸盐渍土及亚硫酸盐渍土	碱性盐渍土
弱盐渍土	≥0.3, <1.0	—	—
中盐渍土	≥1.0, <5.0	≥0.3, <2.0	≥0.3, <1.0
强盐渍土	≥5.0, <8.0	≥2.0, <5.0	≥1.0, <2.0
超盐渍土	≥8.0	≥5.0	≥2.0

8.3.2　盐渍土的三相组成

与普通土相似,盐渍土由固、液、气三相组成,所不同的是盐渍土的液相是一种含盐量较高的溶液;固相部分除含有土的固体颗粒外,还有不稳定的易溶结晶盐和较稳定的难溶结晶盐。可见,盐渍土的固相与液相会因外界条件变化而相互转化,其三相组成如图 8-5 所示。图中的 m、V 分别为质量和体积,下标符号与各相对应。需要指出的是,m_s 是土骨架质量,包括固体土颗粒和难溶盐结晶(在 105℃ 下烘干后)的质量。

需要注意,由于盐的存在使土中的微粒胶结成小集粒,而盐结晶自身也常会形成较大的颗粒,故随着含盐量的增大,土的细颗粒含量减少;但当土被水浸湿后,随着土中盐的溶解,土颗粒分散度增大,对黏土颗粒的含量影响尤其大。因此,盐渍土的颗粒分析试验,应在洗盐后进行,以得到符合实际的粒径组成,并以此来确定土的名称。

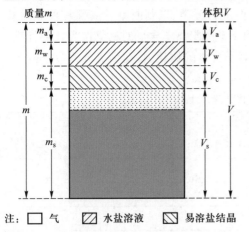

注: □ 气　　　▨ 水盐溶液　　　▧ 易溶盐结晶
　　　▦ 难溶盐结晶　　　■ 土颗粒

图 8-5　盐渍土的三相组成

延伸阅读:m_c 与 V_c 分别是易溶盐结晶体的质量与体积。当含水率较低时,易溶盐结晶析出成为固体;当含水率增加达到一定程度或饱和时,部分或全部易溶盐溶于水,即 m_c 与 V_c 部分或全部变为 m_w 与 V_w,可溶盐发生相的改变。烘干法测定盐渍土的含水率时,尽管易溶盐会析出变成固态,但是通常不把易溶盐部分看成固体。这是盐渍土与普通土的最大差异,在进行研究和实际工程中需要注意。

下面介绍盐渍土的物理指标。

1. 相对密度

含所有盐时的相对密度,即天然状态盐渍土固体颗粒(包括结晶颗粒和土颗粒)的相对密度,表达式为

$$G_{sc} = \frac{m_s + m_c}{(V_s + V_c \rho_{1t})} \tag{8-6}$$

式中,ρ_{1t} 为 t℃时中性液体的密度(g/cm^3)。

根据土存在的状态,可求取去掉土中易溶盐后的土颗粒加上难溶盐的综合相对密度。在实际工程中,盐渍土地基可能被水浸湿,则土中的易溶盐被溶解甚至流失。此时,固体颗粒中不含易溶盐结晶颗粒。因此,为满足实际工程需要,应分别测定上述两种情况的相对密度。

2. 天然含水率

盐渍土的天然含水率公式如下

$$w' = \frac{m_w}{m_s + m_c} \times 100\% \tag{8-7}$$

式中,w' 为把盐当作土骨架的一部分时的含水率,可用烘干法求得。

考虑到

$$C = \frac{m_c}{m_s + m_c} \times 100\% \tag{8-8}$$

式(8-8)代入式(8-7)可得

$$w' = w(1 - C) \tag{8-9}$$

式中

w——常规土定义的含水率,即 m_w/m_s;

C——土中易溶盐含量(%)。

由式(8-9)可知,w' 比常规土定义的含水率 w 偏小。

3. 含液量

盐渍土中含液量公式如下:

$$w_B = \frac{\text{土样中含盐水质量}}{\text{土样中土颗粒和难溶盐总质量}} \times 100\% \tag{8-10}$$

不考虑强结合水时,则有

$$w_B = \frac{m_w + Bm_w}{m_s} = w(1+B) \tag{8-11}$$

式中

w_B——土样中含液量;

B——每 100 g 水中溶解盐的含量,可由 $B = m_c/m_s$ 确定,当计算出的 B 值大于盐的溶解度时,取 B 为该盐的溶解度。

4. 天然重度和干重度

盐渍土的天然重度与一般土的定义相同,对于含有较多 Na_2SO_4 的盐渍土,应考虑其在低温条件下的结晶膨胀对天然重度的测定所带来的影响;盐渍土的干重度分为含盐与去盐后的差别。

8.3.3 盐渍土的工程性质

1. 盐胀性

盐渍土在温度或含水率发生变化时,产生隆起的特性称为盐渍土的盐胀性。从形成机理来说,盐渍土地基的盐胀一般可分为两类,即结晶膨胀与非结晶膨胀。结晶膨胀是指盐渍土因温度降低或失去水分后,溶于土孔隙水中的盐分浓缩并析出结晶所产生的体积膨胀,如硫酸盐盐渍土的盐胀;非结晶膨胀是指由于盐渍土中存在着大量的吸附性阳离子,具有较强的亲水性,遇水后很快与胶体颗粒相互作用,在胶体颗粒和黏土颗粒的周围形成稳固的结合水薄膜,从而减小了颗粒的黏聚力,使之相互分离,引起土体膨胀,如碳酸盐盐渍土(碱土)的盐胀。盐胀会使建筑物地面发生隆起、产生裂缝,对公路、硬化地面以及低层建筑物基础等产生严重危害,在地基基础工程中结晶膨胀的危害较大。

盐渍土的盐胀性可通过现场试验,获得盐胀系数来评价:

$$\delta_{yz} = \frac{s_{yz}}{h_{yz}} \tag{8-12}$$

式中

s_{yz}——总盐胀量(mm);

h_{yz}——有效盐胀区厚度(mm)。

思考辨析:盐渍土的盐胀、膨胀土的膨胀、土冻结的冻胀等都可能发生膨胀变形,机理各不相同,尤其是盐胀经常伴随着冻胀,很难区分,工程上需谨慎对待。

2. 溶陷性

（1）溶陷的定义

盐渍土地基浸水后，因土中可溶盐的溶解，土体结构遭破坏，强度随之降低，土颗粒重新排列，孔隙减小，进而产生较大的溶陷变形。由于浸水通常是不均匀的，所以建筑物的沉降也是不均匀的，导致建筑物的开裂和破坏。另外，地基溶陷变形速度很快，所以对建筑物的危害很大。图 8-6 为典型的盐渍土场地溶陷试验地基沉降曲线，在一定压力下，浸水产生较大溶陷量，远远超出了一般结构物的允许变形量。因此，未经处理盐渍土地基上的结构物常因地基溶陷而破坏。

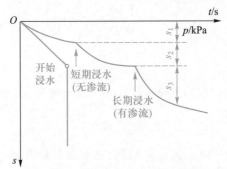

注：s_1—建筑物荷载产生的沉降；s_2—结晶盐溶解产生的溶陷；
s_3—渗流引起的潜蚀溶陷

图 8-6　典型的盐渍土场地溶陷试验地基沉降曲线

如图 8-6 所示，当浸水时间较短水量不多时，土颗粒连接点处的盐结晶部分或全部遇水溶解，土体结构丧失，强度随之降低，土颗粒重新排列，孔隙减小，产生溶陷（s_2），这与黄土的湿陷现象相似。当盐渍土地基浸水时间较长，且浸水量很大或造成渗流时，土体中部分固体颗粒将被水流带走，产生潜蚀。在潜蚀作用下，盐渍土的孔隙率增大，伴随荷载（包括土自重）作用，土体将产生附加的溶陷变形，一般把这部分溶陷变形称为"潜蚀变形"（s_3）。

> **思考辨析**：黄土湿陷、盐渍土溶陷、膨胀土失水收缩以及冻土的融沉都会导致沉降变形，其机理和发生条件各不相同。

（2）溶陷性的评价

盐渍土的溶陷性可用溶陷系数 δ_{rx} 作为评价指标，溶陷系数由下列两种方法确定。

室内压缩试验法适用于可以取得规整形状的细粒盐渍土，溶陷系数计算公式为：

$$\delta_{rx} = \frac{h_p - h'_p}{h_0} \tag{8-13}$$

式中

δ_{rx}——盐渍土的溶陷系数；

h_0——盐渍土不扰动土样的原始高度；

h_p——压力 p 作用下变形稳定后的土样高度；

h'_p——压力 p 作用下浸水溶陷变形稳定后的土样高度。

压力 p 一般应按试验土层实际的设计平均压力取值,但有时为方便起见,也可取为 200 kPa。

室内液体排开法适用于测定形状不规则的原状砂土盐渍土及粉土盐渍土,溶陷系数计算公式为:

$$\delta_{rx} = K_G \frac{\rho_{dmax} - \rho_d(1-C)}{\rho_{dmax}} \tag{8-14}$$

式中

K_G——与土性有关的经验系数,取值为 0.85~1.00;

ρ_{dmax}——试样的最大干密度(g/cm^3);

ρ_d——试样的干密度(g/cm^3)。

根据《盐渍土地区建筑技术规范》(GB/T 50942—2014),当 $\delta_{rx} < 0.01$ 时,为非溶陷性盐渍土;当 $\delta_{rx} \geqslant 0.01$ 时,则为溶陷性盐渍土。

3. 腐蚀性

盐渍土具有明显的腐蚀性,影响建筑物基础和地下设施的耐久性和安全使用。盐渍土的腐蚀性主要表现为氯盐盐渍土对金属和钢筋混凝土的腐蚀破坏,以及硫酸盐盐渍土对混凝土的物理破坏和物理化学腐蚀破坏。在进行腐蚀性评价时,以氯盐为主的盐渍土应重点评价其对钢筋的腐蚀性,而以硫酸盐为主的盐渍土,应重点评价其对混凝土、石灰、黏土砖的腐蚀性。盐渍土对建(构)筑物的腐蚀性,可分为强腐蚀性、中腐蚀性、弱腐蚀性和微腐蚀性四个等级,分级标准参考相关规范。

8.3.4 盐渍土地区工程设计

1. 盐渍土的地基承载力

天然状态的盐渍土,由于盐的胶结作用,通常处于坚硬状态,因此,天然状态的盐渍土的承载力一般较高,可作为一般结构物的良好地基。在干旱地区或采取严密防水措施确保不会浸水的情况下,盐渍土地区地基可按常规方法设计。然而,浸水后地基土中的易溶盐被水溶解,土体结构遭到破坏、抗剪强度降低,导致地基的承载能力降低。因此,在设计、施工及使用过程中,必须保证地基不被水浸,以及施工过程中必须采取相应的防水及地基技术处理措施;否则,只能按浸水后盐渍土地基的承载力来设计。由于盐渍土含盐性质及含盐量的不同,决定力学特性的因素复杂,现场静载荷试验是确定地基承载力最好的方法。

2. 盐渍土的基础设计

对于盐渍土地区的基础工程设计计算,在采用一般土地基的基础工程的设计计算方法的基础上,需要进一步考虑盐渍土的溶陷与盐胀特性对基础的沉降与变形特性产生的不利影响。对于变形控制需要同时考虑溶陷变形和盐胀变形;对于承载力控制,应采用现场浸水静载荷试验确定;同时,还要选取恰当的材料,以应对其腐蚀性。

3. 盐渍土的地基处理措施

盐渍土地基处理的目的,主要在于改善土的力学性质,消除或减少地基因浸水而引起的溶陷或盐胀等。与其他类土的地基处理目的有所不同,盐渍土地基处理的范围和深度应根据其含盐类型、含盐量、分布状态、盐渍土的物理和力学性质、溶陷等级、盐胀特性及建筑物类型等来选定,所选择的地基处理方法应在有利于消除或减轻盐渍土溶陷性和盐胀性对建(构)筑物的危害的同时,提高地基承载力和减少地基变形。

盐渍土地基处理的方法很多,具体使用情况、优缺点以及注意事项请参考相关规范。需要注意的是,选择溶陷性和盐胀性盐渍土地基的处理方案时,应根据水环境变化和大气环境变化对处理方案的影响,采取有效的防范措施。

§8.4 冻 土

8.4.1 概述

冻土的定义为表层温度在 0℃ 以下,且含有冰的特殊岩土。根据负温状态保持时间的长短,冻土分为三类,即短时冻土,仅存在数小时或数日以至半月;季节冻土,存在半月至数月;多年冻土,连续存在两年或两年以上。

1. 冻土的分布

全球陆地具有天然冻土覆盖的面积约占 50%,其中多年冻土区约占 25%。按多年冻土的形成条件,分为高纬度的大陆多年冻土区,及中、低纬度的山地和高海拔高原多年冻土区。全球多年冻土的分布,具有明显的纬度和垂直地带性规律。自高纬度向中纬度地区,多年冻土埋深逐渐增加,厚度不断减小,年平均地温相应升高,由连续多年冻土带过渡为不连续多年冻土带,直至季节冻土带和非冻土带。

多年冻土的地层分为上部随着季节冻结和融化的活动层与活动层以下的多年冻土层。从工程的角度来看,根据多年冻土的地层空间分布,可以分为连续多年冻土区、不连续多年冻土区。连续多年冻土区的多年冻土层在空间分布上是连续的,其地层剖面比较简单,活动层下表面通常就是多年冻土层上表面,如图 8-7(a)所示;不连续多年冻土区之间会有处于完全融化状态的"补丁"区域,其地层剖面就复杂一些,如图 8-7(b)所示。将多年冻土的最上部边界定义为多年冻土上限,对于不连续多年冻土区的地层,多年冻土上限是活动层下第一个多年冻土层的上表面。可见,在连续性多年冻土地区,多年冻土上限通常是活动层和多年冻土层的界限;而在不连续性多年冻土地区,多年冻土层和活动层之间可能会有融化层,多年冻土上限通常不是活动层的下限。

> 延伸阅读:不连续多年冻土是横向空间上的分布特征,而不是土层剖面上冻土层的不连续。在不连续多年冻土地区,地层通常表现为图 8-7(b)的形式。

我国多年冻土总面积约为 2.15×10^6 km^2,占全国国土面积的 22.4%。主要分布在东北的大、小兴安岭,松嫩平原北部及高山地带和青藏高原上,以及季节冻土区内的高山上。多年冻土地区具有大量的冷生现象以及特殊的冻土地貌,如图 8-8 所示,在这样的地区进行工程建设时,需要进行特殊的工程地质勘察,并采取有针对性的工程措施。

(a) 连续多年冻土区　　　　　(b) 不连续多年冻土区

图 8-7　多年冻土的地层剖面

(a) 厚层地下冰　　　　　　　(b) 热熔滑塌　　　　　　　　(c) 冻胀丘融化

图 8-8　多年冻土地区的典型冷生现象和冻土地貌

2. 多年冻土的成因

影响多年冻土形成的主要因素是气候和地形。气候的作用主要体现在气温、气压、风、降水等条件的影响;地形条件会改变土层的热交换,热能变化决定了岩石圈和其下的软流层之间大规模的物质循环。二者共同作用决定多年冻土的形成过程、存在特征及分布特点。

8.4.2　冻土的物理性质

1. 冻土的物质构成

冻土是由固体颗粒、冰、未冻水和气体四种基本成分组成的非均质、各向异性复合体。冻土组成成分的特殊性质、比例关系及其相互作用决定着其物理力学性质。

(1) 固体颗粒

固体颗粒的尺寸、形状、矿物颗粒的分散度等,对冻土力学性质影响很大。固体矿物颗粒的形状在很大程度上制约着对外荷载造成接触应力的传递,当矿物颗粒的尖锐触点作用有较高压力时,接触点位置处的冰会产生压融现象,影响冻土的变形和强度特征。矿物颗粒的比表面积越大,亲水性越强,矿物与水的相互作用活性就越大,相应的化学结合能也越大,使土体冻结后,未冻水含量增加,强度降低。

（2）冰

冰是冻土中重要的组成部分，也是冻土作为特殊土的重要物质基础。冰的存在形式、含量以及赋存状态等决定着冻土的结构构造及相应的物理性质、化学性质和力学性质。冻土中的冰可能以多种形式存在，在含冰量相对较低的土中，冰可能肉眼不可见；随着含冰量的增大，冰以明显的颗粒包裹物形式存在，从土样的截面上可以看到冰晶以大致均匀的方式与颗粒相间；随着含冰量继续增大，冻土中可能会出现局部的小透镜体，甚至出现一定厚度的层状冰；在含冰量很大的情况下，可能会以厚层地下冰的形式存在，土颗粒在其中成为含量较少的组分，图 8-8(a)所示的厚层地下冰就是这种情况。

冰与液态水之间存在相变，在温度保持恒定的时候，这种相变达到动态平衡；当温度发生改变，二者之间相互转换，冻土的物理力学性质随之发生变化。另一方面，温度保持不变而压力发生变化，也会导致冰水相变。相变一方面释放或者吸收热量，改变冻土的物理热平衡，另一方面直接影响冻土的力学性质。因此，受应力和温度条件影响的冻土力学性质是一个十分复杂而又具有重要工程意义的科学问题。

（3）未冻水

土冻结后，由于颗粒表面能的作用，土中始终保持一定数量的液态水，称为未冻水。研究发现在-70℃以上都会有一定量的未冻水存在，如图 8-9 所示，主要是由于土质、矿物颗粒表面力场以及土中所含盐分等因素影响。随着温度与压力的变化，冻土中未冻水含量发生相应变化，这是冰水相变的另一个侧面。影响未冻水的因素除温度和压力等外界条件，土质本身也起到至关重要的作用。

土的冻结是一个非常复杂的过程。一般来说，并不是土的温度低于 0℃ 就立即变成冻土。土受冷冻结过程如图 8-10 所示，即首先要经过一个过冷阶段，此时过冷的水处于亚稳定状态；温度达到 T_{sc} 时，土才会结晶成冰，放出大量的潜热，使温度上升到 T_f；在此温度下，土中的自由水被冻结，继续释放出潜热；当自由水基本被完全冻结后，这时结合水开始成冰，释放的潜热不多，冷却过程才会继续。T_f 称为土的冻结温度。土的冻结温度通常低于 0℃，对于粗粒土，这个温度接近 0℃。颗粒越细，比表面积越大，土的冻结温度越低。对于细粒土尤其是黏土，冻结温度可能会低达-5℃。

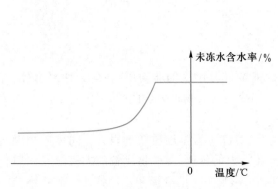

图 8-9　未冻水含量与温度关系

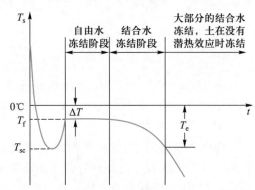

图 8-10　冻土冻结温度时间曲线

（4）气体

冻土中的气体处于自由、受压或吸附状态。当受压气体形成封闭气泡时,土的弹性增加。冻土中的水汽可以在压力梯度的作用下迁移。在非饱和土体中,水汽可能是冻结过程中水分向冻结前缘迁移和聚集的主要来源,也是低含水率粗粒土冻结时出现聚冰现象的原因。

2. 冻土的物理参数

冻土的含水率测定方法与融土相同,但需注意,这里的"水"包含了冰和未冻水。

对于冻土中的冰,定义质量含冰量如下。

$$i_r = \frac{M_i}{M_w} = \frac{w - w_u}{w} \tag{8-15}$$

式中

M_i——冰的总质量(kg);

M_w——水的总质量(kg);

w——总含水率;

w_u——未冻水含量。

实际上,冻土的质量含冰量很难直接测定,可以通过总含水率和未冻水含量间接求得。工程上经常通过肉眼观察冻土断面,利用体积含冰量进行估计。

冻土的导出指标、表征其物理状态的密实度或稠度等也与融土定义一致。值得注意的是,冻土的许多指标需要在其融化后获得。体积发生了变化,在计算时,总体积需要采用融化前的数值。

3. 冻土的冷生构造

在冻土的形成过程中,由于土中水或水汽冻结时,冰晶或冰层与矿物颗粒在空间上的排列和组合形态不同,导致冻土产生特殊的冷生构造,最典型的包括整体状构造、层状构造和网状构造,如图 8-11 所示。整体状构造的冻土中,土颗粒间被孔隙冰所填充,无肉眼看到的冰,融化后土的强度降低较小;层状构造的冻土,其内部的冰呈透镜状或层状分布,融化后土的强度明显降低;网状构造的冻土由大小、形状和方向各不相同的冰晶体组成大致连续的网络。

4. 土的热物理性质

土对热变化的响应与其热物理特性有关,冻土工程中经常用到的热物理参数有以下四个。

（1）导热系数 λ

土的热传导实际上是土中热量由温度高处向温度低处流动的过程,可通过导热系数来度量其热传导效率。导热系数被定义为单位温度梯度作用下物体内所产生的热流密度,该系数的单位为 W/(m·K)。土的导热系数与土的类型、密度以及含水率等因素有关。

（2）比热容 c_v

比热容是单位质量的物质温度改变 1 K 所需要吸收或放出的热量,简称为比热,单位为 J/(kg·K)。通常将水和冰的比热看作常数,冻土的比热容是将单位质量冻土中不同组分的比热容叠加得到。

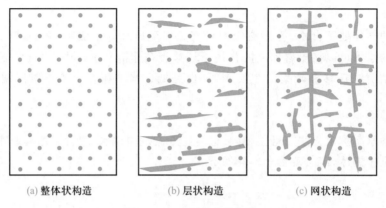

| (a) 整体状构造 | (b) 层状构造 | (c) 网状构造 |

图 8-11　冻土的冷生构造

（3）相变潜热 L

相变潜热是在等温、等压条件下，单位质量或单位体积的物质从某一个相态转变为另一相态过程中所吸入或放出的热量。相变潜热是一个状态量，与温度和压力密切相关。在标准大气压下，当温度不发生变化时，相同质量的水转变为冰将放出 333.7 kJ/kg 的热量。对土体来说，土在转变为冻土的过程中所释放的相变潜热受到土体冻结后孔隙水转变为冰的数量的影响。

（4）热扩散系数 α

热扩散系数是物体中某一点的温度扰动传递到另一点速率的量度，定义为 $\alpha = \lambda / \rho_c$，单位为 m^2/s。热扩散系数越大，温度变化传递的速度越快。冰的热扩散系数远高于水，因此冻土的热扩散系数远大于融土。在其他条件一致的情况下，冻土的平均温度上升速度快于非冻土。

8.4.3　冻土的工程性质

1. 土的冻胀

（1）土的冻胀变形

冻胀变形的主要原因是水分迁移及冰的分凝作用。当土体处于负温环境时，如果没有外部水分补给（封闭系统），这种情况下只有土孔隙中的原位水冻结成冰。如果土具有水分补给（开放系统），这种情况下土中的毛细吸力使未冻结区内水分向冻结锋面迁移并聚集结冰。冻结锋面附近各相成分的受力状况改变，土骨架受拉分离，冻土体积逐渐增大。土的冻胀敏感性通常用冻胀率来反映。冻胀率越大，土的冻胀敏感性越强，单位厚度土层的冻胀变形越大。冻胀率定义为一定深度的土层所产生冻胀变形量与土层厚度的比值，即

$$
\begin{cases}
\eta = \dfrac{\Delta z}{z_d} \times 100\% \\
z_d = h' - \Delta z
\end{cases}
\tag{8-16}
$$

式中

η——冻胀率；

Δz——地表冻胀量(mm);

z_d——设计冻深(mm);

h'——冻层厚度(mm)。

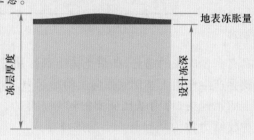

图8-12 冻土的冻胀量示意图

土冻胀敏感性的影响因素较多,包括土的粒度、密度、矿物成分和含盐量等,其中土的颗粒级配对冻胀敏感性影响最大。土颗粒粒径越小,毛细吸力越大,在温度梯度作用下土体吸水的作用更强;然而,当细小的黏粒含量很高,土的渗透系数非常小的时候,影响冻结时水分向冻结缘迁移聚集,故冻胀性反而降低。可见,冻胀敏感性强的土体,既具有一定的毛细吸力,又具有一定的透水性。因此,粉粒对冻胀发展最为有利。研究表明,在水分和温度条件一定的情况下,冻胀敏感性的大致强弱顺序如下:粉土和粉质砂土>粉质黏土>黏土>砾石土。

一种冻胀敏感性土能否发生冻胀及其发展程度与水分补给条件密切相关。土在封闭系统里由冻胀引起的最大体积变化量为其自由水体积的9%。根据式(8-16),冻胀率一般非常小;在开放条件下,由于源源不断的外部水分补给,冻胀量的发展就可能非常可观。同时,冻胀的发展还与土中的温度梯度直接相关。如果土中的温度梯度比较大,水分来不及迁移到冻结锋面就发生冻结,将不利于冻胀的发展。研究发现,温度梯度越小,越有利于冻胀发展。

《冻土地区建筑地基基础设计规范》(JGJ 118—2011)根据土的平均冻胀率 η 的大小将土分为五类,如表8-8所示。

表 8-8　土的冻胀性分类

平均冻胀率 $\eta/\%$	冻胀等级	冻胀类别
$\eta \leqslant 1$	I	不冻胀
$1 < \eta \leqslant 3.5$	II	弱冻胀
$3.5 < \eta \leqslant 6$	III	冻胀
$6 < \eta \leqslant 12$	IV	强冻胀
$\eta > 12$	V	特强冻胀

（2）冻胀力

地基土冻结时,土体具有产生冻胀的趋势,如果土体上部作用建（构）筑物基础,冻胀受到限制,地基与基础之间就会产生作用于基础底面向上的抬起力,称为基础底面的法向冻胀力;作用于基础侧表面向上的抬起力,称为基础侧面的切向冻胀力。此外,冻土与基础表面通过冰晶胶结在一起,这种胶结力称为基础与冻土间的冻结强度,简称冻结力,在实际使用和测量中通常以这种表面胶结的抗剪强度来衡量,如图 8-13 所示。

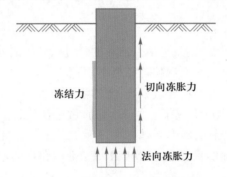

图 8-13　冻胀力对结构物的作用

2. 土的融沉

当冻土温度升高发生融化时会产生沉降变形,可能来自一个或多个方面。一是冰融化成水体积减小而产生沉降 s_{iw},这一部分变形通常不大;二是融化土体在自重作用下,随着水分排出发生固结产生沉降 s_{sf},其大小与土的密度有关;三是融化的土体在外部压力作用下排水固结导致沉降 s_p,其大小与土本身性质和所受外部压力有关。工程中用融沉系数评价冻土的融沉特性,定义为冻土在自由状态下融化沉降变形量与原始高度之比

$$\delta_0 = \frac{h_1 - h_2}{h_1} = \frac{e_1 - e_2}{1 + e_1} \times 100\% \tag{8-17}$$

式中

δ_0——融沉系数;

h_1、e_1——冻土试样融化前的高度（mm）和孔隙比;

h_2、e_2——冻土试样融化后的高度（mm）和孔隙比。

可见,融沉系数考虑的是前两个方面,即 s_{iw} 和 s_{sf}。

影响冻土融沉的最重要的因素是含水率和干密度,此外还有粒度成分和液塑限。对于饱和土来说,含水率和干密度是一一对应的。然而,在工程实际中,冻土可能是不饱和的,也可能含冰量太高形成土颗粒分散分布在冰中,处于所谓过饱和状态。因此,需要从含水率和干密度角度分别考察与融沉系数的定量关系。近几十年来,冻土的融化固结理论得到很大发展,但是经验公式仍然是工程中用来评价融沉性的主要方法。

我国根据研究成果制定了指导寒区工程建设的规范,即《冻土地区建筑地基基础设计规范》(JGJ 118—2011)。依据融沉系数的大小,将多年冻土分为不融沉、弱融沉、融沉、强融沉和融陷五类(表 8-9)。

表 8-9　多年冻土的融沉性分类

平均融沉系数 δ_0/%	融沉等级	融沉类别
$\delta_0 \leqslant 1$	I	不融沉
$1 < \delta_0 \leqslant 3$	II	弱融沉
$3 < \delta_0 \leqslant 10$	III	融沉
$10 < \delta_0 \leqslant 25$	IV	强融沉
$\delta_0 > 25$	V	融陷

3. 土的冻融循环

冻融循环是指寒区陆面发生反复的冻结和融化,是一种物理风化作用,对土的工程性质具有很大影响,会使原状土的结构发生显著改变。冻融循环对土的影响有别于对其他材料。研究发现,冻融作用使低密度土的密度增大,土得到强化,黏聚力和前期固结压力增大;相反,高密度的土经过冻融循环会变得疏松,土结构被弱化,黏聚力和前期固结压力降低。无论高密度还是低密度的土,经历冻融循环后,其渗透性都增强,这是因为冻融循环引起土体内部产生裂隙,有利于水的流动。

4. 冻土的应力-应变特性

由于冰的存在,冻土具有显著的蠕变特性。冻土的应力-应变-时间行为非常复杂,蠕变过程通常用蠕变方程简化描述。在冻土力学中,通常假设产生的总应变 ε 由瞬时应变 ε_0 和蠕变应变 $\varepsilon^{(c)}$ 组成,如式(8-18)。瞬时应变 ε_0 包含弹性和塑性两部分,而在实际工程中,出于简化考虑,式(8-18)中瞬时应变 ε_0 假定全部为弹性变形,可根据胡克(Hooke)定律确定;蠕变应变 $\varepsilon^{(c)}$ 可以通过试验获得经验公式来预测。

$$\varepsilon = \varepsilon_0 + \varepsilon^{(c)} \tag{8-18}$$

冻土的蠕变曲线受温度、应力和土性的影响显著,根据土性与应力条件,可获得三种类型的蠕变曲线如图 8-14(a)所示,其中三阶段蠕变由于变形发展较大,受到广泛重视。典型的三阶段蠕变曲线如图 8-14(a)所示,第 I 阶段属于非稳定蠕变,应变速率逐渐减小,趋向于某一相对稳定值;第 II 阶段属于稳定黏塑性蠕变,应变速率基本恒定,应变随时间变化线性递增;第 III 阶段属于渐进流动蠕变,应变速率逐渐增大,直至发展到破坏,应变速率随时间的变化如图 8-14(b)所示。当应力低于冻土长期强度时,第 II 蠕变阶段和第 III 蠕变阶段可能不会发生,如图 8-14(a)所示的另外两种蠕变类型。

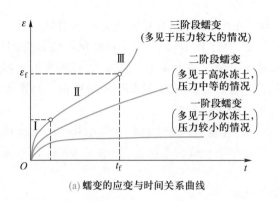
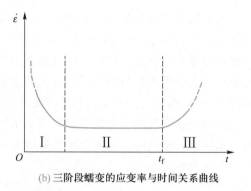

(a) 蠕变的应变与时间关系曲线　　(b) 三阶段蠕变的应变率与时间关系曲线

图 8-14　冻土的蠕变试验规律

5. 冻土的强度特性

相对于融土而言,冻土组分中增加了冰相,其外部影响因素增加了温度项。一方面,在不同温度下,同一种冻土中的冰和未冻水含量不同;另一方面,即便温度保持不变,在受力过程中冰和水也会产生动态相变,这些都会直接影响冻土的强度。因此,冻土的强度比融土更为复杂。冻土的强度主要由冰的强度、土骨架强度以及冰-未冻水-土颗粒三者之间的相互作用决定,其中冰的强度及土颗粒对冰的强化在冻土强度中发挥着重要作用。大量试验表明,冻土的破坏形式一般可分为塑性破坏和脆性破坏。对同一种冻土,其破坏形式和强度主要受温度、含水率、应变速率和围压等因素影响。

8.4.4　冻土地区的工程设计

1. 季节冻土地区的工程设计

作为建筑物的地基,未冻土在冻结过程中产生冻胀,对地基极为不利;土在冻结状态下具有高强度和高模量;融化后承载力大为降低,压缩性急剧增大,在含冰量较大的情况下地基产生融陷,导致建筑物破坏。

季节冻土地区基础类型应根据建筑物类型、上部结构特点、地基条件等因素综合确定。需要注意的是,季节冻土地区的桩基础,除要符合国家现行标准外,还应进行桩基础冻胀稳定性与桩身抗拔承载力验算;浅基础还应进行冻胀力作用下基础的稳定性验算。季节冻土地区的建筑物也应根据其重要程度、使用年限及结构特点等采用不同的设计原则,即允许建筑物产生冻胀变形的设计原则和不允许建筑物产生冻胀变形的设计原则。针对以上原则,采取相应的防冻害措施,以保证建筑物的安全。为此提出了换填法、物理化学法、保温法和排水隔水法等防冻胀处理措施。

2. 多年冻土地区的工程设计

首先,在多年冻土地区建筑物选址时,应尽可能选择基岩出露地段和粗颗粒土分布地段,在零星岛状多年冻土区,不宜将多年冻土用作地基。如果工程建设无法避免多年冻土层,可采用下列三种状态之一进行设计:

（1）保持冻结状态:在建筑物施工和使用期间,地基土始终保持冻结状态。

（2）逐渐融化状态:在建筑物施工和使用期间,地基土处于逐渐融化状态。

（3）预先融化状态：在建筑物施工前，使多年冻土融化至计算深度或全部融化。

其次，在多年冻土地区进行工程建设时，与非冻土地区一样，需要进行地基承载力、变形及稳定性等静力计算。在确定冻土地基承载力时，必须预测建筑物地基土的强度状态，用建筑物使用期间最不利的地温状态来确定冻土地基承载力才是最安全的。此外，还需要考虑防冻害措施对于地基土温度状况以及地基土强度的影响，常用的防冻害措施有换填法和保温法以消除或消解冻因影响，以及深基础和锚固基础以增强建筑物抵抗变形的能力。由于各地区冻土具有特殊性，暂时没有统一的冻土区地基承载力的确定方法、确定原则，所以目前应采用地基静载荷试验确定冻土区的地基承载力。冻土地区地基承载力的计算特点见表8-10。

表8-10　冻土地区地基承载力计算特点

考虑因素	说明
防冻害措施	必须考虑所采用的防冻害措施包括消除或消减冻因的措施，增强建筑物抵抗适应冻融变形的措施，对地基土温度状况和强度的改变。
地温变化	对地基土进行热工计算。
变形验算	对于塑性冻土，其压缩模量较小，需要验算其处于承载力之内的压缩、沉降变形。
原位试验	中国冻土地区面积大，工程地质、水文地质条件复杂，无法使冻土地基有统一标准，因此需要采用地基静载荷试验。

思考和习题

8-1　简述造成黄土湿陷的机理。

8-2　在湿陷性黄土地区进行工程建设，可以采用哪些地基处理方式？

8-3　膨胀土的主要特征和判定依据是什么？

8-4　膨胀土发生胀缩变形特性的内在机制和外部因素是什么？

8-5　简述土壤盐碱化的成因和过程。

8-6　盐渍土对地基工程可能造成的破坏和影响有哪些？

8-7　冻土区别于其他土的重要特征是什么？冻土有哪些分类？

8-8　什么是土的冻胀性？其产生的机理是什么？

第8章习题答案

附录 本书涉及的常见土力学英文词汇

Chapter 1 Introduction

岩土工程:geotechnical engineering

风化作用:weathering

搬运作用:transportation

剥蚀作用:denudation

沉积作用:sedimentation

非均匀性:heterogeneous

各向异性:anisotropy

结构性:structure

变形:deformation

沉降:settlement

强度:strength

破坏:failure

渗流:seepage

临界状态:critical state

剑桥模型:Cam-clay model

Chapter 2 Physical properties and classification of soils

粒度/粒径:grain size

粒组:fraction

界限粒径:cut size

粒径级配:distribution of grain size

巨粒土:over- coarse-grained soil

粗粒土:coarse-grained soil

细粒土:fine-grained soil

漂石(块石):boulder

卵石(碎石):cobble

砾石:gravel

砂土:sand

粉土:silt

黏土:clay

筛分法:sieving

密度计法:densimeter method

限制粒径 d_{60}:constrained size

平均粒径 d_{50}:mean size

中值粒径 d_{30}:middle size

有效粒径 d_{10}:effective size

不均匀系数:coefficient of uniformity

曲率系数:coefficient of curvature

比表面积:specific surface area

伊利石:illite

高岭石:kaolinite

蒙脱石:montmorillonite

自由水:free water

结合水:bound water

弱结合水:loosely bound water

强结合水:strongly bound water

重力水:gravitational water

毛细水:capillary water

灵敏度:sensitivity

基本指标:fundamental index

测出指标:measured index

导出指标:derived index

算出指标:calculated index

密度:density

干密度:dry density

饱和密度:saturated density

浮密度(有效密度):buoyant density

含水率:water content

饱和度:degree of saturation

孔隙比:void ratio

孔隙率:porosity

无黏性土:non-cohesive soil

有机质土:organic soil

密实度:compactness

相对密度:relative density

标准贯入试验:standard penetration test

活性指数：activity

比重：specific gravity

界限含水率：Atterberg Limits

缩限：shrinkage limit

塑限：plastic limit

液限：liquid limit

塑性指数：plastic index

液性指数：liquidity index

击实试验：compaction test

最优含水率：optimum water content

最大干密度：maximum dry density

Chapter 3 Stress in soil

基础：footing

地基：foundation

基底压力：contact pressure

自重应力：self-weight stress

附加应力：additional stress

应力状态：stress state

应力矩阵：stress matrix

正应力：normal stress

剪应力：shear stress

半无限空间：semi-infinite space

平面应变状态：plain strain state

侧限状态：laterally confined state

有效应力原理：principle of effective stress

总应力：total stress

有效应力：effective stress

孔隙水压力：pore water pressure

超静孔隙水压力：excess pore water pressure

孔隙压力系数：coefficient of pore pressure

基础刚度：foundation stiffness

刚性基础：rigid foundation

柔性基础：flexible foundation

矩形基础：rectangular foundation

条形基础：strip foundation

中心荷载：centric load

偏心荷载：eccentric load

集中荷载：point load

均布荷载：uniform load

叠加原理：principle of superposition

角点法：location-corner method

Chapter 4 Hydraulic conductivity of soils and seepage control

渗透性：permeability

渗流：seepage

渗流量：seepage volume

过水断面：cross section

流速：flow rate

总水头：total head

压力水头：pressure head

位置水头：elevation head

测管水头：piezometric head

水力梯度：hydraulic gradient

达西定律：Darcy's law

渗透系数：coefficient of permeability / hydraulic conductivity

孔隙介质：porous media

静水压力：hydrostatic pressure

地下水位：groundwater table

层流：laminar flow

湍流：turbulence

常水头渗透试验：constant water head permeability test

变水头渗透试验：variable water head permeability test

渗透力：seepage force

流砂：quick sand

管涌：piping

接触流土：contact soil flow

接触冲刷：contact scouring

Chapter 5 Deformation of soils and settlement of foundation

压缩：compression

压缩性：compressibility

沉降：settlement

一维固结：one-dimensional consolidation

三轴压缩试验：triaxial compression test

固结：consolidation

压缩系数：coefficient of compressibility

压缩模量：compression modulus

压缩指数：compression index

卸荷与再加荷：unloading and reloading

回弹指数：rebounding index

应力历史：stress history

前期固结压力：pre-consolidation pressure

超固结土：over-consolidated soil

超固结比：over-consolidated ratio（OCR）

正常固结土：normally consolidated soil

瞬时沉降：immediate settlement

主固结：primary consolidation

次固结：secondary consolidation

固结仪：oedometer

固结试验：consolidation test

单面排水：one side drainage

双面排水：two-sided drainage

固结度：degree of consolidation

固结系数：coefficient of consolidation

不均匀沉降：differential settlement

体积压缩系数：coefficient of volumetric compressibility

压缩曲线：compression curve

变形模量：deformation modulus

载荷试验：plate loading test

分层总合法：layerwise summation method

Chapter 6 Shear Strength of soils

抗剪强度：shear strength

破坏准则：failure criterion

强度理论：strength theory

黏聚力：cohesion

内摩擦角：angle of internal friction

强度包线：strength envelope

莫尔-库仑破坏准则：Mohr-Coulomb's failure criterion

最大主应力：major principal stress

最小主应力：minor principal stress

剪切破坏面：shear failure plane

极限平衡状态：state of limit equilibrium

莫尔应力圆：Mohr's circle

极限应力圆：ultimate stress circle

直接剪切试验：direct shear test

无侧限抗压试验：unconfined compression test

原位试验：in situ test

剪切位移：shear displacement

土工三轴仪：triaxial apparatus

剪应变：shear strain

体积应变：volumetric strain

排水：drainage

围压：confining / cell pressure

固结排水试验（CD 试验）：consolidated drained test

固结不排水（CU 试验）试验：consolidated undrained test

不固结不排水试验（UU 试验）：unconsolidated undrained test

十字板剪切试验：vane shear test

应力路径：stress path

总应力路径：total stress path

有效应力路径：effective stress path

峰值强度：peak strength

残余强度：residual strength

剪胀性：shear dilatancy

Chapter 7 Failure problems in geotechnical engineering

挡土墙：retaining wall

静止土压力：earth pressure at rest

主动土压力：active earth pressure

被动土压力：passive earth pressure

土压力系数：coefficient of earth pressure

静止土压力系数：coefficient of earth pressure at rest

主动土压力系数：coefficient of active earth pressure

被动土压力系数：coefficient of passive earth pressure

朗肯土压力理论：Rankine's earth pressure theory

极限平衡状态：limit equilibrium state

极限应力法：the ultimate stress method

库仑土压力理论：Coulomb's earth pressure theory

滑动楔体法：sliding-wedge method

地基承载力：bearing capacity of foundation

塑性破坏区：plastic damage zone

临塑荷载：critical edge load

极限荷载：ultimate load

整体剪切破坏：general shear failure

局部剪切破坏：local shear failure

冲剪破坏：punching shear failure

地基承载力特征值：characteristic value of subgrade bearing capacity

地基极限承载力：ultimate bearing capacity

地基允许承载力：allowable bearing capacity

天然土坡：natural soil slope

人工土坡：artificial soil slope

滑坡：landslide

极限平衡法：limit equilibrium method

边坡稳定分析：slope stability analysis

自然休止角：angle of repose

下滑力：sliding force

抗滑力：sliding resistance force

抗滑安全系数：factor of safety against sliding

瑞典圆弧法：Sweden arc method

瑞典条分法：Sweden slice method

毕肖普条分法：Bishop's slice method

Chapter 8 Engineering properties of special soils

特殊土：special soil

黄土：loess

湿陷性黄土：wet collapsible loess

湿陷系数：coefficient of collapsibility

湿陷变形：collapsible deformation

裂隙：crack

架空结构：overhead structure

膨胀土：expansive soil

胀缩性：swell-shrink characteristic

膨胀率：rate of expansion

裂隙性：fissure

微观结构：micro-structure

盐渍土：saline soil

盐渍化：salinization

盐胀性：salt expansion

溶陷性：collapsibility

腐蚀性：corrosiveness

含盐量：salt content

盐结晶：salt crystallization

离子浓度：ion concentration

孔隙溶液浓度：pore solution concentration

短时冻土：short-term frozen soil

季节冻土：seasonally frozen soil

多年冻土：permafrost

活动层：active layer

多年冻土上限：permafrost table

连续多年冻土区：continuous permafrost area

未冻区：unfrozen area

冻结温度：freezing temperature

未冻水：unfrozen water

水分迁移：moisture migration

冷生构造：cryogenic structure

冻融循环：freeze-thaw cycling

冻胀：frost heave

融沉：thaw settlement

蠕变：creep

参 考 文 献

[1] 谢定义,刘奉银. 土力学教程[M]. 北京:中国建筑工业出版社,2010.

[2] 李广信,张丙印,于玉贞. 土力学[M]. 3 版. 北京:清华大学出版社,2022.

[3] 赵成刚,白冰,等. 土力学原理[M]. 2 版. 北京:清华大学出版社,2017.

[4] 松冈元. 土力学[M]. 罗汀,姚仰平,译. 北京:中国水利水电出版社,2001.

[5] 张克恭,刘松玉. 土力学[M]. 北京:中国建筑工业出版社,2001.

[6] 张怀静. 土力学[M]. 北京:机械工业出版社,2011.

[7] 沈扬. 土力学原理十记[M]. 2 版. 北京:中国建筑工业出版社,2021.

[8] 钱家欢,殷宗泽. 土工原理与计算[M]. 2 版. 北京:中国水利电力出版社,1994.

[9] KARL T, RALPH P, GHOLAMREZA M. Soil Mechanics in Engineering Practice[M]. 3rd ed. New York:John Wiley & Sons, Inc., 1996.

[10] JOHN A. An introduction to the mechanics of soils and foundations[M]. New York: McGraw-Hill International (UK) Limited, 1993.

[11] BUDHU, MUNI. Soil mechanics and foundations[M]. 3rd ed. New York:John Wiley & Sons, Inc., 2011.

[12] DAS BRAJA, KHALED S. Principles of geotechnical engineering[M]. 7th ed. Boston: Cengage Learning, 2010.

[13] JAMES M, KENICHI S. Fundamentals of soil behavior[M]. 3rd ed. New York:John Wiley & Sons, Inc., 2005.

[14] YAO Y, LI F, LAI Y. Disaster-causing mechanism and prevention methods of "pot cover effect"[J]. Acta Geotechnica, 2022:1-14.

[15] 姚仰平,张丙印,朱俊高. 土的基本特性、本构关系及数值模拟研究综述[J]. 土木工程学报,2012,45(3):127-150.

[16] 陈云敏,马鹏程,唐耀. 土体的本构模型和超重力物理模拟[J]. 力学学报,2020,52(4):901-915.

[17] SLOAN W. Geotechnical stability analysis[J]. Géotechnique, 2013, 63(7):531-571.

[18] 钱鸿缙,王继唐,罗宇生,等. 湿陷性黄土地基[M]. 北京:中国建筑工业出版社,1985.

[19] 吴珺华,袁俊平. 膨胀土裂隙特性与边坡防治技术[M]. 北京:中国建筑工业出版社,2017.

[20] 郑健龙. 公路膨胀土工程理论与技术[M]. 北京:人民交通出版社,2013.

[21] 徐攸在. 盐渍土地基[M]. 北京:中国建筑工业出版社,1993.

[22] PUZRIN A M, ALONSO E E, PINYOL N M. Geomechanics of failures[M]. Dordrecht, The Netherlands:Springer, 2010.

[23] 崔托维奇. 冻土力学[M]. 张长庆,朱元林,译. 北京:科学出版社,1985.

［24］ORLANDO A，BRANKO L. Frozen ground engineering［M］. 2nd ed. New York：John Wiley & Sons，2004.

［25］中华人民共和国住房和城乡建设部.建筑地基基础设计规范:GB 50007—2011［S］.北京:中国建筑工业出版社,2011.

［26］中华人民共和国住房和城乡建设部.土工试验方法标准:GB/T 50123—2019［S］.北京:中国计划出版社,2019.

［27］中华人民共和国建设部. 土的工程分类标准:GB/T 50145—2007［S］.北京:中国计划出版社,2008.

［28］中华人民共和国住房和城乡建设部. 湿陷性黄土地区建筑标准:GB 50025—2018［S］.北京:中国建筑工业出版社,2018.

［29］中华人民共和国住房和城乡建设部. 建筑地基处理技术规范:JGJ 79—2012［S］.北京:中国建筑工业出版社,2012.

［30］中华人民共和国住房和城乡建设部. 盐渍土地区建筑技术规范:GB/T 5094—2014［S］.北京:中国计划出版社,2014.

［31］中华人民共和国住房和城乡建设部. 膨胀土地区建筑技术规范:GB 50112—2013［S］.北京:中国建筑工业出版社,2012.

［32］国家铁路局.铁路桥涵地基和基础设计规范:TB 10093—2017［S］.北京:中国铁道出版社,2017.

读者意见反馈

为收集对教材的意见建议,进一步完善教材编写并做好服务工作,读者可将对本教材的意见建议通过如下渠道反馈至我社。

咨询电话　400-810-0598

反馈邮箱　gjdzfwb@pub.hep.cn

通信地址　北京市朝阳区惠新东街 4 号富盛大厦 1 座
　　　　　高等教育出版社总编辑办公室

邮政编码　100029

防伪查询说明

用户购书后刮开封底防伪涂层,使用手机微信等软件扫描二维码,会跳转至防伪查询网页,获得所购图书详细信息。

防伪客服电话　(010)58582300